"十四五"职业教育国家规划教材
"十三五"职业教育国家规划教材

行水云课数字教材
高等职业教育
水利类新形态一体化数字教材

水利工程测量技术
（第二版）

主　编　杜玉柱

中国水利水电出版社
www.waterpub.com.cn

·北京·

内 容 提 要

本书是"十三五"职业教育国家规划教材，是按照教育部高等职业教育的规格要求及教学特点编写完成的。全书共分十一章，主要内容包括水利工程测量基础、测量仪器及其使用、三项基本测量工作、方向测量和坐标正反算、小区域控制测量、大比例尺地形图测绘、大比例尺地形图的识读与应用、施工放样的基本方法、渠道测量、土石坝施工测量、水闸施工测量等。

本书主要供从事水利水电工程、农业水利技术、水文水资源、给水排水和水文地质等专业的高职高专教师教学使用，也可供水利行业的职工大学、函授大学、成人教育学院进行职工培训使用。

图书在版编目（ＣＩＰ）数据

水利工程测量技术 / 杜玉柱主编. -- 2版. -- 北京：中国水利水电出版社，2023.3(2025.1重印).
"十三五"职业教育国家规划教材
ISBN 978-7-5226-0454-1

Ⅰ. ①水… Ⅱ. ①杜… Ⅲ. ①水利工程测量－职业教育－教材 Ⅳ. ①TV221

中国版本图书馆CIP数据核字(2022)第024353号

书　　名	"十三五"职业教育国家规划教材 水利工程测量技术 （第二版） SHUILI GONGCHENG CELIANG JISHU（DI-ER BAN）
作　　者	主编　杜玉柱
出版发行	中国水利水电出版社 （北京市海淀区玉渊潭南路 1 号 D 座　100038） 网址：www.waterpub.com.cn E-mail：sales@mwr.gov.cn 电话：（010）68545888（营销中心）
经　　售	北京科水图书销售有限公司 电话：（010）68545874、63202643 全国各地新华书店和相关出版物销售网点
排　　版	中国水利水电出版社微机排版中心
印　　刷	清淞永业（天津）印刷有限公司
规　　格	184mm×260mm　16 开本　16.75 印张　408 千字
版　　次	2017 年 6 月第 1 版第 1 次印刷 2023 年 3 月第 2 版　2024 年 2 月修订　2025 年 1 月第 3 次印刷
印　　数	8001—13000 册
定　　价	**56.00 元**

第二版前言

本教材在中国水利教育协会的精心组织和指导下，为适应全国高职高专、水利行业职工培训改革与发展的需要，结合水利类专业的人才培养方案及该门课程的教学大纲组织编写的职业教育国家级规划教材。

本教材不仅贯彻了 2020 年 10 月 13 日中共中央国务院印发的《深化新时代职业教育评价改革总体方案》、2021 年 4 月 13 日召开的"全国职业教育大会"、2021 年 10 月 12 日中共中央办公厅、国务院办公厅印发的《关于推动现代就业教育高质量发展的意见》等文件精神。同时，还认真落实了二十大报告中提出的"统筹职业教育、高等教育、继续教育协同创新，推进职普融通、产教融合、科教融汇，优化职业教育类型定位"关于职业教育的指示精神，是一本集专业教育、课程思政于一体的行业规划教材。

本教材以学生能力培养为主线，重点介绍了三项基本测量工作所用的仪器及其使用、观测方法等，结合工程实例重点阐述了大比例尺地形图测绘、应用及识读以及渠道、土石坝、水闸等水利工程施工测量。在内容上力求实用性和通用性，做到理论知识适度够用、通俗易懂；在构思上加强实践性和创新性，突出知识的应用能力，是一套理论联系实际，教学面向生产的精品规划教材。

本书第 1 版教材自 2017 年 1 月出版以来，因其具有通俗易懂、全面系统、应用性知识突出，可操作性强等特点，受到全国高职高专院校水利类专业师生及广大水利类专业从业人员的喜爱。随着我国测量技术的不断发展，为进一步满足教学需要，应广大读者的要求，编者在第 1 版的基础上对原教材内容进行了全面修订、补充和完善，增加 PPT、动画、视频、类型丰富的例题、复习思考题等内容，形成数字化、立体化融媒体教材。同时，加强了知识的针对性、实用性，注重学习新知识、新技术、新工艺，做到由浅入深，循序渐进，使学生适应现代发展需要，具备一定的可持续发展能力。该教材还配套建设了在线精品开放课程，并融入了线上各类数字资源，形成线上线下混合式教材，丰富教材内容和体现课程延展性，增加了学生学习和教师授课的灵活性，详见智慧树网站《水利工程测量技术》在线精品开放课程，望各院校广大师生积极登录学习。

　　本教材的编写人员具有丰富的测绘实践经验和多年的教学经验。参加编写的人员及分工：山西水利职业技术学院崔茜编写第一章，江西水利职业学院魏跃华编写第二章，湖南水利水电职业技术学院彭文编写第三章，广西水利电力职业技术学院蒋喆编写第四章，广东水利电力职业技术学院王庆光编写第五章，山东水利职业学院甄红锋编写第六章，山西水利职业技术学院杜玉柱编写第七章，长江工程职业技术学院陈文玲编写第八章，四川水利职业技术学院韩沙鸥编写第九章、张元军编写第十章，杨凌职业技术学院杨波编写第十一章。山西笃玉工程技术服务有限公司杜云飞、杜晓昱参与本书的编写工作并提供了真实的案例。本书由山西水利职业技术学院杜玉柱任主编，并完成全书统稿，由黄河水利职业技术学院王卫东、周建郑任主审。

　　由于编者水平有限，加之时间仓促，书中难免有错误和不妥之处，热忱希望广大读者给予批评指正。

编者

2022 年 11 月

试题

第一版前言

本书为全国水利行业"十三五"规划教材（职工培训），是为适应全国水利行业职工培训改革与发展的需要，结合水利水电工程建筑专业的人才培养方案及该门课程的教学大纲编写的。

本书是作者在总结多年教学经验的基础上，结合研究内容编写而成的。重点介绍了三项基本测量工作所用的仪器及其使用、观测方法等，结合工程实例阐述了地形图测绘和渠道、土坝、水闸等水利工程施工测量。在内容上力求实用性和通用性，做到理论知识适度够用、通俗易懂；在构思上加强实践性和技能操作，突出知识的应用能力。

本书的编写人员具有丰富的测绘实践经验和多年的教学经验。参加编写的人员及分工如下：山西水利职业技术学院杜玉柱编写第一章，江西水利职业学院魏跃华编写第二章，湖南水利水电职业技术学院彭文编写第三章，广西水利电力职业技术学院蒋喆编写第四章，山东水利职业学院甄红锋编写第五章，长江工程职业技术学院陈文玲编写第六章，广东水利电力职业技术学院王庆光编写第七章；山西水利职业技术学院崔茜和四川水利职业技术学院韩沙鸥编写第八章，杨凌职业技术学院杨波编写第九章，四川水利职业技术学院张元军编写第十章，山西省运城市晨昊工程项目管理有限公司柴荣参与了本书的编写工作并提供了真实的案例。本书由山西水利职业技术学院杜玉柱任主编，并完成全书统稿，由黄河水利职业技术学院王卫东、周建郑任主审。

由于编者水平有限，加之时间仓促，书中难免有错误和不妥之处，热忱希望广大读者给予批评指正。

编者

2016 年 8 月

"行水云课"数字教材使用说明

　　"行水云课"水利职业教育服务平台是中国水利水电出版社立足水电、整合行业优质资源全力打造的"内容"＋"平台"的一体化数字教学产品。平台包含高等教育、职业教育、职工教育、专题培训、行水讲堂五大版块，旨在提供一套与传统教学紧密衔接、可扩展、智能化的学习教育解决方案。

　　本套教材是整合传统纸质教材内容和富媒体数字资源的新型教材，它将大量图片、音频、视频、3D 动画等教学素材与纸质教材内容相结合，用以辅助教学。读者可通过扫描纸质教材二维码查看与纸质内容相对应的知识点多媒体资源，完整数字教材及其配套数字资源可通过移动终端 APP、"行水云课"微信公众号或中国水利水电出版社"行水云课"平台查看。

多 媒 体 资 源 索 引

目　录

第一章 水利工程测量基础

【学习目标】

1. 了解水利工程测量的概念、任务及作用。

2. 理解确定地面点位置的测量坐标系，用水平面代替水准面的限度。

3. 掌握测量上常用的度量单位，测量作业的内容和基本原则，测绘仪器的使用、保养及测量资料的整理。

第一节 水利工程测量概述

一、测量学的研究对象

测量学是研究地球的形状、大小和确定地球表面点位的一门学科。其研究的对象主要是地球和地球表面上的各种物体，包括它们的几何形状、空间位置关系以及其他信息。测量学的主要任务有三个方面：①研究确定地球的形状和大小，为地球科学提供必要的数据和资料；②将地球表面的地物、地貌测绘成图；③将图纸上的设计成果测设到现场。

随着科学的发展以及测量工具和数据处理方法的改进，测量的研究范围已远远超过地球表面这一范畴。20 世纪 60 年代人类已经对太阳系的行星及其所属卫星的形状、大小进行了制图方面的研究，测量学的服务范围也从单纯的工程建设扩大到地壳的变化、高大建筑物的监测、交通事故的分析、大型粒子加速器的安装等各个领域。

二、测量学的学科分类

测量学是一门综合性的学科，根据其研究对象和工作任务的不同可分为大地测量学、地形测量学、摄影测量与遥感学、工程测量学以及地图制图学等学科。

大地测量学是研究和确定地球形状、大小、重力场、整体与局部运动和地表面点的几何位置以及它们的变化的理论和技术的学科。其基本任务是建立国家大地控制网，测定地球的形状、大小和重力场，为地形测图和各种工程测量提供基础起算数据，为空间科学、军事科学及研究地壳变形、地震预报等提供重要资料。按照测量手段的不同，大地测量学又分为常规大地测量学、卫星大地测量学及物理大地测量学。

地形测量学是研究如何将地球表面局部区域内的地物、地貌及其他有关信息测绘成地形图的理论、方法和技术的学科。按成图方式的不同，地形测图可分为模拟测图和数字化测图。

摄影测量与遥感学是研究利用电磁波传感器获取目标物的影像数据，从中提取语义和非语义信息，并用图形、图像和数字形式表达的学科。其基本任务是通过对摄影像片或遥感图像进行处理、量测、解译，以测定物体的形状、大小和位置进而制作成图。根据获得影像的方式及遥感距离的不同，该学科又分为地面摄影测量学、航空摄影测量学和航天遥感测量学。

工程测量学是研究各种工程在规划设计、施工建设和运营管理各阶段所进行的各种测量工作的学科。工程测量是测绘科学与技术在国民经济和国防建设中的直接应用。

地图制图学是利用测量所得的资料，研究如何编绘成图以及地图制作的理论、方法和应用等方面的学科。

其中，工程测量学又包括建筑工程测量学、道路工程测量学、水利工程测量学等分支，各分支学科之间互相渗透、相互补充、相辅相成。本书主要讲述地形测量与水利工程测量的部分内容，主要介绍水利工程中常用的测量仪器的构造与使用方法，小区域大比例尺地形图的测绘及应用，水利工程的施工测量以及测量新技术在这些方面的应用等。

三、水利工程各阶段的测量任务及作用

测量学的任务包括测定和测设两部分：测定是指通过测量得到一系列数据，或将地球表面的地物和地貌缩绘成各种比例尺的地形图；测设是指将设计图纸上规划设计好的建筑物位置在实地标定出来，作为施工的依据。

水利工程测量是运用测量学的基本原理和方法为水利工程服务的一门学科。具体说就是研究水利工程在勘测设计、施工建设和运营管理阶段所进行的各种测量工作的理论、技术和方法的学科。

工程一般都要经过勘测设计、工程施工、运营和管理等几个阶段。

进行勘测设计必须要有设计底图。该阶段测量工作的任务就是为勘测设计提供地形图。例如，在河道上要修建水库、大坝，在设计阶段要收集该河道一切相关的地形资料，以及其他方面的地质、经济、水文等情况，设计人员根据测得的现状地形图选择最佳坝址以及在图上进行初步设计。

在工程施工建设之前，测量人员要根据设计和施工技术的要求把水工建筑物的空间位置关系在施工现场标定出来，作为施工建设的依据，这一步即为测设工作，也就是我们所说的施工放样。施工放样是联系设计和施工的重要桥梁，一般来讲，精度要求也比较高。

工程在运营管理阶段的测量工作主要指的是工程建筑物的变形观测。为了监测建筑物的安全和运营情况，验证设计理论的正确性，需要定期地对工程建筑物进行位移、沉陷、倾斜等方面的监测，通常以年为单位。反过来，变形监测的数据也可以作为以后工程设计的依据。

可见，测量工作贯穿于工程建设的整个过程，直接关系到工程建设的速度和质量，所以每一位从事工程建设的人员，都必须掌握必要的测量知识和技能。

第二节　地面点位置的确定

一、地球的形状和大小

人们对地球的认识是一个漫长的过程。古人由于受到生产力水平的限制，视野比较狭窄，所以认为天是圆的地是方的，即所谓的"天圆地方"。

公元前，古希腊有人提出地球是一个圆球。1522 年，麦哲伦及其伙伴完成绕地球一周以后，才确立了地球为球体。17 世纪末，牛顿研究了地球自转对地球形态的影响，从理论上推测地球不是一个很圆的球形，而是一个赤道处略为隆起、两极略为扁平的椭球体。

测量工作是在地球表面进行的，然而这个表面是起伏不平的，比如我国西藏与尼泊尔交界处的珠穆朗玛峰高达 8844.43m，而在太平洋西部的马里亚纳海沟深达 11022m，两者高度差近 20000m。尽管高差很大，但相对于半径为 6371km 的地球来说还是很小的。就整个地球而言，71％是被海洋所覆盖的，因此人们把地球总的形状看成是被海水包围的球体。如果把球面设想成一个静止的海水面向陆地延伸而形成的封闭的曲面，那么这个处于静止状态的海水面就称为水准面，它所包围的形体称为大地体。由于海水有潮汐，所以取其平均的海水面作为地球形状和大小的标准。如图 1-1 所示，测量上把这个平均海水面称为大地水准面，即测量工作的基准面，我们的测量工作就是在这个面上进行的。

静止的水准面要受到重力的作用，所以水准面的特性就是处处与铅垂线正交。由于地球内部不同密度物质的分布不均匀，铅垂线的方向是不规则的，因此，大地水准面是一个不规则的曲面。测量工作获得铅垂线方向通常是用悬挂垂球的方法，而这个垂线方向即为测量工作的基准线。大地水准面是一个不规则的曲面，在这个面上是不便于建立坐标系和进行计算的。所以我们要寻求一个规则的曲面来代替大地水准面。长期的测量实践证明，大地体与一个以椭圆的短轴为旋转轴的旋转椭球的形状十分相似，而旋转椭球是可以用公式来表达的。这个旋转椭球可作为地球的参考形状和大小，故称为参考椭球，如图 1-2 所示。

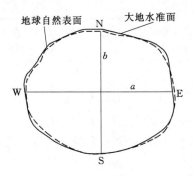

图 1-1　地球自然表面与大地水准面

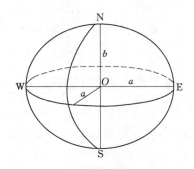

图 1-2　地球椭球体

我国目前所采用的参考椭球体为 1980 国家大地坐标系，其坐标原点在陕西省泾阳县永乐镇，称为国家大地原点。其基本元素是：

长半轴 $a=6378140$m，短半轴 $b=6356755$m，扁率 $\alpha=(a-b):a=1:298.257$。

几个世纪以来，许多学者分别测算出了许多椭球体元素值，表 1-1 列出了几个著名的椭球体。我国的 1954 北京坐标系采用的是克拉索夫斯基椭球，1980 国家大地坐标系采用的是 1975 年国际椭球，而全球定位系统（GPS）采用的是 WGS-84 椭球。

由于参考椭球的扁率很小，在小区域的普通测量中可将地（椭）球看作圆球，其半径 $R=6371$km。

2008 年 3 月，由国土资源部正式上报国务院《关于中国采用 2000 国家大地坐标系的请示》，并于 2008 年 4 月获得国务院批准。自 2008 年 7 月 1 日起，中国全面启用 2000 国家大地坐标系，英文名称为 China Geodetic Coordinate System 2000，英文缩写为 CGCS 2000。国务院要求用 8~10 年的时间，完成西安 80 国家大地坐标系向 2000 国家大地坐标系的过渡和转换。目前使用的各类测绘成果，在过渡期内可沿用西安 80 国家大地坐标系；2008 年 7 月 1 日后新生产的各类测绘成果应采用 2000 国家大地坐标系。

2000 国家大地坐标系，是我国当前最新的国家大地坐标系，属于地心大地坐标系统，该系统以 ITRF 97 参考框架为基准，参考框架历元为 2000.0。

2000 国家大地坐标系采用的地球椭球参数如下：长半轴 $a=6378137$m，扁率 $f=1/298.257222101$，地心引力常数 $GM=3.986004418\times10^{14}$m^3/s^2，自转角速度 $\omega=7.292115\times10^{-5}$rad/s。

表 1-1　　　　　　　　　　常用的几种椭球体

椭球名称	长半轴 a /m	短半轴 b /m	扁率 α	计算年份和国家	备　注
白塞尔	6377397	6356079	1:299.152	1841 年，德国	
海福特	6378388	6356912	1:297.0	1909 年，美国	1942 年国际第一个推荐值
克拉索夫斯基	6378245	6356863	1:298.3	1940 年，苏联	中国 1954 北京坐标系采用
1975 年国际椭球	6378140	6356755	1:298.257	1975 年，国际第三个推荐值	中国 1980 国家大地坐标系采用
WGS-84	6378137	6356752	1:298.257	1979 年，国际第四个推荐值	中国 2000 国家大地坐标系、美国 GPS 采用

二、确定地面点位的方法

测量学的研究对象是地球，实质上是确定地面点的位置。地面上任一点的位置通常由该点投影到地球椭球面的位置和该点到大地水准面的铅垂距来确定，即坐标和高程。

（一）地面点的坐标

坐标系的种类有很多，但与测量相关的有地理坐标和平面直角坐标系。

1. 地理坐标

如图 1-3 所示，NS 为椭球的旋转轴，N 表示北极，S 表示南极。通过椭球旋转轴的平面称为子午面，子午面与椭球面的交线称为子午线，也称经线。其中通过原英国格林尼治天文台的子午面（线）称为首子午面（线）。通过椭球中心且与椭球旋转轴正交的平面称为赤道面。其他平面与椭球旋转轴正交，但不通过球心，这些平面与椭球面相截所得的曲线称为纬线。

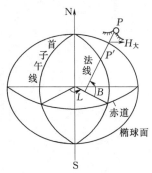

1-2　地面点位置的表示方法

图 1-3　地理坐标

在测量工作中，点在椭球面上的位置用大地经度和大地纬度表示。所谓大地经度，就是通过某点的子午面与起始子午面的夹角；大地纬度是指过某点的法线与赤道面的交角。以大地经度和大地纬度表示某点位置的坐标系称为大地坐标系，也叫地理坐标系，地理坐标系统是全球统一的坐标系统。

在图 1-3 中，P 点子午面与起始子午面的夹角 L 就是 P 点的经度，过 P 点的铅垂线与赤道面的夹角 B 称为 P 点的纬度。

地面上任何一点都对应着一对地理坐标，比如北京的地理坐标可表示为东经 $116°28'$、北纬 $39°54'$。

2. 平面直角坐标

（1）独立平面直角坐标。在小区域内进行测量工作若采用大地坐标来表示地面点的位置很不方便，并且精度不高，所以通常采用平面直角坐标。

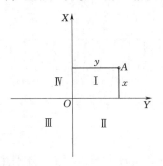

图 1-4　平面直角坐标

当测区范围较小时，可近似把球面的投影面看成平面。这样把地面点直接沿铅垂线方向投影到水平面上，用平面直角坐标系确定地面点的位置十分方便。如图 1-4 所示，平面直角坐标系规定南北方向为坐标纵轴 X 轴（向北为正），东西方向为坐标横轴 Y 轴（向东为正），坐标原点一般选在测区西南角以外，以使测区内各点坐标均为正值。

与数学上的平面直角坐标系不同，为了定向方便，测量上平面直角坐标系的象限是按顺时针方向编号的，其 X 轴与 Y 轴互换，目的是将数学中的公式直接用到测量计算中。

（2）高斯平面直角坐标。当测区范围较大时，不能把球面的投影面看成平面，必须采用投影的方法来解决这个问题。投影的方法有很多种，测量上常采用的是高斯投影。如图 1-5（a）所示，高斯投影是假想一个椭圆柱横套在地球椭球体上，使其与某一条经线相切，用解析法将椭球面上的经纬线投影到椭圆柱面上，然后将椭圆柱展开成平面，即获得投影后的图形，如图 1-5（b）所示。投影后的中央子午线为直线，无长度变化。其余的经线投影为凹向中央子午线的对称曲线，长度较球面上的相应经线略长。赤道的投影也为一直线，并与中央子午线正交。其余的纬线投影为凸向赤道的对称曲线。经纬线投影后仍然保持相互垂直的关系，说明投影后的角度无变形。

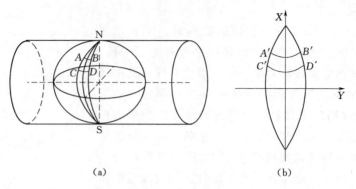

图 1-5 高斯平面直角坐标系

1）高斯平面直角坐标系的建立。中央子午线投影到椭圆柱上是一条直线，把这条直线作为平面直角坐标系的纵坐标轴，X 轴，表示南北方向。赤道投影后是与中央子午线正交的一条直线，作为横轴，即 Y 轴，表示东西方向。这两条相交的直线相当于平面直角坐标系的坐标轴，构成高斯平面直角坐标系，如图 1-5（b）所示。

2）高斯投影的分带。高斯投影将地球分成很多带，然后将每一带投影到平面上，目的是为了限制变形。带的宽度一般分为 6°、3° 和 1.5° 等几种，简称 6°带、3°带、1.5°带，如图 1-6 所示。

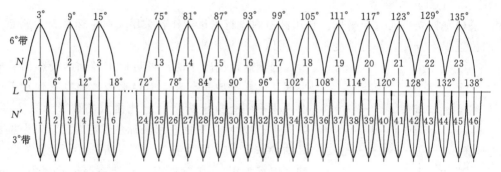

图 1-6 高斯投影分带

6°带投影是从零度子午线起，由西向东，每 6° 为一带，全球共分 60 带，分别用阿拉伯数字 1，2，3，…，60 编号表示。位于各带中央的子午线称为该带的中央子午线。每带的中央子午线的经度与带号有如下关系：

$$L = 6N - 3 \tag{1-1}$$

因高斯投影的最大变形在赤道上，并随经度的增大而增大。6°带的投影只能满足 1∶2.5 万比例尺的地图，要得到更大比例尺的地图，必须限制投影带的经度范围。

3°带投影是从 1°30′ 子午线起，由西向东，每 3° 为一带，全球共分 120 带，分别用阿拉伯数字 1，2，3，…，120 编号表示。3°带的中央子午线的经度与带号有以下关系：

$$L = 3N' \tag{1-2}$$

反过来，根据某点的经度也可以计算其所在的 6°带和 3°带的带号，公式为

$$N=[L/6+1] \qquad\qquad (1-3)$$
$$N'=[L/3+0.5] \qquad\qquad (1-4)$$

式中 N、N'——6°和3°带的带号；

　　　[ ]——取整，即把小数点后的数值去掉，只保留整数部分。

【例 1-1】 某地经度为东经 $116°28'$，求该地的高斯投影 6°带和 3°带的带号以及中央子午线的经度。

解：该地 6°带的带号和中央子午线的经度分别是

$$N=[116°28'/6+1]=20$$
$$L=6×20-3=117°$$

该地 3°带的带号和中央子午线的经度

$$N'=[116°28'/3+0.5]=39$$
$$L=3×39=117°$$

我国位于北半球，高斯平面直角坐标系中 X 值全为正值，而 Y 坐标有正有负，这就是全国统一的高斯-克吕格平面直角坐标系，也称为自然坐标。为避免 Y 坐标值出现负值，我国规定把纵坐标轴向西平移 500km，这样全部横坐标值均为正值。此时中央子午线的 Y 值不是 0，而是 500km。为了不引起各带内点位置的混淆，明确点的具体位置，即点所处的投影带，规定在 Y 坐标的前面再冠以该点所在投影带的带号。我们把加上 500km 并冠以带号的坐标值称为通用坐标值。

例如，第 20 投影带中的某点，横坐标为 -148478.6m。横坐标轴向西平移 500km 后，则 Y 值为 $-148478.6+500000=351521.4$（m）。由于不同投影带内相同位置的点的投影坐标值相同，因此，规定在横坐标值前加上带号，以表示该点所在的带。如上面的点的 Y 坐标实际中写为 20351521.4，前面的 20 即代表带号。该值即为 Y 的通用坐标。

3. 地心坐标系

卫星大地测量是利用空中卫星的位置来确定地面点的位置。由于卫星围绕地球质心运动，所以卫星大地测量中需采用地心坐标系。该系统一般有两种表达式，如图 1-7 所示。

（1）地心空间直角坐标系。坐标系原点 O 与地球质心重合，Z 轴指向地球北极，X 轴指向格林尼治子午面与地球赤道的交点，Y 轴垂直于 XOZ 平面构成右手坐标系。

（2）地心大地坐标系。椭球体中心与地球质心重合，椭球短轴与地球自转轴重合，大地经度 L 为过地面点的椭球子午面与格林尼治子午面的夹角，大地纬度 B 为过地面点的法线与椭球赤道面的夹角，大地高 H 为地面点沿法线至椭球面的距离。

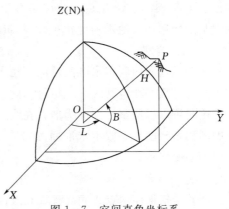

图 1-7　空间直角坐标系

于是，任一地面点 P 在地心坐标系中的坐标，可表示为 $(X，Y，Z)$ 或 $(L，B，H)$。两者之间有一定的换算关系。我国的 2000 国家大地坐标系和美国的全球定位系统（GPS）用的 WGS-84 坐标就属于这类坐标。

（二）地面点的高程

1. 绝对高程

地面点到大地水准面的铅垂距离称为绝对高程，简称高程或海拔，亦称为正常高，通常用符号 H 表示。如图1-8中 H_A、H_B 分别为 A 点和 B 点的高程。

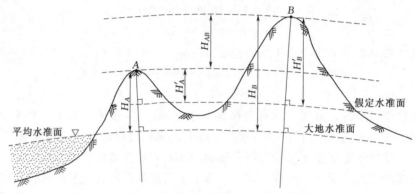

图1-8 地面点的高程

1949 年之前，我国没有统一的高程起算基准面，大地水准面有很多种标准，致使高程不统一，相互使用困难。新中国成立后，测绘事业蓬勃发展，继建立 1954 北京坐标系后，又建立了国家统一的高程系统起算点，即水准原点。我国的绝对高程是由黄海平均海水面起算的，该面上各点的高程为 0。水准原点建立在青岛市观象山上。根据青岛验潮站连续 7 年，即 1950—1956 年的潮汐水位观测资料，确定了我国大地水准面的位置，并由此推算大地水准原点高程为 72.289m，以此为基准建立的高程系统称为"1956 年黄海高程系"。然而，验潮站的工作并没有结束，后来根据验潮站 1952—1979 年的水位观测资料，重新确定了黄海平均海水面的位置，由此推算大地水准原点的高程为 72.260m。此高程基准称为 1985 国家高程基准。1985 国家高程基准已于 1987 年 5 月开始启用，1956 年黄海高程系同时废止。在水准原点，1985 国家高程基准使用的大地水准面比 1956 年黄海高程系使用的大地水准面高出 0.029m。

2. 相对高程

在全国范围内利用水准测量的方法布设一些高程控制点称为水准点，以保证尽可能多的地方高程能得到统一。尽管如此，仍有某些建设工程远离已知高程的国家控制点。这时可以以假定水准面为准，在测区范围内指定一固定点并假设其高程。像这种点的高程是地面点到假定水准面的铅垂距，称为相对高程。例如 A 点的相对高程通常用 H'_A 来表示。

3. 地面点间的高差

高差是指地面两点之间高程或相对高程的差值，用 h 来表示。例如 AB 两点间的高差通常表示为 H_{AB}。

从图 1-8 可知，$\qquad H_{AB}=H_B-H_A=H_B'-H_A'$

可见，地面两点之间的高差与高程的起算面无关，只与两点的位置有关。

第三节　用水平面代替水准面的限度

根据第二节内容可知，在普通测量工作中是将大地水准面近似地当成圆球看待的。一般的测绘产品是以平面图纸为介质的。因此就需要先把地面点投影到圆球面上，然后再投影到平面图纸上，需要进行两次投影。在实际测量时，若测区范围面积不大，往往以水平面直接代替水准面，就是把球面上的点直接投影到平面上，不考虑地球曲率。但是到底多大面积范围内容许以平面投影代替球面，本节主要讨论这个问题。

一、对距离的影响

如图 1-9 所示，地面两点 A、B，投影到水平面上分别为 a、b'，在大地水准面上的投影为 a、b，则 D、D' 分别为地面两点在大地水准面上与水平面上的投影距离。研究水平面代替水准面对距离的影响，即用 D' 代替 D 所产生的误差用 ΔS 表示。则

$$\Delta S=D'-D \qquad (1-5)$$

因 $D=R\cdot\theta$，在 $\triangle aOb'$ 中，$D'=R\cdot\tan\theta$，则

$$\Delta S=D'-D=R\cdot\tan\theta-R\cdot\theta=R(\tan\theta-\theta)$$

将 $\tan\theta$ 按级数展开为

$$\tan\theta=\theta+\frac{1}{3}\theta^3+\frac{2}{15}\theta^5+\cdots$$

因为面积不大，所以 D' 不会太长。且 θ 角很小，故略去 θ 五次方以上各项，并代入上式得

$$\Delta S=\frac{1}{3}R\cdot\theta^3 \qquad (1-6)$$

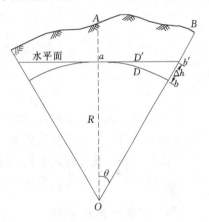

图 1-9　水平面与水准面的关系

1-3　地球曲率对测量工作的影响

因为 $\theta=\dfrac{D}{R}$，代入上式得

$$\Delta S=\frac{D^3}{3R^2} \qquad (1-7)$$

以 $R=6371\text{km}$ 和不同的 D 值代入上式，算得相应的 ΔS 及 $\Delta S/S$ 值，见表 1-2。

表 1-2　　　　　　　　　　地球曲率对水平距离和高程的影响

距离/m	距离误差/mm	距离相对误差	高程误差/mm
100	0.000008	1/1250000 万	0.8
1000	0.008	1/12500 万	78.5
10000	8.2	1/122 万	7850.0
25000	128.3	1/19.5 万	49050.0

从表中可以看出，当地面距离为 10km 时，用水平面代替水准面所产生的距离误差仅为 8.2mm，其相对误差为 1/1220000。而实际测量距离时，大地测量中使用的精密电磁波测距仪的测距精度为 1/1000000（相对误差），地形测量中普通钢尺的量距精度约为 1/2000。所以，只有在大范围内进行精密测距时，才考虑地球曲率的影响。而在一般地形测量中测量距离时，可不必考虑这种误差的影响。

二、对高程的影响

我们知道，高程的起算面是大地水准面，如果以水平面代替水准面进行高程测量，则所测得的高程必然含有因地球弯曲而产生的高程误差的影响。如图 1-9 中，a 点和 b' 点是在同一水准面上，其高程应当是相等的。当以水平面代替水准面时，b 点升到 b' 点，bb' 即 Δh 就是产生的高程误差。由于地球半径很大，距离 D 和 θ 角一般很小。所以 Δh 可以近似地用半径为 D、圆心角为 $\theta/2$ 所对应的弧长来表示。即

$$\Delta h = \frac{\theta}{2}D \qquad\qquad (1-8)$$

因 $\theta = \dfrac{D}{R}$，代入式（1-8）得

$$\Delta h = \frac{D^2}{2R} \qquad\qquad (1-9)$$

用不同的距离代入上式，便得表 1-2 所列的结果。从表中可以看出，用水平面代替水准面对高程的影响是很大的。距离为 1km 时，就有 78.5mm 的高程误差，这在高程测量中是不允许的。因此，进行高程测量，即使距离很短，也应用水准面作为测量的基准面，即应顾及地球曲率对高程的影响。

三、对水平角的影响

从球面三角学可知，同一空间多边形在球面上投影的各内角和，比在平面上投影的各内角和大一个球面角超值 ε。

$$\varepsilon = \frac{P}{R^2}\rho \qquad\qquad (1-10)$$

式中　ε——球面角超值，$('')$；

　　　P——球面多边形的面积，km^2；

　　　R——地球半径，km；

　　　ρ——弧度的秒值，$\rho = 206265''$。

以不同的面积 P 代入式（1-10）中，可求出球面角超值 ε，见表 1-3。

表 1-3　　　　　　　　用水平面代替水准面的水平角误差

面积 P/km^2	10	50	100	300
球面角超值 $\varepsilon/('')$	0.05	0.25	0.51	1.52

结论：当球面多边形的面积 P 为 100km²，进行水平角测量时，可以用水平面代替水准面，而不必考虑地球曲率对水平角的影响。

第四节 测量工作概述

一、测量的任务及基本工作

测量工作的根本任务是要确定地面点的几何位置。确定地面点的几何位置就需要进行一些测量的基本工作，为了保证测量成果的精度及质量还需遵循一定的测量原则。

（一）地面点平面位置的确定

确定地面点的平面位置即确定地面点的平面坐标，测量上一般不是直接测定，而是通过测量水平角和水平距离然后计算而求得的。如图 1 - 10 所示，在平面直角坐标系中，若要测定原点 O 附近 1 点的位置，只需测得角度 α_1（称为方位角）以及距离 D_1，用三角公式即可算出点 1 的坐标：$x_1 = D_1\cos\alpha_1$，$y_1 = D_1\sin\alpha_1$。

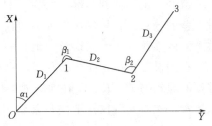

图 1 - 10 确定地面点位的测量工作

若能测得角度 α_1，β_1，β_2，…并测得距离 D_1，D_2，D_3，…则利用数学中极坐标和直角坐标的互换公式，可以推算 2，3，…点的坐标值。由此可见，测定地面点平面位置的基本原理是：由坐标原点开始，逐点测得方位角和水平距离，逐点递推算出坐标。

（二）地面点高程的确定

地面点高程测定的基本原理是从高程原点开始，逐点测得两点之间的高差，进而推算出点的高程。

综上所述，距离、角度和高差是确定地面点位置的三个基本要素，而距离测量、角度测量、高差测量是测量的三项基本工作。

二、测量工作的基本原则

测量工作中将地球表面的形态分为地物和地貌两类：地面上的河流、道路、房屋等称为地物；地面高低起伏的山峰、沟、谷等称为地貌。地物和地貌总称为地形。测量学的主要任务是测绘地形图和施工放样。

将测区的范围按一定比例尺缩小成地形图时，通常不能在一张图纸上表示出来。测图时，要求在一个测站点（安置测量仪器测绘地物、地貌的点）上将该测区的所有重要地物、地貌测绘出来也是不可能的。因此，在进行地形测图时，只能连续地逐个测站施测，然后拼接出一幅完整的地形图。当一幅图不能包括该地区面积时，必须先在该地区建立一系列的测站点，再利用这些点将测区分成若干幅图，并分别施测，最后拼接该测区的整个地形图。

这种先在测区范围建立一系列测站点，然后分别施测地物、地貌的方法，就是先整体后局部的原则。这些测站点的位置必须先进行整体布置；反之，若一开始就从测区某一点起连续进行测量，则前面测站的误差必将传递给后面的测站，如此逐站积累，最后测站的本身位置以及根据它测绘的地物、地貌的位置误差积累越大，这样将得不到一张合格的地形图。一幅图尚且如此，就整个测区而言就更难保证精度。因此，必须先整体布置测站点。测站点起着控制地物、地貌的作用，所以又称为"从控制到碎部"。

为此，在地形测图中，先选择一些具有控制意义的点（称为控制点），用较精密的仪器和控制测量方法把它们的位置测定出来，这些点就是上述的测站点，在地形测量中称为地形控制点，或称为图根控制点。然后再根据它们测定道路、房屋、草地、水系的轮廓点，这些轮廓点称为碎部点。这样从精度上来讲就是从高级到低级。

遵循"由整体到局部""先控制后碎部""从高级到低级"的原则，就可以使测量误差的分布比较均匀，保证测图精度，而且可以分幅测绘，加快测图速度，从而使整个测区连成一体，获得整个地区的地形图。

在测设工作中，同样必须遵循这样的工作原则。如图 1-11 所示，欲把图纸上设计好的建筑物 P、R、G 在实地放样出来作为施工的依据，就必须先进行高精度的控制测量，然后安置仪器于控制点 A，进行建筑物的放样。

1-4　测量工作的基本内容和原则

图 1-11　测量工作原则示意图

第五节　测量误差概述

1-5　测量误差的基本知识（1）

一、测量误差及分类

在测量工作中，因观测者、测量仪器、外界条件等因素的影响，测量结果经常会出现如下两种现象：一种现象是，当对一段距离或者两点间高差进行多次观测时，会发现每次结果通常都不一致；另一种现象是，已经知道某几个量之间应该满足某一理论关系，但是对这几个量进行观测后，就会发现实际观测结果往往不能满足这种关系，如对三角形三个内角进行观测，每次测得的内角和通常不会刚好等于180°。但是只要不出现错误，每次的观测结果是非常接近的，它们的值与所观测的量的真值相差无几。观测值（量）与它的真值之间的差异称为真误差。

一般用 Δ 表示真误差，用 $\overline{L}$ 表示真值，用 L 表示观测值（量），则真误差可用下式表示：

$$\Delta = L - \overline{L} \tag{1-11}$$

由于观测值是要由观测者用一定的仪器工具，在一定的客观环境中观测而得的，所以测量结果的精确性必然受观测者、仪器、外界环境三方面条件的制约，测量结果将始终存在着误差而使"真值不可得"，这个论断的正确性已为无数的测量实践所证明。由于误差的不可避免性，因此测量人员必须充分地了解影响测量结果的误差来源和性质，以便采取适当的措施，使产生的误差不超过一定限度；同时掌握处理误差的理论和方法，以便消除偏差并取得合理的数值。根据观测误差对观测结果的影响性质，可将其分为系统误差和偶然误差。

1. 系统误差

在相同的观测条件下，对某一量进行一系列观测，如果这些观测误差在大小、符号上有一定的规律，且这些误差不能相互抵消，具有积累性，这种误差称为系统误差。例如：尺长误差 Δ_L 的存在，使每量一尺段距离就会产生一个 Δ_L 的误差，该误差的大小和符号不变，量的尺段越多误差的积累也就越大。可以对钢尺进行检定，求出尺长改正值，对丈量的结果进行改正；水准测量中所用水准仪的水准轴不严格平行于视准轴，使尺上读数总是偏大或偏小，水准仪到水准尺距离越远误差也就越大，可以采用使前视尺和后视尺等距的方法加以消除；水平角测量中，经纬仪的视准轴与横轴、横轴与竖轴不严格垂直的误差可以用盘左、盘右两个位置观测水平角取平均值加以消除；三角高程测量中，地球曲率和大气折光对高差的影响可以采用正觇、反觇取平均值加以消除。

系统误差主要来源于测量仪器及工具本身不完善或者外界条件等方面，它对观测值的影响具有一定的数学或物理上的规律性。如果这种规律性能够被找到，则系统误差对观测值的影响则可以改正，或采用适当的观测方法加以消除或减小其对观测值的影响。

2. 偶然误差

在相同的条件下对某一量进行一系列的观测，所产生的误差大小和符号没有一定规律，这种误差称为偶然误差。

产生偶然误差的原因很多，如仪器精度的限制、环境的影响、人们的感官局限等。如距离丈量和水准测量中在尺子上估读末位数字有可能大一些也可能小一些，水平角观测的对中误差、瞄准误差、读数误差等，这些都是偶然误差。观测中应力求使偶然误差减小到最低限度。偶然误差从表面上看似乎没有规律性，但从整体上对偶然误差加以归纳统计，则显示出一种统计规律，而且观测次数越多，这种规律性表现得越明显。偶然误差具有如下特性：

（1）有限性。在一定的观测条件下，偶然误差的绝对值不会超过一定的限值。

（2）集中性。绝对值小的偶然误差，比绝对值大的偶然误差出现的机会多。

（3）对称性。绝对值相等符号相反的偶然误差，出现的机会相等。

（4）抵偿性。当观测次数无限增多时，偶然误差的算术平均值趋于零。

由于系统误差是可以并且必须改正的，所以测量结果中的系统误差大多已经消除，剩下的主要是偶然误差。如何处理这些带有偶然误差的观测值，求出最可靠的结果，分析观测值的可靠程度是本章要解决的问题。

3. 粗差

在测量工作中，除上述两种性质的误差外，还可能发生粗差。例如：钢尺丈量距离时读错钢尺上注记的数字。粗差的发生，大多是因一时疏忽造成的。粗差的存在不仅大大影响测量成果的可靠性，而且往往造成返工，给工作带来难以估量的损失。粗差极易在重复观测中被发现并予以剔除。显然，粗差的产生是与测量人员的技术熟练程度和工作作风有密切关系的，技术生疏或者工作不认真等直接影响成果的质量，并容易产生错误。测量成果中是不允许有错误的，错误的成果应当舍弃，并重新观测。

二、评定精度的指标

1-6　测量误差的基本知识（2）

所谓精度，就是指误差分布的密集或离散的程度。若两组观测值的误差分布一样，则说明两组观测值的精度一致。为了衡量观测值的精度高低，可按上节的方法制作误差分布表、直方图或误差分布曲线来进行比较，但在实际工作中，这样做比较麻烦，有时甚至很困难。因此，在实际测量工作中，更多的是采用以下几个指标来衡量观测值的精度。

1. 中误差

在相同的条件下，对某一量进行 n 次观测，各观测值真误差平方和的平均值开平方，称为中误差，用 m 表示，即

$$m = \pm\sqrt{\frac{\Delta_1^2 + \Delta_2^2 + \cdots + \Delta_n^2}{n}} = \pm\sqrt{\frac{[\Delta\Delta]}{n}} \tag{1-12}$$

观测值中误差 m 不是个别观测值的真误差，它与各真误差的大小有关，它描述了这一组真误差的离散程度，突出了较大误差与较小误差之间的差异，使较大误差对观测结果的影响表现出来，因而它是衡量观测精度的可靠指标。

【例 1-2】　对真值为 $125°32'21''$ 的角进行两组观测，每组等精度观测 5 测回，结果见表 1-4。试计算两组观测值的中误差。

解：按式（1-12）在表中分别计算 m_1 和 m_2，结果见表 1-4。

误差大小是以其绝对值来比较的。$|m_1| > |m_2|$，因此第一组观测值的精度比第二组低。

2. 极限误差

由偶然误差特性第（1）条可知，在一定的观测条件下，偶然误差的绝对值不会超过一定的限值，这个限值就是极限误差。根据偶然误差的大小计算其出现的概率，可得以下关系式：

表 1-4		观 测 数 据 与 计 算			
第一组			第二组		
编号	观测值 L	真误差 Δ	编号	观测值 L	真误差 Δ
1	125°32′22″	+1″	1	125°32′23″	+2″
2	125°32′26″	+5″	2	125°32′18″	−3″
3	125°32′18″	−3″	3	125°32′18″	−3″
4	125°32′25″	+4″	4	125°32′17″	−4″
5	125°32′19″	−2″	5	125°32′22″	+1″
$m_1 = \pm\sqrt{\dfrac{55}{5}} = \pm 3.3''$			$m_2 = \pm\sqrt{\dfrac{39}{5}} = \pm 2.8''$		

$$\rho(\,|\Delta|>|m|\,)=32\%$$
$$\rho(\,|\Delta|>2|m|\,)=4.5\%$$
$$\rho(\,|\Delta|>3|m|\,)=0.27\%$$

即绝对值大于中误差、大于 2 倍中误差、大于 3 倍中误差的偶然误差，其出现的概率分别为 32%、4.5% 和 0.27%。在 370 个偶然误差中，大于 3 倍中误差的偶然误差可能只出现一个，而在实际的有限次数观测中，可以认为大于 3 倍中误差的偶然误差几乎是不会出现的。所以，通常将 2 倍或 3 倍中误差作为偶然误差的极限值 $\Delta_{限}$，称为极限误差或允许误差。即

$$\Delta_{限}=2\Delta（或 \Delta_{限}=3\Delta） \tag{1-13}$$

在测量工作中，如果观测值的误差超过了允许误差，那就可以认为它是错误，相应的观测值应舍去并进行重测，这是测量工作必须要遵守的准则。

3. 相对误差

凡是能表达观测值中所含有的误差本身之大小数值的误差称为绝对误差，如真误差、中误差和极限误差等。而在测量工作中，有时用绝对误差并不能完全表达测量精度的高低。例如，分别丈量了 100m 和 200m 两段距离，中误差均为 ±0.02m，虽然两者的中误差相等，但两者丈量的精度却不一致，因为误差大小与各自的长度有关。在这种情况下，必须采用相对误差来衡量它们的精度。将绝对误差除以相应的观测量，并化成分子为 1 的分式，这个分式就是相对误差。即

$$相对误差(K)=\frac{绝对误差}{相应的观测值}=\frac{|m|}{D}=\frac{1}{D/|m|} \tag{1-14}$$

式中 m——相应观测值的绝对误差（真误差、中误差、极限误差等）。

依此式计算，上述例子中

$$K_1=\frac{0.02}{100}=\frac{1}{5000}$$

$$K_2=\frac{0.02}{200}=\frac{1}{10000}$$

$K_1>K_2$，说明前者比后者精度低。

三、算术平均值及其中误差

1. 算术平均值

设在相同的观测条件下对某量进行了 n 次等精度观测，其观测值为 L_1，L_2，$\cdots$，L_n，则该量的算术平均值 $\overline{X}$ 为

$$\overline{X}=\frac{[L]}{n}=\frac{L_1+L_2+\cdots+L_n}{n}=\frac{L_1}{n}+\frac{L_2}{n}+\cdots+\frac{L_n}{n} \qquad (1-15)$$

式中　$[L]$——所有观测值之和。

根据偶然误差的抵消性可知，当观测次数无限增大时，偶然误差的算术平均值趋近于零，此时观测值的算术平均值 $\overline{X}$ 将趋近于真值 $\overline{L}$。但在实际工作中，观测次数总是有限的，因此，可以认为算术平均值是一个与真值最接近的值，是一个比较可靠的值，称之为真值的最或是值。

在测量成果整理中，由于要将算术平均值作为观测量的最后结果，所以必须求出算术平均值的中误差，以评定观测精度。

2. 算术平均值的中误差

在测量成果整理中，由于要将算术平均值作为观测量的最后结果，所以必须求出算术平均值的中误差，以评定观测精度。

根据线性函数误差传播定律，可得算术平均值的中误差 M 为

$$M^2=\left(\frac{m_1}{n}\right)^2+\left(\frac{m_2}{n}\right)^2+\cdots+\left(\frac{m_n}{n}\right)^2$$

式中　m_1、m_2、$\cdots$、m_n——各观测值的中误差。

由于各观测值是等精度观测，中误差为 m，即 $m_1=m_2=\cdots=m_n=m$，上式可写成

$$M^2=n\frac{m^2}{n^2}=\frac{m^2}{n}$$

即

$$M=\frac{m}{\sqrt{n}} \qquad (1-16)$$

式（1-16）表明：算术平均值的中误差是观测值中误差的 $\frac{1}{\sqrt{n}}$ 倍。由此可知，增加观测次数能提高最后观测结果的精度。但当观测次数达到一定值时，再增加观测次数，实际上其所得效益将消失在操作所产生的残留系统误差中，所以毫无意义。

第六节　测量上常用的度量单位

在测量工作中，常用的计量单位有长度、面积、体积和角度四种计量单位。

一、长度单位

1-7　测量常用计量单位与换算

我国法定长度计量单位采用米（m）制单位。

　　1m(米)＝100cm(厘米)＝1000mm(毫米),1km(千米或公里)＝1000m

二、面积单位

我国法定面积计量单位为平方米（m²）、平方厘米（cm²）、平方千米（km²），另外，土地测绘中还用到公顷（hm²）、亩等。

$$1m^2=10000cm^2，1km^2=1000000m^2，1hm^2=10000m^2，1hm^2=15 亩$$

三、体积单位

我国法定体积计量单位为立方米（m³）。

四、角度单位

测量工作中常用的角度度量制有三种：弧度制、60 进制和 100 进制。其中弧度和 60 进制的度、分、秒为我国法定平面角计量单位。

（1）60 进制在计算器上常用"DEG"符号表示。

$$1 圆周=360°（度），1°=60'（分），1'=60''（秒）$$

（2）100 进制在计算器上常用"GRAD"符号表示。

$$1 圆周=400g（百分度），1g=100c（百分分），1c=100cc（百分秒）$$

$$1g=0.9°，1c=0.54'，1cc=0.324''$$

$$1°=1.11111g，1'=1.85185c，1''=3.08642cc$$

百分度现通称"冈"，记作"gon"，冈的千分之一为毫冈，记作"mgon"。例如 0.058gon=58mgon。

（3）弧度制在计算器上常用"RAD"符号表示。

$$1 圆周=360°=2\pi rad，1°=(\pi/180)rad，1'=(\pi/10800)rad，1''=(\pi/648000)rad$$

1 弧度所对应的度、分、秒角值为：

$$\rho°=180°/\pi≈57.3°，\rho'=180×60'/\pi≈3438'，\rho''=180×60×60''/\pi≈206265''$$

第七节　测绘仪器的使用、保养

1-8　测绘仪器的使用、保养

一、测绘仪器的使用

（一）仪器的取、放

从箱内取出仪器时，应注意仪器在箱内安放的位置，以便用完后按原位放回。拿取经纬仪时，不能用一只手将仪器提出。应一只手握住仪器支架，另一只手托住仪器基座慢慢取出。取出后，随即将仪器竖立抱起并安放在三脚架上，再旋上中心螺旋，然后关上仪器箱并放置在不易碰撞的安全地点。

作业完毕后，应将所有微动螺旋旋至中央位置，并将仪器外表的灰沙用软毛刷刷去，然后按取出时的原位轻轻放入箱中。放好后要稍微拧紧各制动螺旋，以免携带时仪器在箱内摇晃受损。关闭箱盖时要缓慢妥善，不可强压或猛力冲击。最后再将仪器箱上锁。

从野外带回的仪器不能放任不管，应随即打开箱盖并晾在通风的地方。晾干擦净再放回箱内。

（二）仪器的架设

安置经纬仪时，首先要将三脚架架头大致对中、整平并架设稳当。在设置三脚架时，不容许将经纬仪先安在架头上然后摆设三脚架，必须先摆好三脚架而后放置经纬仪。三脚架一定要架设稳当，其关键在于三条脚腿不能分得太窄也不能分得太宽。在山坡架设时，必须两条脚腿在下坡方向一条脚腿在上坡方向，而决不允许与此相反。三脚架的脚尖要用脚顺着脚腿方向均匀地踩入地内，不要顺铅垂方向踩，也不要用冲力往下猛踩。

三脚架架设稳妥后，放上经纬仪，并随即拧紧中心连接螺旋。为了检查仪器在三脚架上连接的可靠性，在拧紧中心螺旋的同时，用手移动一下仪器的基座，如固紧不动则说明已连接正确，可进行下一步操作。

（三）仪器的施测

（1）在整个施测过程中，观察员不得离开仪器。如因工作需要而离开时，应委托旁人看管，以防止发生意外事故。

（2）仪器在野外作业时，必须用伞遮住太阳。要注意避开仪器上方的淋水或可能掉下的石块等，以免影响观测精度，同时还可以保护仪器的安全。

（3）仪器箱上不要坐人。

（4）当旋转仪器的照准部时，应用手握住其支架部分，而不要握住望远镜，更不能用手抓住目镜来转动。

（5）仪器的任一转动部分发生旋转困难时，不可强行旋转，必须检查并找出原因，并消除之。

（6）仪器发生故障以后，不应勉强继续使用，否则会使仪器的损坏程度加剧。不要在野外任意拆卸仪器，必须带回室内，由专门人员进行修理。

（7）不准用手指触及望远镜物镜或其他光学零件的抛光面。对于物镜外表面的尘土，可用干净的毛刷轻轻地拂去；而对于较脏的污秽，最好在室内的条件下处理，不得已时也可用透镜纸轻轻地擦拭。

（8）在野外作业遇到雨、雪时，应将仪器立即装入箱内。不要擦拭落在仪器上的雨滴，以免损伤涂漆。须先将仪器搬到干燥的地方让它自行晾干，然后用软布擦拭仪器，再放入箱内。

（四）仪器的搬站

仪器在搬站时是否要装箱，可根据仪器的性质、大小、重量和搬站的远近以及道路情况、周围环境等具体情况而决定。当搬站距离较远、道路复杂，要通过小河、沟渠、围墙等障碍物时，仪器最好装入箱内。在进行三角测量时，由于搬站距离较远，仪器又精密，必须装箱背运。在进行地面或井下导线测量时，一般距离较近，可以不装箱搬站，但经纬仪必须从三脚架头上卸下来，由一人抱在身上携带；当通过沟渠、围墙等障碍物时，仪器必须由一人传给另一人，不要直接携带仪器跳越，以免震坏或摔伤仪器。

水准测量搬站时，水准仪不必从架头上卸下。这时可将仪器连同三脚架一起夹在臂下，仪器在前上方，并用一手托住其重心部分，脚架尽量不要过于倾斜，要近于竖直地夹稳行走。在任何情况下，仪器切不可横扛在肩上。

搬站时，应把仪器的所有制动螺旋略微拧紧。但也不必太紧，以备仪器万一受碰撞时，尚有活动的余地。

二、测绘仪器的保养、维护

测量仪器是复杂而又精密的光学仪器，在野外进行作业时，经常要遭受风雨、日晒和灰尘、湿气等不利因素的侵蚀。因此，正确地使用，妥善地保养、维护，对于保证仪器的精度、延长其使用年限具有极其重要的意义。

（一）仪器在室内的保存

（1）存放仪器的房间，应清洁、干燥、明亮且通风良好，室温不宜剧烈变化，最适宜的温度为 $10\sim16℃$，在冬季，仪器不能放在暖气设备附近。室内应有消防设备，但不能用一般酸碱式灭火器，宜用液体二氧化碳或四氯化碳及新的安全消防器。室内也不要存放具有酸、碱类的物品，以防腐蚀仪器。

（2）存放仪器的库房，要采取严格防潮措施。库房相对湿度要求在 60% 以下，特别是南方的梅雨季节，更应采取专门的防潮措施。有条件的可装空气调节器，以控制湿度和温度。一般可用氯化钙吸潮，也可用块状石灰（生石灰）吸潮。

对存放在一般室内的常用仪器，必须保持仪器箱内的干燥，可在箱内放 $1\sim2$ 袋"防潮剂"。这种"防潮剂"的主要成分是硅胶（偏硅酸钠，$Na_2SiO_3 \cdot nH_2O$），少量钴盐（$CoCl_2$），即将钴盐（$CoCl_2$）溶于水（按 5% 的浓度）洒在硅胶上加热烘干即可。钴盐主要用作指示剂，因干燥的钴盐呈深蓝色，吸潮后则变为粉红色。变红后的硅胶失去了吸潮能力，必须加热烘烤或烈日曝晒，使水分蒸发复呈紫色以至深蓝色，才能继续使用。将硅胶装入小布袋内（每袋 $40\sim80g$），放入仪器箱中使用。

（3）仪器应放在木柜内或柜架上，不要直接放在地上。三脚架应平放或竖直放置，不应随便斜靠，以防挠曲变形。存放三脚架时，应先把活动腿缩回并将腿收拢。

（二）仪器的安全运送

仪器受震后会使机械或光学零件松动、移位或损坏，以致造成仪器各轴线的几何关系变化，光学系统成像不清或像差增大，机械部分转动失灵或卡死，轻则使用不便，影响观测精度；重则不能使用甚至报废。测量仪器越精密越是要注意防震，在运送仪器的过程中更是如此。

仪器长途搬运时应装入特制的木箱中，箱内垫以刨花、纸卷、泡沫塑料等弹性物品，箱外标明"光学仪器，不许倒置，小心轻放，怕潮怕压"等字样。

短途运送仪器时，可以不装运输箱，但要有专人护送。在乘坐汽车或其他交通工具时，仪器要背在身上；路途稍远的，要坐着抱在身上，切忌将仪器直接放在机动车等交通工具上，以防受震。条件不具备的，必须装入运输箱中，并在运送车上放置柔软的垫子或垫上一层厚厚的干草等减震物品，由专人护送。

仪器在运输途中均要注意防止日晒、雨淋。放置的地方要安全、稳妥、干燥、清洁。

（三）其他应注意的事项

（1）仪器遇到气温变化剧烈时，必须采取专门措施。另外，时间一长，引起霉菌繁殖，使光学零件表面长霉起雾，严重影响观测系统的亮度及成像质量，以致报废不能使用。因此，必须采取适当措施。主要措施是对仪器进行保温，同时顾及防潮，不要将仪器放在冰冷而潮湿的小屋内。保温的办法则需视具体条件而定，如有的单位采用大木箱，木箱中间用木条隔开，上部放置仪器，下部装上灯泡，用温度计检查并控制箱内温度，这种方法取得了良好的效果。在北方，冬季室内有取暖设备的一般不存在这个问题，但也应注意室内温度不要太高，仪器也不要放在靠近取暖设备的地方。

（2）三脚架的维护决不能忽视，要防止曝晒、雨淋、碰摔。由地下扛出地面后，要将其脏污擦拭干净，放在阴凉通风处晾干，不要放在太阳下晒干。三脚架的伸缩滑动部分要经常擦以白蜡，这样不但可以防止水分渗蚀木质而引起脚架变形，还可以增加滑动部分的光滑度，以利使用。架头及其他连接部分要经常检查、调整，防止松动。

第八节　水利工程测量的要求

1-9 水利工程测量的要求

一、水利工程测量的基本准则

（1）法律法规。认真学习与执行国家政策与测绘规范。

（2）工作程序。遵守先整体后局部、先控制后碎部、高精度控制低精度的工作程序。

（3）原始依据。严格审核测量原始依据（设计图纸、文件、测量起始点、数据、测量仪器和工具的计量检定等）的正确性，坚持测量作业与计算工作步步校核的工作方法。

（4）测法原则。遵循测法要科学、简捷，精度要合理、相称，仪器选择要适当、使用要精细的工作原则。在满足观测需要的前提下，力争做到省工、省时、省费用。实测时要当场做好原始记录，测后要及时保护好桩位。

（5）工作作风。紧密配合施工，发扬团结协作、不畏艰难、实事求是、认真负责的工作作风。

（6）总结经验。虚心学习，及时总结经验，努力开拓新局面，以适应水利工程行业不断发展的需求。

二、水利工程测量的基本要求

（一）测量记录的基本要求

测量手簿是外业观测成果的记录和内业数据处理的依据。在测量手簿上记录时，必须严肃认真、一丝不苟，严格遵守下列要求：

（1）记录要求。原始真实、数字正确、内容完整、字体工整。

（2）填写位置。记录要填写在相应表格的规定位置。

（3）测量记录。测量观测数据须用 2H 或 3H 铅笔记入正式表格，记录观测数据之前，应将表头的观测日期、天气、仪器型号、组别、观测者、记录者等观测手簿的内容无一遗漏地填写齐全。

（4）观测者读数后，记录者应随即在观测手簿上的相应栏内填写，并将观测数据复读（即回报）一遍，让观测者听清楚，以防出现听错或记错现象。测量数据要当场填写清楚，严禁转抄、誊写，确保记录数据的原始性。数据要符合法定计量单位。

（5）记录时要求字体端正、工整、清晰，将小数点对齐，上下成行，左右成列，数字齐全，不得潦草。字体的大小一般占格宽的 1/3～1/2，字脚靠近底线，表示精度或占位的"0"均不能省略。记录数字的位数要反映观测精度。如水准读数至 mm，1.45m 记录为 1.450m。角度测量时，"度"最多三位，最少一位，"分"和"秒"各占两位，如读数是 0°2′4″，应记成 0°02′04″，见表 1-5。

表 1-5　　　　　　　　　　测量数据精确单位及应记录的位数

测量种类	数字单位	记录字数的位数	备　　注
水准	mm	4 个	
角度的分	(′)	2 个	
角度的秒	(″)	2 个	

（6）观测数据的尾数不得涂改、更换，读错或记错后，必须重测重记。例如，角度测量时，秒级数字出错，应重测该测站；距离测量时，毫米级数字出错，应重测该段距离。测量过程中，不得更改的测量数据部位及应重测的范围见表 1-6。

表 1-6　　　　　　　　　　不得更改的测量数据部位及应重测的范围

测量种类	不得更改的部位	应重测的范围	备　　注
高程	厘米及毫米的读数	一测站	
水平角	分及秒的读数	一测回	
竖直角	分及秒的读数	一测回	
距离	厘米及毫米的读数	往测或返测	

（7）对于记错或算错的数字，在其上画一直线，将正确的数字写在同格错数的上方。观测数据的前几位若出错，应用细横线划出错误数字，并在原数字上方写出正确的数字。注意不得涂擦已记录的数据。禁止连续更换数字，例如：水准测量中的黑、红面读数，角度测量中的盘左、盘右，距离测量中的往、返测等，均不能同时更改，否则重测。

（8）严禁连环更改数据。如已修改了算术平均值，则不能再改动计算算术平均值的任何一个原始数据；若已更改了某个观测值，则不能再更改其算术平均值。

（9）记录数据修改后或观测成果废去后，都应在备注栏内写明原因（如测错、记错或超限等），然后重新观测，并重新记录。

（10）记录人员。应及时校对观测数据。根据观测数据或现场实际情况作出判断，及时发现并改正错误。测量数据大多具有保密性，应妥善保管。工作结束，测量数据应立即上交有关部门保存。

（二）测量成果计算的基本要求

（1）基本要求。依据正确、方法科学、严谨有序、步步校核、结果正确。

（2）计算规则。数据运算时，数字进位应根据所取位数，按"四舍六入五凑偶"的规则进行凑整。如对 1.4244m、1.4236m、1.4235m、1.4245m 这几个数据，若取至毫米位，则均应记为 1.424m。

（3）测量计算时，数字的取位规定：水准测量视距应取位至 1.0m，视距总和取位至 0.01km，高差中数取位至 0.1mm，高差总和取位至 1.0mm；角度测量的秒取位至 1.0″。

（4）观测手簿中，对于有正、负意义的量，记录计算时，一定要带上"＋"号或"－"号，即使是"＋"号也不能省略。

（5）简单计算，如平均值、方向值、高差（程）等，应边记录边计算，以便超限时能及时发现问题并立即重测；较为复杂的计算，可在外业测绘完成后及时算出。

（6）成果计算必须仔细认真、保证无误。测量时，严禁任何因超限等原因而更改观测记录数据。

（7）每站观测结束后，必须在现场完成规定的计算和校核，确认无误后方可迁站。

（8）应该保持测量记录的整洁，严禁在记录表上书写无关的内容。

（9）一般需要在规定的表格内进行，严禁抄错数据，需要反复校对。

三、水利工程测量岗位职责

（一）测量人员应具备的能力

工程施工中的测量人员主要是进行施工放样以及质检过程中的高程控制和定位检测，要做好施工测量工作，测量人员应具备以下能力：

（1）审核图纸。能读懂设计图纸，结合测量放线工作审核图纸，能绘制放线所需大样图或现场平面图。

（2）放线要求。掌握不同工程类型、不同施工方法对测量放线的要求。

（3）仪器使用。了解仪器的构造和原理，并能熟练地使用、检校、维修仪器。

（4）计算校核。能对各种几何形状、数据和点位进行计算与校核。

（5）误差处理。了解施工规范中对测量的允许偏差，从而在测量中提高精度、减少误差。能利用误差理论分析误差产生的原因，并能采取有效的措施对观测数据进行处理。

（6）熟悉理论。熟悉测量理论，能对不同的工程采用适合的观测方法和校核方法，按时保质保量地完成测量任务。

（7）应变能力。能针对施工现场出现的不同情况，综合分析和处理有关测量问题，提出切实可行的改进措施。

（二）测量组长岗位职责

（1）严格要求。领导测量组严格按照施工技术规范、试验规程、测量规范和设计图纸进行测量。

（2）规范测量。依施工组织设计和施工进度安排，编制项目施工测量计划，并组织全体测量人员努力实现。

（3）施工放样。负责做好施工放样工作，对关键部位的放样必须实行一种方法测量、多种方案复核的观测程序，做好记录报内部监理签认。

（4）控制测量。负责做好控制测量工作，熟悉各主要控制标志的位置，保护好测量标志。

（5）测量交付。负责向施工测量组交付现场测量标志和测量结果，实行现场测量交底签认制度，并对测量组的工作进行检查和指导。

（6）标志复核。经常对测量标志进行检查复核，确保测量标志位置正确，对因测量标志变化造成的损失负主要责任。

（7）资料保管。制定测量仪器专人保管、定期保养等规章制度，建立仪器设备台账，妥善认真保管施工图纸和各种测量资料。

（8）仪器使用。指导测量人员正确使用测量仪器，严禁无关人员和不了解仪器性能的人员动用仪器。

（9）竣工测量。负责做好竣工测量，根据实测和竣工原始记录资料填写工程质量检查评定表格，并绘制竣工图纸，参加施工技术总结工作。

（三）测量员岗位职责

（1）工作作风。紧密配合施工，坚持实事求是、认真负责的工作作风。

（2）学习图纸。测量前需了解设计意图，学习和校核图纸；了解施工部署，制定测量放线方案。

（3）实地校测。会同建设单位一起对红线桩测量控制点进行实地校测。

（4）仪器校核。测量仪器的核定、校正。

（5）密切配合。与设计、施工等方面密切配合，并事先做好充分的准备工作，制定切实可行的与施工同步的测量放线方案。

（6）放线验线。须在整个施工的各个阶段和各主要部位做好放线、验线工作，并要在审查测量放线方案和指导检查测量放线工作等方面加强工作，避免返工，验线工作要主动。验线工作要从审核测量放线方案开始，在各主要阶段施工前，对测量放线工作提出预防性要求，真正做到防患于未然。

（7）观测记录。负责垂直观测、沉降观测，并记录整理观测结果。

（8）基线复核。负责及时整理完善基线复核、测量记录等测量资料。

（四）测量监理岗位职责

（1）监理细则。指导监理全线测量工作，制定测量工作的监理实施细则。

（2）监理工作。制定和补充各种测量施工监理表格，建立本部门数据资料、信息整理查阅体系。

（3）督促检查。检查承包人的测量仪器设备及人员，督促承包人按规定检定测量仪器设备。

（4）检查复核。负责全线交接桩工作，检查复核导线点、水准点，审批承包人测量内外业成果，并按规定频率要求进行复核，认真审核后签认。

（5）复核签字。配合工程部处理有关技术质量问题，做好工程计量及变更，对工程数量进行复核后签字。

（6）监理日志。按时填写监理日志，编写并整理监理月报和监理工作总结中测量部分的内容。

（7）竣工验收。配合工程部参加交工、竣工验收工作。

四、水利工程测量技术资料的主要内容

（一）原始数据及资料

（1）水利工程测量合同及任务书。

（2）现场平面控制网与水准点成果表及验收单。

（3）设计图纸（建筑总平面图、建筑场地原始地形图）。

（4）设计变更文件及图纸。

（5）施工放线要求及数据。

（6）测区地形、仪器设备资料。

（二）测量数据及资料

（1）红线桩坐标及水准点通知单。

（2）交接桩记录表。

（3）工程位置、主要轴线、高程预检单。

（4）必要的测量原始记录。

（5）地形图、竣工验收资料、竣工图。

（6）沉降变形观测资料。

技 能 训 练 题

1. 简述测量学的任务及其在道路工程中的作用。

2. 什么是水准面和大地水准面？水准面和大地水准面有何区别？

3. 什么是参考椭球面和参考椭球体？

4. 什么是绝对高程和相对高程？

5. 如何理解水平面代替水准面的限度问题？

6. 测量的基本工作指的是哪几项？为什么说这些工作是测量的基本工作？

7. 测量的基本工作和基本原则是什么？

8. 某地经度为东经 $115°16'$，试求其所在 $6°$ 带和 $3°$ 带的带号及相应带号内的中央子午线的经度。

9. 数据运算时，数字进位应根据所取位数，按什么规则进行凑整？如对 $1.3636m$、$1.5962m$、$1.0155m$ 这几个数据，若取至毫米位，则各应记为多少？

10. 圆心角为 $42.6°$ 的角其弧度值应为多少？

11. 什么叫系统误差？什么叫偶然误差？偶然误差有哪些特性？

第二章 测量仪器及其使用

【学习目标】

1. 了解水准仪的构造，熟练掌握水准仪的使用方法。
2. 了解经纬仪的构造，熟练掌握经纬仪的使用方法。
3. 了解全站仪的构造，熟练掌握全站仪的使用方法。

第一节 水准仪及其使用

一、水准仪概述

2-1 水准仪的认识与使用

水准仪是水准测量时用于提供水平视线的仪器，其作用是照准离水准仪一定距离的水准尺并读取尺上的读数，求出高差。我国对水准仪按其精度从高到低分为 DS_{05}、DS_1、DS_3 和 DS_{10} 四个等级，其中"D"为大地测量仪器的总代号，"S"为"水准仪"汉语拼音的第一个字母，下标是指水准仪所能达到的每公里往返测高差中数中误差（mm）。DS_{05}、DS_1 为精密水准仪，主要用于国家一等、二等水准测量和精密工程测量；DS_3、DS_{10} 为普通水准仪，主要用于国家三等、四等水准测量和常规工程建设测量。目前通用的水准仪从构造上可分为两大类：一类是利用水准管来获得水平视线的水准管水准仪，其主要形式称"微倾式水准仪"；另一类是利用补偿器来获得水平视线的"自动安平水准仪"。此外，还有电子水准仪、激光水准仪等。

二、DS_3 水准仪及其构造

（一）DS_3 型微倾式水准仪构造

DS_3 型微倾式水准仪主要由望远镜、水准器和基座三个主要部分组成。仪器通过基座与三脚架连接，基座下三个脚螺旋用于仪器的粗略整平。望远镜一侧装有一个管水准器，当转动微倾螺旋可使望远镜连同管水准器作俯仰微量的倾斜，从而可使视线精确整平。因此，这种水准仪称为微倾式水准仪。仪器在水平方向的转动，由水平制动螺旋和水平微动螺旋控制。水准仪各部分的名称如图 2-1 所示。

1. 望远镜

望远镜的基本构造如图 2-2 所示，它由物镜、调焦透镜、十字丝分划板和目镜组成。物镜由一组透镜组成，相当于一个凸透镜。根据几何光学原理，被观测的目标经过物镜和调焦透镜后，成一个倒立实像于十字丝附近。由于被观测的目标离望远镜的距离不同，可转动对光螺旋使对光透镜在镜筒内前后移动，使目标的实像能清晰地成像于十字丝分划板平面上，再经过目镜的作用，使倒立的实像和十字丝同时放大而变

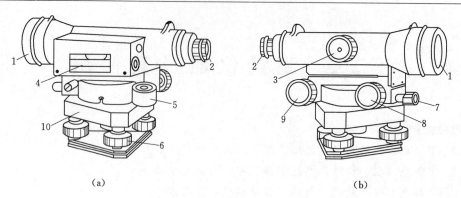

图 2-1 DS₃ 型微倾式水准仪

1—物镜；2—目镜；3—调焦螺旋；4—管水准器；5—圆水准器；6—脚螺旋；

7—制动螺旋；8—微动螺旋；9—微倾螺旋；10—基座

成倒立放大的虚像。放大的虚像与眼睛直接看到的目标大小的比值，即为望远镜的放大率。DS₃ 型水准仪的望远镜放大率约为 30 倍。

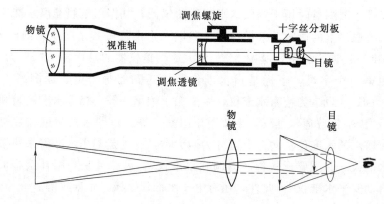

图 2-2 望远镜构造

为了用望远镜精确照准目标进行读数，在物镜筒内光阑处装有十字丝分划板，其类型多样，如图 2-3 所示。十字丝中心与物镜光心的连线称为望远镜的视准轴，也就是视线。视准轴是水准仪的主要轴线之一。图中相互正交的两根长丝称为十字丝，其中垂直的一根称为竖丝，水平的一根称为横丝或中丝，横丝的上、下方两根短丝是用于测量距离的，称为视距丝。

2. 水准器

水准器是水准仪的重要组成部分，它用于整平仪器，分为圆水准器和管水准器。圆水准器如图 2-4 所示，用一个玻璃圆盒制成，装在金属外壳内，所以也称为圆盒水准器。玻璃的内表面磨成球面，中央刻一个小圆圈或两个同心圆，圆圈中点和球心的连线称为圆水准轴。当气泡位于圆圈

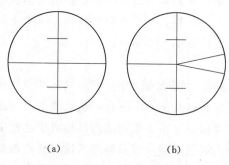

（a）　　　　（b）

图 2-3 十字丝分划板

中央时，圆水准轴处于铅垂状态。普通水准仪圆水准器分划值一般是 $8'/2mm$。由于圆水准器的精度较低，所以它主要用于仪器的粗略整平。

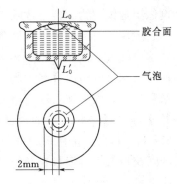

图 2-4　圆水准器

管水准器也称符合水准器或水准管，如图 2-5 所示。它是用一个内表面磨成圆弧的玻璃管制成的，玻璃管内注满酒精和乙醚的混合物，通过加热和冷却等处理后留下一个小气泡，当气泡与圆弧中点对称时，称为气泡居中。水准管圆弧的中心点 O，称为水准器的零点，过零点和圆弧相切的直线，称为水准器的水准轴。水准管的中央部分刻有间距为 2mm 的与零点左右对称的分划线，2mm 分划线所对的圆心角表示水准管的分划值，分划值越小，灵敏度越高，DS_3 型水准仪的水准管分划值一般为 $20''/2mm$。目前生产的水准仪都在水准管上方设置一组棱镜，通过内部的折光作用，可以从望远镜旁边的小孔中看到气泡两端的影像，并根据影像的符合情况判断仪器是否处于水平状态，如果两侧的半抛物线重合为一条完整的抛物线，说明气泡居中，否则需要调节，故这种水准器称为符合水准器。图 2-6 是微倾式水准仪上普遍采用的水准器。

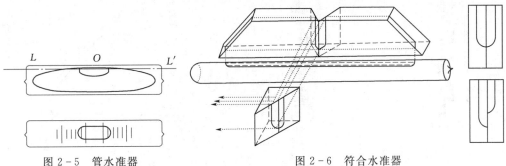

图 2-5　管水准器　　　　　　　　　　图 2-6　符合水准器

3. 基座

基座由轴座、脚螺旋和连接板组成。基座是仪器与三脚架连接的重要部件。

水准仪上除以上三大件外，还有一套操作螺旋：制动螺旋，其作用是限制望远镜在水平方向的转动；微动螺旋，在望远镜制动后，利用它使望远镜做轻微的转动，以便精确瞄准水准尺；对光螺旋，可以使望远镜内的对光透镜做前后移动，从而看清楚目标；目镜调焦螺旋，通过调节来看清楚十字丝；微倾螺旋，通过调节使管水准器的气泡居中，达到精确整平仪器的目的；三个脚螺旋，用来粗略整平仪器。

2-2　水准仪的使用

（二）水准尺及其读数

水准尺是水准测量时用以读数的重要工具，与 DS_3 型水准仪配套使用的水准尺常用干燥且良好的木材、玻璃钢或铝合金制成。根据它们的构造，常用的水准尺可分为直尺和塔尺两种，长度为 2～5m。塔尺能伸缩，方便携带，但接合处容易产生误差，如图 2-7（a）所示，直尺比较坚固可靠。水准尺尺面绘有 1cm 或 5mm 黑白相间的分格，米和分米处注有数字，尺底为 0，如图 2-7（b）所示。以前用的水准仪大多为倒像望远镜，为了便于读数，标注的数字常倒写。

一般用于三、四等水准测量和图根水准测量的水准尺是长度整 3m 的双面（黑红面）木质标尺，黑面为黑白相间的分格，红面为红白相间的分格，分格值均为 1cm。尺面上每 5 个分格组合在一起，每分米处注记倒写的阿拉伯数字，读数视场中即呈现正像数字，并由上往下逐渐增大，所以读数时应由上往下读。通常两根尺子组成一对进行水准测量。两直尺的黑面起点读数均为 0mm，红面起点则分别为 4687mm 和 4787mm。目前大量使用的自动安平水准仪都是正像水准仪，故标尺每分米处注记正写的阿拉伯数字，读数视场中呈现的也是正像数字，由下往上逐渐增大，读数时应由下往上读。

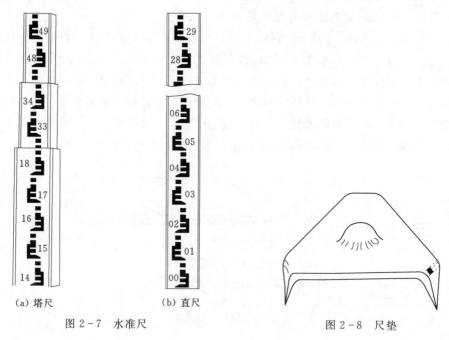

（a）塔尺　　　　（b）直尺

图 2-7　水准尺　　　　　　　图 2-8　尺垫

（三）尺垫及其作用

尺垫是用于转点上的一种工具，用钢板或铸铁制成（图 2-8）。使用时把三个尖脚踩入土中，把水准尺立在突出的圆顶上。尺垫可使转点稳固，防止下沉。

三、DS$_3$型水准仪的使用

水准仪的使用有以下几个作业程序：安置水准仪、粗略整平、瞄准标尺、视线的精确整平和读数。

（一）安置水准仪

首先打开三脚架，安置三脚架要求高度适当、架头大致水平并牢固稳妥，在山坡上应使三脚架的两脚在坡下、一脚在坡上。然后把水准仪用中心连接螺旋连接到三脚架上。取水准仪时必须握住仪器的坚固部位，并确认已牢固地连接在三脚架上之后才可放手。

（二）粗略整平

利用水准仪的三个脚螺旋使圆水准气泡居中，整平方法：①先用双手按图 2-

9（a）箭头所指方向同时转动 A、B 两个脚螺旋，使气泡由 1 移到 2 位置；②按图 2-9（b）旋转第三个脚螺旋 C，使气泡居中，此时水准仪已粗略整平。如仍有偏差可重复进行。

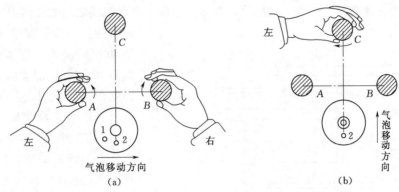

图 2-9　粗略整平

（三）瞄准标尺

（1）调节目镜。让望远镜对向明亮处，转动目镜调焦螺旋，使十字丝成像清晰。

（2）大致瞄准。先松开制动螺旋，利用望远镜上面的缺口和准星大致瞄准目标，然后拧紧制动螺旋。

（3）对光。调节对光螺旋，看清楚目标。

（4）精确瞄准。调节水平微动螺旋，直到标尺移动到十字丝的中间。

（5）消除视差。照准标尺读数时，若对光不准，尺像没有落在十字丝分划板上，这时眼睛上下移动，读数随之变化，这种现象称为视差。这时要旋转调焦螺旋，仔细观察，直到不再出现尺像和十字丝有相对移动为止，此时视差消除。

（四）视线的精确整平

目标瞄准后，调节微倾螺旋使管水准器气泡居中即符合气泡的两弧重合，这时视线就处于精确水平状态。需注意的是：由于微倾螺旋旋转时，有可能改变望远镜和竖轴的关系，当望远镜由一个方向转变到另一个方向时，水准管气泡不再符合。所以望远镜每次变动方向后，即每次读数前，都必须用微倾螺旋重新使气泡居中。

（五）读数

用十字丝中间的横丝读取水准尺的读数。从尺上可直接读出米、分米和厘米数，并估读出毫米数，所以每个读数必须有四位数。如果某一位数是零，也必须读出并记录，不可省略。

由于望远镜一般都为倒像，所以从望远镜内读数时应由上向下读，即由小数向大数读。如图 2-10 所示，其读数为 1.847m，读数前应先认清水准尺的分划特点，特别应注意与注字相对应的分米分划线的位置。为了保证得出正确的水平视线读数，在读数前和读数后都应该检查水准管气泡是否符合。

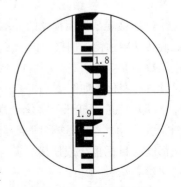

图 2-10　水准标尺读数

四、DS₃型水准仪的检验与校正

根据水准测量的原理，对水准仪各主要轴线之间的关系提出了一定的要求，只有这样，才能保证测量的正确。虽然仪器在出厂之前，对各轴线之间的几何关系是经过检测的，但由于运输过程的震动和长期使用等因素的影响，其几何关系可能会发生变化，因此在仪器使用之前及使用中有必要进行检验和校正。检验的目的是判断仪器的几何轴线关系是否满足要求，校正则是对不满足条件的轴线进行修正。

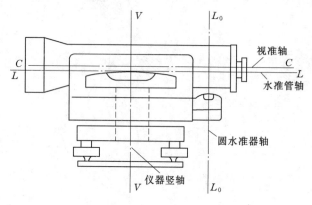

图 2-11　水准仪的轴线

（一）水准仪的轴线及各轴线应满足的几何条件

微倾式水准仪的主要轴线如图 2-11 所示，它们之间应满足如下几何条件：

（1）圆水准器轴应平行于仪器的竖轴（$L_0L_0 // VV$）。

（2）十字丝的横丝应垂直于仪器的竖轴。

（3）水准管轴应平行于视准轴（$LL // CC$）。

（二）水准仪检验、校正的项目与方法

1. 圆水准器轴（L_0L_0）与竖轴（VV）垂直的检验和校正

（1）检验。调节脚螺旋使圆水准器气泡居中，然后将仪器上部旋转 180°，若气泡仍居中，则表示圆水准器轴已平行于竖轴，若气泡偏离中心则需进行校正。

（2）校正。用脚螺旋使气泡向中央方向移动偏离量的一半，然后拨圆水准器的校正螺旋使气泡居中，如图 2-12 所示。由于一次拨动不易使圆水准器校正得很完善，所以需重复上述的检验和校正，使仪器上部旋转到任何位置气泡都能居中为止。

2. 十字丝横丝与竖轴（VV）垂直的检验和校正

（1）检验。先用横丝的一端照准一固定的目标或在水准尺上读一读数，然后用微动螺旋转动望远镜，用横丝的另一端观测同一目标或读数。如果目标仍在横丝上或水准尺上读数不变，如图2-13（a）所示，说明横丝已与竖轴垂直。若目标偏离了横丝或水准尺读数有变化，如图 2-13（b）所示，则说明横丝与竖轴不垂直，应予以校正。

（2）校正。打开十字丝分划板的护罩，可见到 3 个或 4 个分划板的固定螺丝，如图2-14所示。松开这些固定螺丝，用手转动十字丝分划板座，反复试验使横丝的两端都能与目标重合或使横丝两端所得水准尺读数相同，则校正完成。最后旋紧所有固定螺丝。

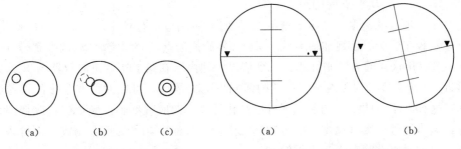

图 2-12 圆水准器的检验与校正　　　图 2-13 十字丝横丝的检验

3. 水准管轴（*LL*）与视准轴（*CC*）平行的检验和校正

（1）检验。在平坦地面选相距 $40\sim60$ m 的 *A*、*B* 两点，在两点打入木桩或设置尺垫。水准仪首先置于离 *A*、*B* 等距的Ⅰ点，测得 *A*、*B* 两点上的读数 a_1 和 b_1，则 $h_I = a_1 - b_1$，如图 2-15（a）所示。这时可能是两种情况：第一种情况，视准轴与水准管轴平行，则 h_I 就是 *A*、*B* 两点之间的正确高差；第二种情况，视准轴与水准管轴不平行，但由于仪器到两点的距离

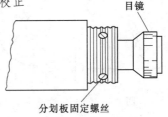

图 2-14 十字丝分划板校正

相等，*i* 角构成的误差对后视读数和前视读数的影响相同，它们的差值可以使误差抵消，因此，h_I 也是 *A*、*B* 两点的正确高差。所以可以得出这样一个结论：只要把仪器安置在距离两点相等的地方，就可以测出正确的高差。

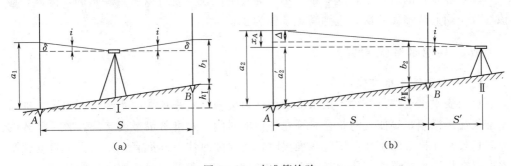

图 2-15 水准管检验

然后把水准仪移至距离 *B* 点很近的地方Ⅱ点，再次测 *A*、*B* 两点的高差，如图 2-15（b）所示，仍把 *A* 作为后视点，故得高差 $h_{II} = a_2 - b_2$。如果 $h_{II} = h_I$，说明在测站Ⅱ所得的高差也是正确的，这也说明在测站Ⅱ观测时视准轴是水平的，故水准管轴与视准轴是平行的，即 $i = 0$。如果 $h_{II} \neq h_I$，则说明存在 *i* 角的误差，由图 2-15（b）可知

$$i = \frac{\Delta}{S} \cdot \rho \qquad\qquad (2-1)$$

而 $$\Delta = a_2 - b_2 - h_I = h_{II} - h_I \qquad\qquad (2-2)$$

式中　Δ——仪器分别在Ⅱ和Ⅰ所测高差之差；

S——A、B 两点间的距离。

对于一般水准测量，要求 i 角不大于 $20''$，否则应进行校正。

（2）校正。为了使视准轴水平，用微倾螺旋使远点 A 的读数从 a_2 改变到 a_2'（$a_2' = a_2 + h_1$），用这样的方法来计算有一个假设，即由于在第二次观测时仪器与 B 点距离非常近，i 角构成的误差对前视读数的影响也就非常小，可以对此非常小的误差忽略不计，这样在不影响结果的前提下可以简化计算。此时视准轴由倾斜位置改变到水平位置，但水准管也因微倾螺旋的转动随之变动，气泡由原来的符合变成不再符合，也就是说，此时水准管轴不是水平的。

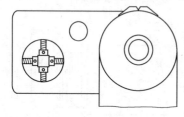

图 2-16　水准管校正

如图 2-16 所示，用校正针拨动水准管一端的校正螺旋使气泡符合，使水准管轴也处于水平位置从而使水准管轴平行于视准轴。校正时先松动左右两校正螺旋，然后拨上下两校正螺旋使气泡符合。拨动上下校正螺旋时，应先松一个再紧另一个逐渐改正，当最后校正完毕时，所有校正螺旋都应适度旋紧。

（三）水准仪检验和校正的注意事项

（1）在校正时必须按照一定的顺序进行，即圆水准器、十字丝和水准管的顺序。

（2）在水准仪的三个几何条件中，第三个条件是主要条件，它对测量超限的影响也是最大的，因此，应该予以重点校正。

（3）在校正的过程中，这些条件不是通过一次校正就可以满足要求的，因此，应该细致、耐心地多做几次，直到满足条件为止。

五、其他水准仪简介

（一）自动安平水准仪

自动安平水准仪是一种不用水准管而能自动获得水平视线的水准仪。由于水准管水准仪在用微倾螺旋使气泡符合时要花一定的时间，水准管灵敏度越高，整平需要的时间越长。在松软的土地上安置水准仪时，还要随时注意气泡有无变动。而自动安平水准仪在用圆水准器使仪器粗略整平后，经过 1~2s 即可直接读取水平视线读数。当仪器有微小的倾斜变化时，补偿器能随时调整，始终给出正确的水平视线读数。因此，它具有观测速度快、精度高的优点，被广泛地应用在各种等级的水准测量中。

自动安平水准仪的使用方法较微倾式水准仪简便。首先也是用脚螺旋使圆水准器气泡居中，完成仪器的粗略整平。然后用望远镜照准水准尺，即可用十字丝横丝读取水准尺读数，所得的就是水平视线读数。由于补偿器有一定的工作范围，即能起到补偿作用的范围，所以使用自动安平水准仪时，要防止补偿器贴靠周围的部件而不处于自由悬挂状态。有的仪器在目镜旁有一按钮，它可以直接触动补偿器。读数前可轻按此按钮，以检查补偿器是否处于正常工作状态，也可以消除补偿器轻微的贴靠现象。如果每次触动按钮后，水准尺读数变动后又能恢复原有读数则表示工作正常。如果仪器上没有这种检查按钮则可用脚螺旋使仪器竖轴在视线方向稍作倾斜，若读数不变则表示补偿器工作正常。由于要确保补偿器处于工作范围内，使用自动安平水准仪时应十分注意圆水准器的气泡居中。

图 2-17 所示为自动安平水准器，图 2-18 所示为苏一光 NAL124 自动安平水准仪。

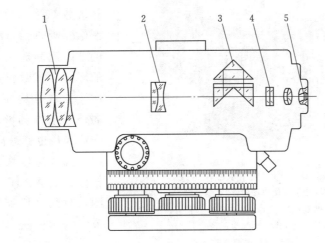

图 2-17 自动安平水准器的结构示意图
1—物镜；2—物镜调焦透镜；3—补偿器棱镜组；4—十字丝分划板；5—目镜

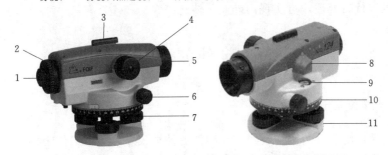

图 2-18 苏一光 NAL124 自动安平水准仪的各部件名称
1—目镜；2—目镜调焦螺旋；3—粗瞄器；4—调焦螺旋；5—物镜；6—水平微动螺旋；
7—脚螺旋；8—反光镜；9—圆水准器；10—刻度盘；11—基座

（二）电子水准仪

电子水准仪又称数字水准仪，它是在自动安平水准仪的基础上发展起来的。它采用条码标尺，各厂家标尺编码的条码图案不相同，不能互换使用。图 2-19 为美国天宝 DINI 03 电子水准仪。

目前，电子水准仪在照准标尺和调焦时仍需目视进行。人工完成照准和调焦之后，标尺条码一方面被成像在望远镜分化板上，供目视观测，另一方面通过望远镜的分光镜，标尺条码又被成像在光电传感器（又称探测器）上，即线阵 CCD 器件上，供电子读数。因此，如果使用传统水准标尺，电子水准仪又可以像普通自动安平水准仪一样使用。不过这时的测量精度低于电子测量的精度。电子水准仪与传统水准仪相比具有以下特点：

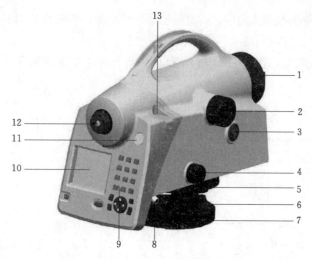

图 2-19　DINI 03 电子水准仪构造图

1—望远镜遮阳板；2—望远镜调焦旋钮；3—触发键；4—水平微调；
5—刻度盘；6—脚螺旋；7—底座；8—电源/通信口；9—键盘；
10—显示器；11—圆水准气泡；12—十字丝；
13—圆水准气泡调节器

（1）读数客观。不存在误读、误记和人为读数误差、出错。

（2）精度高。视线高和视距读数都是采用大量条码分划图像经处理后取平均值得出来的，因此削弱了标尺分划误差的影响。多数仪器都有进行多次读数取平均的功能，可以削弱外界条件的影响。不熟练的作业人员也能进行高精度测量。

（3）速度快。由于省去了报数、记录、现场计算的时间，测量时间与传统仪器相比可以节省 1/3 左右。

（4）效率高。只需调焦和按键就可以自动读数，减轻了劳动强度。视距还能自动记录、检核、处理，并能输入电子计算机进行后处理，可实现内外业一体化。

第二节　经纬仪及其使用

一、经纬仪概述

2-3　经纬仪的认识与使用

经纬仪是角度测量的主要仪器，经纬仪的种类较多，测量工作中用于测角的经纬仪主要有光学经纬仪和电子经纬仪两大类。光学经纬仪是采用光学玻璃度盘和光学测微器读数设备，电子经纬仪则采用光电度盘和自动显示系统。国产经纬仪按精度可分为 DJ_{07}、DJ_1、DJ_2、DJ_6、DJ_{15} 和 DJ_{60} 六个等级。"D""J"分别表示"大地测量""经纬仪"汉语拼音的第一个字母，07、1、2、6、15、60 分别表示该仪器一测回水平方向观测值中误差不超过的秒数。其中 DJ_{07}、DJ_1、DJ_2 属于精密经纬仪，DJ_6、DJ_{15} 和 DJ_{60} 属于普通经纬仪。

二、DJ_6 型光学经纬仪及其构造

DJ_6 型光学经纬仪根据控制水平度盘转动方式的不同可分为方向经纬仪和复测经纬仪，图 2-20 是南京华东光学仪器厂的分微尺装置的 DJ_6 型光学经纬仪，各部件名称如图所注。一般将光学经纬仪分解为照准部、水平度盘和基座三部分。

（一）DJ_6 光学经纬仪构造

1. 照准部

照准部是指水平度盘以上能绕竖轴旋转的部分，包括望远镜、竖直度盘（简称竖

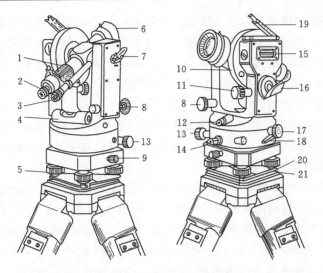

图 2-20 DJ₆型光学经纬仪

1—对光螺旋；2—目镜；3—读数显微镜；4—照准部水准管；5—脚螺旋；6—望远镜物镜；7—望远镜制动螺旋；
8—望远镜微动螺旋；9—中心锁紧螺旋；10—竖直度盘；11—竖盘指标水准管微动螺旋；12—光学对中器目镜；
13—水平微动螺旋；14—水平制动螺旋；15—竖盘指标水准管；16—反光镜；17—度盘变换手轮；
18—保险手柄；19—竖盘指标水准管反光镜；20—托板；21—底板

盘）、光学对中器、水准管、读数显微镜等，它们都安装在底部带竖轴（内轴）的 U
形支架上。其中望远镜、竖盘和水平轴（横轴）固连一体，组装于支架上。望远镜绕
横轴上、下旋转时，竖盘随着转动，并由望远镜制动螺旋和微动螺旋控制。竖盘是一
个圆周上刻有度数分划线的光学玻璃圆盘，用于量度垂直角。紧挨竖盘有一个竖盘指
标水准管和指标水准管微动螺旋，在观测垂直角时用来保证读数指标的正确位置。望
远镜旁有一个读数显微镜，用来读取竖盘和水平度盘读数。望远镜绕竖轴左、右转动
时，由水平制动螺旋和水平微动螺旋控制。照准部的光学对中器和水准管用来安置仪
器，以使水平度盘中心位于测站铅垂线上，并使度盘平面处于水平位置。

2. 水平度盘

水平度盘是由光学玻璃制成的刻有度数分划线的圆盘，在度盘上按顺时针方向刻
有注记 0°~360°，用以观测水平角。在度盘的外壳有照准部制动螺旋和微动螺旋，用
来控制照准部与水平度盘的相对运动。水平度盘有一个空心轴，容纳照准部的内轴；
空心轴插入度盘的外轴中，外轴再插入基座的套轴内。在空心轴容纳内轴的插口上有
许多细小滚珠，以保证照准部能灵活转动而不致影响水平度盘。水平度盘本身可以根
据测角需要，用度盘变换手轮或复测扳手改变读数位置。采用变换手轮的仪器，水平
度盘是和照准部分离的，不能随照准部一道转动；采用复测扳手（又称离合器）的仪
器，水平度盘与照准部的关系可离可合；将复测扳手朝上扳到位，水平度盘便与照准
部离开，照准部转动时水平度盘不动，读数则随照准部转动而变化；将复测扳手朝下
扳到位，水平度盘则与照准部扣合，随照准部一道转动，读数保持不变。

3. 基座

基座起支承仪器上部以及使仪器与三脚架连接的作用，主要由轴座、脚螺旋和连

接板组成。仪器的照准部连同水平度盘一起插入轴座后，用轴座固定螺旋（又称中心锁紧螺旋）固紧；轴座固定螺旋切勿松动，以免仪器上部与基座脱离而摔坏。仪器装到三脚架上时，需将三脚架头上的中心连接螺旋旋入基座连接板使之固紧。采用光学对中器的经纬仪，其连接螺旋是空心的；连接螺旋下端大都具有挂钩或像灯头一样的插口，以备悬挂垂球之用。

基座上有三个脚螺旋，脚螺旋用来整平仪器。但对于采用光学对中器的经纬仪来说，脚螺旋整平作用的范围很小，主要用它将基座平面调整成与三脚架的架头平面大致平行。

（二）测微装置与读数方法

DJ$_6$型经纬仪水平度盘的直径一般只有 93.4mm，周长 293.4mm；竖盘更小。度盘分值（即相邻两分划线间所对应的圆心角）一般只刻至 1°或 30'，但测角精度要求达到 6″，于是必须借助光学测微装置。DJ$_6$型光学经纬仪目前最常用的测微装置是分微尺，如图 2-21 所示，度盘上 1°的分划间隔经显微物镜放大后成像于分微尺上，成像后与分微尺的全长相等。所以分微尺上每一小格就代表 1'。分微尺的注记由 0～60，每 10 格标注一下，简略地注成由 0～6，分微尺零线所指的度盘影像位置，就是应该读数的位置；角度的整度值可从度盘上直接读出，不到一度的值在分微尺上读，可直接读到 1'，估读到 0.1'，即 6″。实际读数时，只需注意哪根度盘分划线位于 0～6 之间，读取这根分划线的度数和它所指的分微尺上的读数即得应有的读数。如图 2-21 所示，水平度盘直接读数为 210°37'，估读 0.1'，即 6″，其最终读数为 210°37'06″；同理，竖盘读数为 90°27'54″。

分微尺测微读数视窗上窗是水平度盘，标有"水平"或"H"，下窗是竖直度盘，标有"竖直"或"V"，也有的以注"AZ"或"－"符号表示水平度盘，注"V"或"⊥"符号表示竖盘。

（三）测钎、标杆和觇板

测量角度的照准标志，一般是在地面的目标点上竖立测钎、标杆或觇板，如图 2-22 所示，测钎一般用 8 号铅丝或 φ4 的钢筋制成，长 30～40cm，一端磨尖便于插

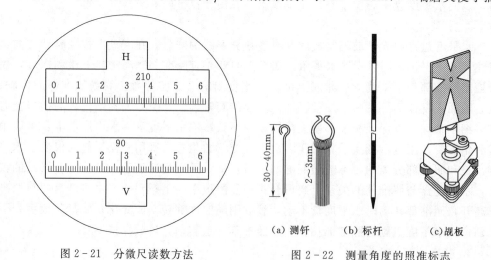

图 2-21　分微尺读数方法　　　　图 2-22　测量角度的照准标志

入土中准确定位，另一端卷成圆环，便于串在一起携带。标杆用木或竹竿制成，直径 0.5～2cm。长 1m 多，间隔 10cm 涂以红、白相间的油漆。

三、DJ₆ 光学经纬仪的使用

光学经纬仪的使用包括仪器安置、瞄准和读数三项。

(一) 经纬仪的安置

把光学经纬仪安放在三脚架上。具体操作是：先松开三脚架腿固紧螺旋，按观测者身高调整架腿长度，再将螺旋拧紧，把三脚架张开，目估使三脚架高度适中，架头大致水平；连接螺旋放在架头中心位置挂上垂球，平移三脚架，使垂球尖端大致对准测站点标志中心，再将三脚架的脚尖踩入土中，注意架头仍应基本保持水平（可升降架腿）。将经纬仪从仪器箱中取出（记住仪器安放的位置），一手握住支架，一手托住基座连接板，用中心连接螺旋将经纬仪固紧在三脚架上即可进行安置工作主要的两项：对中和整平。

1. 对中

对中的目的是使仪器的中心（竖轴）与测站点中心（角的顶点）位于同一铅垂线上，这是测量水平角的基本要求。

使用光学对中器对中时，应与整平仪器结合进行。光学对中的步骤如下：

（1）张开三脚架，目估对中且使三脚架架头大致水平，架高适中。

（2）将经纬仪固定在脚架上，调整对中目镜焦距，使对中器的圆圈标志和测站点影像清晰。

（3）转动仪器脚螺旋，使测站点影像位于圆圈中心。

（4）伸缩脚架腿，使圆水准器气泡居中。然后旋转脚螺旋，通过管水准整平仪器。

（5）察看对中情况，若偏离不大，可以通过平移仪器使圆圈套住测站点位，精确对中。若偏离太远，应重新整置三脚架，直到达到对中的要求为止。

2. 整平

整平的目的是使经纬仪的水平度盘位于水平位置或使仪器的竖轴垂直。

整平分两步进行。首先用脚螺旋使圆水准气泡居中，即概略整平。其主要是通过伸缩脚架腿长短，使圆水准气泡居中，其规律是圆水准气泡向伸高脚架腿的一侧移动，注意脚架尖不能移动。精确整平是通过旋转脚螺旋使照准部管水准器在相互垂直的两个方向上气泡都居中。精确整平的方法如图 2-23 所示，精确整平的步骤如下：

（1）旋转仪器使照准部水准管与任意两个脚螺旋的连线平行，用两手同时相对或相反方向转动这两个脚螺旋，使气泡居中（气泡运动方向与左手大拇指的转动方向一致）。

（2）然后将仪器旋转 90°，使水准管与前两个脚螺旋连线垂直，转动第

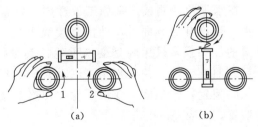

(a)   (b)

图 2-23 经纬仪精确整平

三个脚螺旋，使气泡居中。如果水准管位置正确，如此反复进行数次即可达到精确整平的目的，即水准管器转到任何方向，水准气泡都居中，或偏离不超过1格。

（二）瞄准

操作方法：松开照准部和望远镜的制动螺旋，对准一背景明亮的位置，调节望远镜目镜使十字丝清晰；利用望远镜上的准星或粗瞄器粗略照准目标并拧紧水平制动螺旋；调节物镜调焦螺旋使目标清晰并消除视差；利用水平微动螺旋和望远镜微动螺旋精确照准目标。读出水平角或竖直角数值。图2-24为DJ$_6$型经纬仪的十字丝情况。

照准时应注意：水平角观测时要用竖丝尽量照准目标底部，以减少照准偏差的影响。目标离仪器较近时，成像较大，可用单丝平分目标，如图2-25（a）所示；目标离仪器较远时，可用双丝夹住目标或用单丝和目标重合，如图2-25（b）所示。竖直角观测时应用横丝中丝照准目标顶部或某一预定部位，如图2-26所示。另外还应注意，无论测水平角或竖角，其照准目标的部位均应接近于十字丝的中心较好。

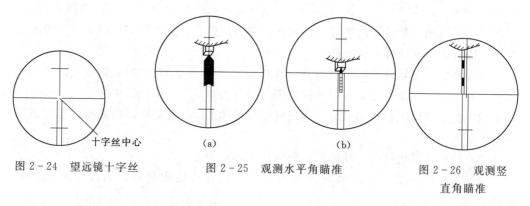

十字丝中心　　　　　　（a）　　　　　　　　　（b）

图2-24　望远镜十字丝　　　图2-25　观测水平角瞄准　　　图2-26　观测竖直角瞄准

（三）读数

打开反光镜，并调整其位置，使进光明亮均匀，然后进行读数显微镜调焦，使读数窗内读数清晰。

对于分微尺读数装置的仪器可以直接读数。对于单平板玻璃测微器的仪器，则必须旋转测微手轮，使度盘上的某分划线位于双指标中间后才能读数。

竖直角读数前，首先要看仪器是采用指标自动补偿器，还是采用指标水准器。如果采用指标水准器，读数前则必须转动竖盘指标水准器微动螺旋使竖盘指标水准气泡居中。

在水平角观测或工程施工放样中，常常需要使某一方向的读数为零或某一预定值。照准某一方向时，使度盘读数为某一预定值的工作称为置数。测微尺读数装置的经纬仪多采用度盘变换手轮，其置数方法可归纳为"先照准后置数"，即先精确照准目标，并旋紧水平制动螺旋和望远镜制动螺旋，然后打开度盘变换手轮保险装置，转动度盘变换手轮，使度盘读数为预定值，并关上度盘变换手轮保险装置。

四、DJ₆ 型光学经纬仪的检验与校正

（一）经纬仪轴线及应满足的几何条件

如图 2-27 所示，经纬仪的主要轴线有：竖轴 VV（仪器的旋转轴）、横轴 HH（望远镜的旋转轴）、望远镜的视准轴 CC 和照准部水准管轴 LL。根据水平角的概念，经纬仪在水平角观测时应满足一定的几何条件。这些条件是：

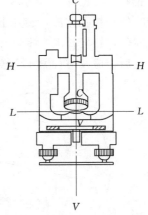

(1) 照准部管水准轴与竖轴正交（$LL \perp VV$）。

(2) 十字丝竖丝与横轴正交（竖丝 $\perp HH$）。

(3) 视准轴与横轴正交（$CC \perp HH$）。

(4) 横轴与竖轴正交（$HH \perp VV$）。

(5) 竖盘指标差应近于零。

以上条件在仪器出厂时，一般都能满足，但由于在搬运或长期使用过程中的震动、碰撞等原因各项条件往往会发生变化。因此，在使用仪器作业前，必须对仪器进行检验与校正，即使新仪器也不例外。

图 2-27 经纬仪轴线示意图

（二）经纬仪的检验与校正

1. 照准部管水准轴（LL）垂直于竖轴（VV）的检验与校正

(1) 检验方法：整平经纬仪后，旋转照准部使管水准器与任意两个脚螺旋的连线平行，调节脚螺旋使气泡居中，再将照准部旋转 180°，若气泡仍居中，则表示条件满足；若气泡偏离值超过 1 格，则应校正。

它的原理如图 2-28 所示，当气泡居中时，表明水准轴已水平，此时，如果水准轴是正交的，则竖轴应处于铅垂线方向，水平度盘应处于水平位置；若水准轴与竖轴不正交，如图 2-28（a）所示，竖轴与铅垂线将有夹角 α，则水平度盘与水准轴的交角也为 α。当照准部旋转 180°时，气泡偏离，如图 2-28（b）所示，因竖轴倾斜方向没变，可见管水准轴与水平线的夹角为 2α。

(2) 校正方法：先调整脚螺旋，使气泡退回偏离格值的一半，如图 2-28（c）所示，然后用校正针拨动管水准器一端的校正螺丝，使气泡居中，如图 2-28（d）所示。

此项检验校正必须反复进行，直到照准部转到任何位置后气泡偏离值不大于 1 格时为止。

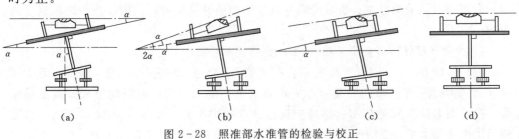

(a)　　　　　　　　(b)　　　　　　　　(c)　　　　　　　　(d)

图 2-28 照准部水准管的检验与校正

2. 十字丝竖丝垂直于横轴的检验与校正

（1）检验方法：整平仪器，用十字丝竖丝一端照准一清晰小点 A，固定照准部和望远镜，慢慢转动望远镜微动螺旋，使目标点 A 沿竖丝慢慢移动。若点 A 在竖丝上移动，则表示满足条件；否则应进行校正。如图 2-29 所示，点 A 移动到竖丝另一端时偏到 A' 处。

（2）校正方法：旋开十字丝环护罩，可见图 2-30 所示的校正装置，松开 4 个校正螺丝，轻轻转动十字丝环，直到望远镜上下运动时点始终在竖丝上运动为止。校正结束后，应及时拧紧 4 个校正螺丝，并旋上护盖。

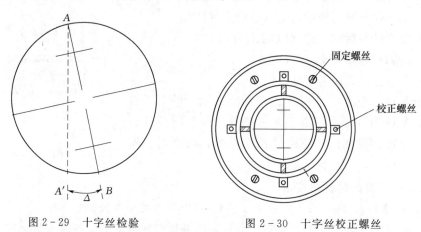

图 2-29　十字丝检验　　　　　图 2-30　十字丝校正螺丝

3. 视准轴（CC）垂直于横轴（HH）的检验与校正

（1）检验方法：整平经纬仪，使望远镜大致水平，用盘左照准远处（80~100m）一明显标志点 A，读盘左水平度盘读数 L，再用盘右照准 A，读水平度盘读数 R，如果 L 与 R 的读数相差 $180°$，说明条件满足；若不差 $180°$，其差值为两倍视准轴误差，用 $2C$ 来表示。

（2）校正方法：在盘右位置，按公式 $R_正 = \dfrac{1}{2}\left[R + (L \pm 180°)\right]$ 计算出盘右的正确读数。然后转动水平微动螺旋，使水平度盘置于正确读数 $R_正$，此时望远镜十字丝交点已偏离了目标点 A，旋下十字丝分划板护盖，稍微松开十字丝环上下两个校正螺丝，再拨动十字丝环的左右两个螺丝，一松一紧（先松后紧），推动十字丝环左右移动，使十字丝交点精确对准标志点 A，如此反复校核几次，直至符合要求为止，此时条件满足。该项检校应反复进行。

应当指出：采用盘左、盘右观测并取其平均值计算角值时，可以消除该项误差的影响。

4. 横轴（HH）垂直于竖轴（YY）的检验与校正

（1）检验方法：如图 2-31 所示，在离墙约 20m 处整平仪器，盘左（仰角宜大于 $30°$）照准墙上一个清晰的照准标志 P，旋紧水平制动螺旋，然后使望远镜视准轴水平，在墙面上标出照准点 M；倒转望远镜，盘右再次照准 P 点，固定照准部，再使望远镜视准轴水平，在墙面上标出照准点 N，则横轴误差的计算公式为

$$i = \frac{MN}{2D\tan\alpha}\rho \qquad (2-3)$$

式中　α——P 点的竖直角，通过对 P 点
　　　　　的竖直角观测一测回获得；

　　　　D——测站至 P 点的水平距离；

　　　　ρ——常数，ρ＝206265。

　　计算出来的 $i \geqslant 20''$ 时，必须校正。

　　（2）校正方法：此项误差是横轴不
水平，也就是横轴两端支架不等高造成
的，校正时应让横轴一端升高或降低。
该项校正操作较困难，如需校正，应交
专业仪器修理人员处理。

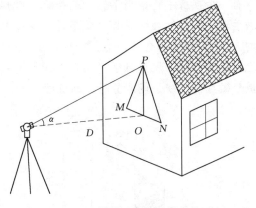

图 2-31　横轴垂直于竖轴的检验

　　5. 竖盘指标差应近于零

　　（1）检验方法：整平仪器后，照准一个明显标志点，分别用盘左、盘右观测目
标，并读竖盘读数 L 和 R，按式（2-3）计算指标差，若 $x > 1'$ 则应进行校正。

　　（2）校正方法：计算盘右的正确读数 $R_正 = R - x$。校正时，望远镜照准目标，调
节竖盘指标水准管微动螺旋，使竖盘读数置于正确读数 $R_正$ 上，此时，竖盘指标水准
管气泡不居中，校正使气泡居中。如此反复进行，直至条件满足。

　　经纬仪的每项校正要完全满足理论上提出的要求是很困难的，一般只求达到实际
作业所需的精度，因此必然存在着残余的误差。这些残余的误差，如果采用合理的观
测方法，大部分可以消除掉。

五、其他经纬仪简介

（一）DJ₂ 型光学经纬仪简介

　　DJ₂ 型光学经纬仪常用于国家三等、四等的三角测量，属于精密仪器，其结构与
DJ₆ 型光学经纬仪基本相同，所不同的主要是读数装置和读数方法。DJ₂ 型光学经纬
仪采用的是对径分划线符合读数装置，在 DJ₂ 型光学经纬仪的读数显微镜中，只能看
到水平度盘刻划的影像或竖直度盘刻划的影像，须通过转动换向手轮选择所需要的度
盘影像。

　　1. 读数装置

　　图 2-32 是我国苏州光学仪器厂制造的 DJ₂ 型光学经纬仪，各部分名称如图
2-32 所注。这种仪器采取对径分划线符合读数装置，即外部光线进入仪器后，经过
一系列棱镜和透镜的作用，将度盘直径两端分划线的影像同时成像在度盘读数窗内，
并被一横线分成主像、副像，如图 2-33（a）所示，上方的正像称为主像，下方的倒
像称为副像，正像和倒像可以相对运动，由测微手轮控制，而测微手轮又与分微尺连
接；当转动测微轮使正像与倒像的分划线重合（即符合）时，两分划线相对移动的角
值就反映到分微尺上。在读数显微镜内不能同时显示水平度盘和竖盘，而在支架右侧

安有一个换像手轮；当手轮上的指标红线成水平状态时，在镜内看到的是水平度盘；当手轮上的指标红线成竖直状态时，在镜内看到的是竖盘。水平度盘和竖盘的分划值均为 $20'$，但按符合法读数只能计作 $10'$（即度盘实际分划值的一半）。度盘左边的小光窗是分微尺，尺上每小格代表 $1''$；尺上右边的注记是秒数，左边的注记是分数。横贯分微尺的直线是读取分秒的指标线。

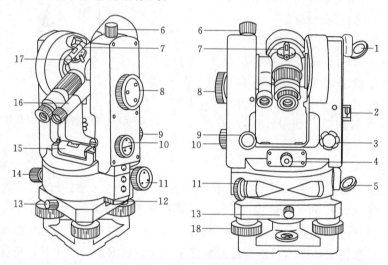

图 2-32　苏光 DJ₂ 型经纬仪

1—竖盘反光镜；2—竖盘指标水准管观察镜；3—竖盘指标水准管微动螺旋；4—光学对中器目镜；
5—水平度盘反光镜；6—望远镜制动螺旋；7—光学照准器；8—测微手轮；9—望远镜微动
螺旋；10—换像手轮；11—水平微动螺旋；12—水平度盘变换手轮；13—中心锁紧螺旋；
14—水平制动螺旋；15—照准部水准管；16—读数显微镜；17—望远镜
反光板手轮；18—脚螺旋

2. 读数方法

转动测微轮，使正像、倒像的分划线相符合，如图 2-33（b）所示。读出正像左边的度数，如图 2-33（b）中为 $154°$；再在倒像右边找到所读数相差 $180°$ 的分划线，如图 2-33（b）中为 $334°$。数出此两线间所夹的格数，如图 2-33（b）中为 3 格，乘上按符合法计算的格值 $10'$ 即得整分数，如图 2-33（b）中为 $3×10'=30'$；然后在分微尺上读取分秒，用指标线读取不足 $10'$ 的分和秒，如图 2-33（b）中为 $8'39.8''$；总加起来即得度盘的全部读数为 $154°38'39.8''$。

新型苏州光学仪器厂 DJ₂ 型光学经纬仪采用了数字化的读数，如图 2-33（c）所示，读数原理与上述相同，通过转动测微手轮，使度盘读数窗中的主线、副线分划线重合，如图 2-33（d）所示。上面的小窗为度盘读数和整 $10'$ 的注记，如图 2-33（d）中为 $65°50'$，左下侧的小窗为分和秒数，如图 2-33（d）中为 $6'34.4''$。度盘的整个读数为 $65°56'34.4''$。

（二）电子经纬仪简介

1. 电子经纬仪的结构

电子经纬仪是在光学经纬仪的基础上发展起来的新一代测角仪器，第一台电子经

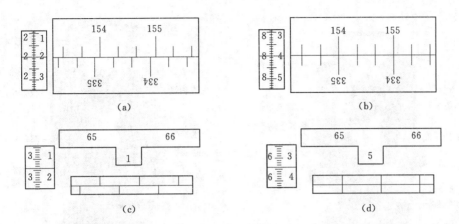

图 2-33 DJ₂ 级光学经纬仪读数窗经纬仪

纬仪于 1986 年研制成功，电子经纬仪直到 20 世纪 80 年代初才商品化。新一代的电子经纬仪具有数字显示、自动记录、自动传输数据等功能。目前最高精度的电子经纬仪可显示到 $0.1''$，测角精度可达 $0.5''$。电子经纬仪与光学经纬仪具有类似的外形和结构特征，因此使用方法也基本相同，主要区别在于读数系统。光学经纬仪是在 360° 的全圆上均匀地刻上度（分）的刻划并注有标记，利用光学测微器读出分、秒值，电子经纬仪则采用光电扫描度盘和自动显示系统。电子经纬仪获取电信号的形式与度盘有关，目前电子测角有编码度盘、光栅度盘和区式度盘三种形式。

2. 电子经纬仪的特点

由于电子经纬仪是电子计数，通过置于机内的微型计算机，可以自动控制工作程序和计算，并可自动进行数据传输和存储，因而它具有以下特点：

（1）读数在屏幕上自动显示，角度计量单位（360° 六十进制、360° 十进制、400g、6400 密位）可自动换算。

（2）竖盘指标差及竖轴的倾斜误差可自动修正。

（3）有与测距仪和电子手簿连接的接口。与测距仪连接可构成组合式全站仪，与电子手簿连接，可将观测结果自动记录，没有读数和记录的人为错误。

（4）可根据指令对仪器的竖盘指标差及轴系关系进行自动检测。

（5）如果电池用完或操作错误，可自动显示错误信息。

（6）可单次测量，也可跟踪动态目标连续测量，但跟踪测量的精度较低。

（7）有的仪器可预置工作时间，到规定时间，则自动停机。

（8）根据指令，可选择不同的最小角度单位。

（9）可自动计算盘左、盘右的平均值及标准偏差。

（10）有的仪器内置驱动马达及 CCD 系统，可自动搜寻目标。

根据仪器生产的时间及档次的高低，某种仪器可能具备上述的全部或部分特点。随着科学技术的发展，其功能还在不断扩展。图 2-34 所示的是南方测绘公司生产的 ET-02 电子经纬仪。

（三）激光经纬仪简介

激光经纬仪是在经纬仪望远镜上配置一激光发生器制造而成的一种工程经纬仪。

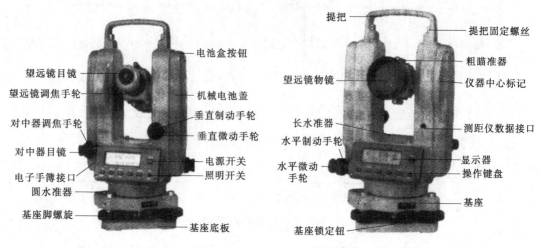

图 2-34 ET-02 电子经纬仪

这种经纬仪可将激光器发出的激光束导入经纬仪望远镜内，使之沿着视准轴方向射出一条可见的红色激光束。

激光经纬仪提供的红色激光束可传播相当远，而光束的直径不会有显著变化，是理想的定位基准线。因此，激光经纬仪已广泛地应用于各种施工测量中，它既可用于一般准直测量，也常用于大坝变形、岸边坡位移监测等。

使用激光经纬仪时，要注意电源线的连接，使用前要开机预热半小时，使用完后，要先关上电源开关，待指示灯熄灭，激光器停止工作后再断开电源。长时间不使用仪器时，应每月通电一次，使激光器点亮半小时。若仪器发生故障，须由专业人员或仪器维修部门进行修理，不要私自拆卸仪器零部件。

第三节　全站仪及其使用

2-4 全站仪的认识与使用

一、全站仪概述

全站仪（即全站型电子测速仪）是一种集光、机、电为一体的高技术测量仪器，是集水平角、垂直角、距离（斜距、平距）、高差测量功能于一体的测绘仪器系统。因其一次安置仪器就可完成该站点上全部测量工作，所以称为全站仪。全站仪具有角度测量、距离（斜距、平距、高差）测量、三维坐标测量、导线测量、交汇定点测量和放样测量等多种用途，广泛用于地上大型建筑和地下隧道施工等精密工程测量或变形监测领域。其具有如下特点：

（1）测量的距离长、时间短、精度高。

（2）能同时测角、测距并自动记录测量数据。

（3）设有各种野外程序，能在测量现场得到归算结果。

目前，世界上精度最高的全站仪：测角精度（一测回方向标准偏差）0.5″，测距精度 1mm＋1ppm。利用目标自动识别（ATR）功能，白天和黑夜（无需照明）都可以工作。全站仪已经达到令人不可置信的角度和距离测量精度，既可人工操作，也可自动操作；既可远距离遥控运行，也可在机载应用程序下使用，可应用在精密工程测量、变形监测、几乎是无容许限差的机械引导控制领域。

全站仪的分类很多，主要有以下几种：

（1）按结构形式分。20世纪80年代末、90年代初，人们根据电子测角系统和电子测距系统的发展不平衡，将全站仪分为两大类，即组合式和整体式。组合式也称积木式，是指电子经纬仪和测距仪既可以分离也可以组合，用户可以根据实际工作的要求，选择测角、测距设备进行组合；整体式也称集成式，是指将电子经纬仪和测距仪做成一个整体，无法分离。90年代以来，整体式全站仪成为主导。

（2）按数据储存方式分，全站仪有内存型和电脑型两种。内存型的功能扩充只能通过软件升级来完成；电脑型的功能可以通过二次开发来实现。

（3）按测程来分，全站仪有短程、中程和远程三种。测程小于3km的为短程，测程在3～15km的为中程，测程大于15km的为远程。

（4）按测距精度分，全站仪有Ⅰ级（5mm）、Ⅱ级（5～10mm）和Ⅲ级（>10mm）。

（5）按测角精度分，全站仪有0.5″、1″、2″、5″、10″等多个等级。

（6）按载波分，全站仪有微波测距仪和光学测距仪两种。采用微波段的电磁波作为载波的称为测距仪，采用光波作为载波的称为光电测距仪。

二、全站仪的构造

（一）全站仪基本构造

1. 全站仪的组成

全站仪由测角、测距、计算和数据存储系统组成。图2-35所示为我国生产的科力达KTS-442R型全站仪。科力达全站仪KTS-442R具备丰富的测量程序，同时具有数据存储功能、参数设置功能，其功能全面，适用于各种专业测量和工程测量。其主要有以下五部分组成：

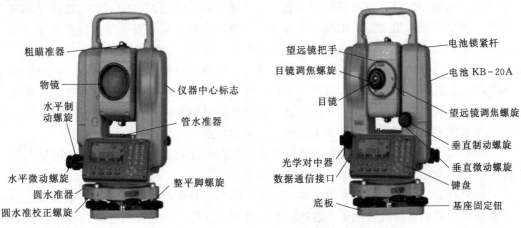

图2-35　科力达KTS-442R型全站仪

（1）电子测角系统。全站仪的电子测角系统采用了光电扫描测角系统，其类型主要有编码盘测角系统及动态（光栅盘）测角系统三种。

（2）四大光电系统。全站仪上半部分包含有测量的四大光电系统，即水平角测量系统、竖直角测量系统、水平补偿系统和测距系统。通过键盘可以输入操作指令、数据并设置参数。以上各系统通过 I/O 接口接入总线与微处理机联系起来。

（3）数据采集系统。全站仪主要由为采集数据而设计的专用设备（主要由电子测角系统、电子测距系统、数据储存系统、自动补偿设备等）和过程控制机（主要用于有序地实现上述每一专用设备的功能）组成。过程控制机包括与测量数据相连接的外围设备及进行计算、产生指令的微处理机。只有上面两大部分有机结合，才能真正地体现"全站"功能，即既要自动完成数据采集，又要自动处理数据和控制整个处理过程。

（4）微处理机（CPU）。CPU 是全站仪的核心部件，主要由寄存器系列（缓冲寄存器、数据寄存器、指令寄存器）、运算器和控制器组成。微处理机的主要功能是根据键盘指令启动仪器进行测量工作，执行测量过程中的检核和数据传输、处理、显示、储存等工作，保证整个光电测量工作有条不紊地进行。输入输出设备是与外部设备连接的装置（接口），输入输出设备使全站仪能与磁卡和微机等设备交互通信、传输数据。

（5）照准部和基座。照准部是指水平度盘以上能绕竖轴旋转的部分，包括望远镜、竖直度盘（简称竖盘）、光学对中器、水准管等。为了精确照准目标，还设置了水平制动、垂直制动、水平微动、垂直微动螺旋。基座起支承仪器上部以及使仪器与三脚架连接的作用，主要由轴座、脚螺旋和连接板组成。仪器的照准部插入轴座后，用轴座固定螺旋（又称中心锁紧螺旋）固紧；轴座固定螺旋切勿松动，以免仪器上部与基座脱离而摔坏。

2. 全站仪的构造特点

同电子经纬仪、光学经纬仪相比，全站仪增加了许多特殊部件，因而使得全站仪具有比其他测角、测距仪器更多的功能，使用也更方便。

（1）同轴望远镜。全站仪的望远镜实现了视准轴、测距光波的反射、接收光轴同轴化。同轴性使得望远镜一次瞄准即可实现同时测定水平角、垂直角和斜距等全部要素的测定功能。加之全站仪强大、便捷的数据处理功能，使全站仪使用极其方便。

（2）双轴自动补偿。全站仪特有的双轴（或单轴）倾斜自动补偿系统，可对纵轴的倾斜进行监测，并在度盘读数中对因纵轴倾斜造成的测角误差自动加以改正。也可将由竖轴倾斜引起的角度误差，由微处理机自动按竖轴倾斜改正计算式计算，并加入度盘读数中加以改正，使度盘显示读数为正确值，即所谓纵轴倾斜自动补偿。

（3）键盘。键盘是全站仪在测量时输入操作指令或数据的硬件，全站仪的竖盘和显示屏均为双面式，便于正镜、倒镜作业时操作。

（4）存储器。存储器的作用是将实时采集的测量数据存储起来，再根据需要传送到其他设备（如计算机等）中，供进一步的处理或使用，全站仪的存储器有内存储器和存储卡两种。

全站仪内存储器相当于计算机的内存（RAM），存储卡是一种外存储媒体，又称PC卡，作用相当于计算机的硬盘。

（二）反射棱镜

　　全站仪在进行距离测量等作业时，需在目标处放置反射棱镜。反射棱镜有单棱镜组、三棱镜组，可通过基座连接器将棱镜组与基座连接，再安置到三脚架上，也可直接安置在对中杆上。棱镜组由用户根据作业需要自行配置。

　　棱镜组的配置可参照图 2-36 所示。

图 2-36　棱镜组的配置

（三）数据通信

　　全站仪通信是指全站仪和计算机之间的数据交换。目前，全站仪与计算机的通信主要有两种方式：一种是利用全站仪原配置的 PCMCIA 卡；另一种是利用全站仪的输出接口，通过电缆传输数据。

　　（1）PCMCIA 卡。简称 PC 卡，PC 机内存卡国际联合会（PCMCIA）确定的标准计算机设备的一种配件，目的在于提高不同计算机型以及其他电子产品之间的互换性，目前已成为便捷式计算机的扩充标准。

　　在设有 PC 卡接口的全站仪上，只要插入 PC 卡，全站仪测量的数据将按规定格式记录到 PC 卡上，与之直接通信。

　　（2）电缆传输。通信的另一种方式是全站仪将测量或处理的数据，通过电缆直接传输到电子手簿和电子平板系统。由于全站仪每次传输的数据量不大，所以几乎所有的全站仪都采用串行通信方式。串行通信方式是数据依次一位一位地传递，每一位数据占用一个固定的时间长度，只需一条线传输。

　　最常用的串行通信接口是由电子工业协会（EIA）规定的 RS-232C 标准接口，每一针的传输功能都有标准规定，传输测量数据最常用的只有三条传输线，即发送数据线、接收数据线和底线，其余的线供控制传输用。

　　（3）几种常用全站仪数据通信。徕卡（Leica）全站仪设有数据接口，配专用 5针插头，宾得（Pentax）、索佳（Sokkia）、拓普康（Topcon）全站仪都配 6 针接口。

三、全站仪的使用

（一）安置仪器

　　全站仪的安置与经纬仪相同。测量之前请再次检查确认仪器已精确整平、电池已充足电、垂直度盘指标已设置好，仪器参数已按观测条件设置好。完成了测量前的准备工作后，便可进行测量模式下的测量工作。

（二）水平角测量

测量方法与经纬仪基本相同。仪器操作步骤如下：

（1）按角度测量键，使全站仪处于角度测量模式，照准第一个目标 A。

（2）设置 A 方向的水平度盘读数为 $0°00'00''$。

（3）照准第二个目标 B，此时显示的水平度盘读数即为两方向间的水平夹角。

（三）距离测量

进行距离测量之前请检查仪器已正确地安置在测站点上，电池已充足电，度盘指标已设置好，仪器参数已按观测条件设置好，测距模式已正确设置，已准确照准棱镜中心，返回信号强度适宜测量。根据要求可以测量斜距、平距、高差等。仪器操作步骤如下：

（1）设置棱镜常数。测距前须将棱镜常数输入仪器，仪器会自动对所测距离进行改正。

（2）设置大气改正值、气压值。光在大气中的传播速度会随大气的温度和气压而变化，15℃和1标准大气压（atm）是仪器设置的一个标准值，此时的大气改正值为0ppm。实测时，可输入温度和气压值，全站仪会自动计算大气改正值（也可直接输入大气改正值）并对测距结果进行自动改正。

（3）量仪器高、棱镜高并输入仪器。

（4）距离测量。照准目标棱镜中心，按测距键，距离测量开始，测距完成时显示斜距、平距、高差。全站仪的测距模式分为精测模式、跟踪模式、粗测模式三种，精测模式是最常用的测距模式，测量时间约2.5s，最小显示单位1mm；跟踪模式常用于跟踪移动目标或放样时连续测距，最小显示一般为1cm，每次测距时间为0.3s；粗测模式测量时间为0.7s，最小显示单位1cm或1mm，可按测距模式（MODE）键选择不同的测距模式。

注意：有些型号的全站仪不能设定仪器高和棱镜高，显示的高差值是全站仪横轴中心与棱镜中心的高差。

（四）坐标测量

测量被测点的三维坐标。进行坐标测量之前请检查仪器已正确地安置在测站点上，电池已充足电，度盘指标已设置好，仪器参数已按观测条件设置好，大气改正数、棱镜常数改正数和测距模式已正确设置，已准确照准棱镜中心，返回信号强度适宜测量。

如图 2-37 所示，在预先输入仪器高和目标高后，根据测站点的坐标，设置后视点方位角，便可直接测定目标点的三维坐标。仪器操作步骤如下：

（1）设定测站点的三维坐标。

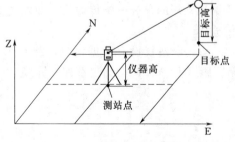

图 2-37　坐标测量外业示意图

（2）设定后视点的坐标或设定后视方向的水平度盘读数为其方位角。后视方位角可通过输入测站点和后视点坐标后，照准后视点进行设置。当设定后视点的坐标时，全站仪会自动计算后视方向的方位角，并设定后视方向的水平度盘读数为其方位角。

（3）设置棱镜常数。

（4）设置大气改正值或气温、气压值。

（5）量仪器高、棱镜高并输入仪器。

（6）照准目标棱镜，按坐标测量键，全站仪开始测距并计算显示测点的三维坐标。

第四节　GNSS - RTK 及其使用

一、GNSS - RTK 概述

（一）大地测量的发展概况

大地测量的发展可以追溯到两千多年以前，从人们确认地球是个圆球并实测它的大小开始，大体可分为古代大地测量、经典（或传统）大地测量和现代大地测量三个阶段。

1. 古代大地测量

远在公元前四千多年的古埃及，在尼罗河泛滥后，农田边界的整理过程中，就产生了较早的测量技术。古埃及人通过天文观测，确定一年为 365 天，这是古埃及在古王国时期（公元前 3000 年）通用的历法，他们通过观测北极星，来确定方向。公元前 340 年，希腊的科学家亚里士多德就用天文测量方法测定地球的形状和大小，在他的《论天》一书中明确提出地球的形状是圆的，并且他通过对在不同纬度上观测北极星，北极星呈现出位置上的差别，推算出地球大圆的周长为 4×斯特迪亚，斯特迪亚是古埃及及希腊通用的长度单位，现在不清楚一个斯特迪亚的长度究竟是多少。

中国是一个文明古国，测绘技术也发展得相当早，相传公元前两千多年夏代的《九鼎》就是原始地图。公元前五世纪至前三世纪，我国就已利用磁石制成最早的指南工具"司南"，中国的最古的天文算法著作《周髀算经》发表于公元前一世纪，书中阐述了利用直角三角形的性质，测量和计算高度、距离等方法。公元 400 年左右，中国发明了记里鼓车，这是用齿轮等机械原理做的测量和确定方位的工具，每走一里，车上木偶击鼓一下，走十里打镯一次，车上的指南针则记录着车子行走的方向。公元 720 年前后，唐代僧人一行（张遂）等人，根据修改旧历的需要，组织领导了我国古代第一次天文大地测量，这次测量北达现今蒙古的乌兰巴托，南达今湖南省的常德，他们在这些地方，分别测量了冬至、夏至的日影长及北极高度，同时还把测量成果绘制成图，他们实测中得出了子午线的长度，这是世界上第一次测量子午线长度。这次测量除了为修改历法提供了可靠数据之外，更重要的是为了求出同一时刻日影差一寸和北极高差一度在地球上的相差距离（大约 200 里）。宋代沈括在他的《梦溪笔谈》中记载了磁偏角现象，这在世界上是最早的发现。沈括在地形测量、工程测量方面有较大贡献，他主持绘制了《天下州县图》，使用水平尺、罗盘等进行地形测量，制作地形立体模型。元朝大科学家郭守敬用自制的仪器观测天文，发现黄道平面与赤道平面的交角为23°33′05″，而且每年都在变化，如果按现在的理论推算，当时这个角度是23°31′58″，可见郭守敬当时的观测精度是相当高的，郭守敬还发明了一些精确的内角和检验公式和球面三角计算公式，给大地测量提供了可靠的数学基础。当时为兴修水利，他还带领队伍在黄河下游进行了大规模的工程测量和地形测量。明代郑和航海图是我国古代测绘技术的又一杰作，该图以南京为起点，最远达非洲东岸的图作蒙巴萨。全图包括亚、非两洲，地名500多个，其中我国地名占200多个，其余皆为亚洲诸国地名。所有图幅都采用"写景"画法表示海岛，形象生动，直观易读，在许多关键的地方还标注"牵星"数据，有的还注有一地到另一地的"更"数，以"更"来计量航海距离等。可以说，郑和航海图是我国古代地图史上真正的航海图。

2. 经典大地测量

经典大地测量阶段可以从18世纪中期牛顿、克莱劳确立地球为扁球的理论并从几何和物理两方面来测定地球的大小时算起，到20世纪中期莫洛琴斯基发展斯托克司理论，形成现代地球形状理论基础为止，差不多整整200年（1750—1950年）时间。经典大地测量阶段的主要任务是为大规模测绘地图服务。为了提高点位测量的精度和速度，许多科学家在测量仪器、测量方法、椭球计算和数据处理方面做了大量研究工作，并取得了丰硕的成果。例如：17世纪初斯约尔创造发明的三角测量法，德国数学家、天文学家、物理学家高斯（Carl Friedrich Gauss，1777—1855年）于1794年提出了最小二乘法理论以及重力测量等，这些成果至今仍被广泛应用。其中，重力测量应用最为广泛。

重力测量就是根据不同的目的和要求使用重力仪测定地面点重力加速度的技术和方法。可分为相对重力测量和绝对重力测量，或按用途分为大地重力测量和物理重力测量。这个时期由于全球各大陆广泛布设了天文大地三角网，并发展了重力测量，算出了许多著名的双轴参考椭球几何参数，如后来被推荐为1924年国际椭球的海福特（Hayford）椭球。还有许多正常重力公式，如卡西尼（Kassini）计算的公式被推荐为1930年国际正常重力公式。此外，大地测量技术的应用效果也很显著，如法国为了统一长度标准建立国际"米"制，而应用了子午弧长测量的结果等。

3. 现代大地测量

现代大地测量阶段从20世纪中期开始，是在电子技术和空间技术迅猛发展的推动下形成的。电磁波测距、全站仪、电子水准仪、计算机改变了经典测量中的低精度、低效率状况。测量成果精度提高到10^{-6}量级以上，并缩短了作业周期，而且使过去无法实现的严密理论计算得以实行；特别是以人造地球卫星为代表的空间科学技术的发展，使测量方式产生了革命性的改变，彻底打破了经典大地测量在点位、精度、时间、应用方面的局限性，不必再受地面条件的种种限制；使建立全球地心大地测量坐标系有了可能；使研究重力场特别是外部重力场几何图形能够迅速实现；空间技术的发展使大地测量的功能更为扩大，大地测量的精度和效率已能配合其他学科用于空间、海洋，以及测定地球的各种动力学变化。人造地球卫星技术快速发展，使其在空间科学、气象、遥感、通信、导航、地球科学、地球动力学、天文学、大地测量、资源勘查、灾情预报、环境监测以及军事科学诸领域中得到了广泛的应用。

现代大地测量以 GPS 系统为主要标志，GPS 全球卫星定位导航系统是美国从 20 世纪 70 年代开始研制，历时 20 年，耗资 200 亿美元，于 1994 年全面建成，具有在海、陆、空进行全方位实时三维导航与定位能力的新一代卫星导航与定位系统。GPS 以全天候、高精度、自动化、高效益等显著特点，赢得广大测绘工作者的信赖，并成功地应用于大地测量、工程测量、航空摄影测量、运载工具导航和管理、地壳运动监测、工程变形监测、资源勘察、地球动力学等各种学科，从而给测绘领域带来一场深刻的技术革命。随着全球定位系统的不断改进，硬件、软件的不断完善，应用领域正在不断地开拓，目前已遍及国民经济各部门并开始逐步深入人们的日常生活。概括地说：经典大地测量是以刚体地球为研究对象，是静态的、局部的、相对的测量；而现代大地测量则是以可变地球为对象，是动态的、全球的、绝对的测量。

相对于经典的测量技术来说，这一新技术的主要特点如下：

（1）观测站之间无需通视。既要保持良好的通视条件，又要保障测量控制网的良好结构，这一直是经典测量技术在实践方面的困难问题之一。GNSS 测量不要求观测站之间相互通视，因而不再需要建造觇标。这一优点既可大大减少测量工作的经费和时间（一般造标费用约占总经费的 30%～50%），同时也使点位的选择变得甚为灵活。

不过也应指出，GNSS 测量虽不要求观测站之间相互通视，但必须保持观测站的上空开阔（净空），以使接收 GNSS 卫星的信号不受干扰。

（2）定位精度高。现已完成的大量实验表明，目前在小于 50km 的基线上，其相对定位精度可达到 $(1～2)×10^{-6}$，而在 $100～500km$ 的基线上可达到 $10^{-6}～10^{-7}$。随着光测技术与数据处理方法的改善，可望在 1000km 的距离上，相对定位精度达到或优于 10^{-8}。

（3）观测时间短。目前，利用经典的静态定位方法完成一条基线的相对定位所需要的观测时间，根据要求的精度不同，一般为 1～3h。为了进一步缩短观测时间，提高作业速度，近年来发展的短基线（例如不超过 20km）快速相对定位法，其观测时间仅需数分钟。

（4）提供三维坐标。GNSS 测量在精确测定观测站平面位置的同时，可以精确测定观测站的大地高程。GNSS 测量的这一特点，不仅为研究大地水准面的形状和确定地面点的高程开辟了新途径，同时也为其在航空物探、航空摄影测量及精密导航中的应用，提供了重要的高程数据。

（5）操作简便。GNSS 测量的自动化程度很高，在观测中的测量员的主要任务只是安装并开关仪器、量取仪器高、监控仪器的工作状态和采集环境的气象数据，而其他观测工作，如卫星的捕获、跟踪观测和记录等均由仪器自动完成。另外，GNSS 用户接收机一般重量较轻、体积较小，携带和搬运都很方便。

（6）全天候作业。GNSS 观测工作，可以在任何地点、任何时间连续地进行，一般也不受天气状况的影响。

所以，GNSS定位技术的发展，对于经典的测量技术是一次重大的突破。一方面，它使经典的测量理论与方法产生了深刻的变革；另一方面，也进一步加强了测量学与其他学科之间的相互渗透，从而促进测绘科学技术的现代化发展。

（二）GNSS定位系统简介

GNSS是全球导航卫星系统（Global Navigation Satellite System）的缩写，它是所有在轨工作的全球导航卫星定位系统的总称。

目前，GNSS包含了美国的全球定位系统（Global Positioning System，GPS）、俄罗斯的格洛纳斯导航卫星系统（Global Orbiting Navigation Satellite System，GLONASS）、欧盟的伽利略导航卫星系统（Galileo Satellite Navigation System，Galileo）、中国的北斗卫星导航系统（BeiDou Navigation Satellite System，BeiDou），全部建成后其可用卫星数目达到100颗以上。

GNSS的整个系统由空间部分、地面控制部分、用户设备部分三大部分组成。下面以美国GPS定位系统为例介绍其组成和功能。

1. 空间部分

GPS的空间部分是由24颗GPS工作卫星所组成，这些GPS工作卫星共同组成了GPS卫星星座，其中21颗为可用于导航的卫星，3颗为活动的备用卫星。这24颗卫星分布在6个倾角为55°的轨道上绕地球运行。卫星的运行周期约为11h58min（12恒星时）。每颗GPS工作卫星都发出用于导航定位的信号，GPS用户正是利用这些信号来进行工作的。

2. 地面控制部分

GPS的地面控制部分由分布在全球的由若干个跟踪站所组成的监控系统所构成，根据其作用的不同，这些跟踪站又分为主控站、监控站和注入站。主控站有一个，位于美国科罗拉多（Colorado）的空军基地，它的作用是根据各监控站对GPS的观测数据，计算出卫星的星历和卫星钟的改正参数等，并将这些数据通过注入站注入到卫星中去；同时，它还对卫星进行控制，向卫星发布指令，当工作卫星出现故障时，调度备用卫星，替代失效的工作卫星；另外，主控站也具有监控站的功能。监控站有五个，除了主控站外，其他四个分别位于夏威夷（Hawaii）、大西洋的阿森松群岛（Ascencion）、印度洋的迪戈加西亚（Diego Garcia）、太平洋的卡瓦加兰（Kwajalein），监控站的作用是接收卫星信号，监测卫星的工作状态。注入站有三个，它们分别位于阿松森群岛（Ascencion）、迪戈加西亚（Diego Garcia）、卡瓦加兰（Kwajalein），注入站的作用是将主控站计算出的卫星星历和卫星钟的改正数等注入卫星中去。

3. 用户设备部分

GPS的用户设备部分由GPS信号接收机、数据处理软件及相应的用户设备如计算机气象仪器等所组成。GPS信号接收机的任务是：能够捕获到按一定卫星高度截止角所选择的待测卫星的信号，并跟踪这些卫星的运行，对所接收到的GPS信号进行变换、放大和处理，以便测量出GPS信号从卫星到接收机天线的传播时间，解译出GPS卫星所发送的导航电文，实时地计算出测站的三维位置，甚至三维速度和时间。以上这三个部分共同组成了一个完整的 GPS 系统。

　　静态定位中，GPS 接收机在捕获和跟踪 GPS 卫星的过程中固定不变，接收机高精度地测量 GPS 信号的传播时间，利用 GPS 卫星在轨的已知位置，解算出接收机天线所在位置的三维坐标。而动态定位则是用 GPS 接收机测定一个运动物体的运行轨迹。GPS 信号接收机所位于的运动物体叫作载体（如航行中的船舰、空中的飞机、行走的车辆等）。载体上的 GPS 接收机天线在跟踪 GPS 卫星的过程中相对地球而运动，接收机用 GPS 信号实时地测得运动载体的状态参数（瞬间三维位置和三维速度）。

　　接收机硬件和机内软件以及 GPS 数据的后处理软件包，构成完整的 GPS 用户设备。GPS 接收机的结构分为天线单元和接收单元两大部分。对于测地型接收机来说，两个单元一般分成两个独立的部件，观测时将天线单元安置在测站上，接收单元置于测站附近的适当地方，用电缆线将两者连接成一个整机。也有的将天线单元和接收单元制作成一个整体，观测时将其安置在测站点上。

　　GPS 接收机一般用蓄电池作电源。同时采用机内机外两种直流电源。设置机内电池的目的在于更换外电池时不中断连续观测。在用机外电池的过程中，机内电池自动充电。关机后，机内电池为 RAM 存储器供电，以防止丢失数据。

　　近几年，国内引进了许多种类型的 GPS 测地型接收机。各种类型的 GPS 测地型接收机用于精密相对定位时，其双频接收机精度可达 $5\text{mm}+1\text{ppm} \cdot D$，单频接收机在一定距离内精度可达 $10\text{mm}+2\text{ppm} \cdot D$。用于差分定位其精度可达亚米级至厘米级。

　　目前，各种类型的 GPS 接收机体积越来越小，重量越来越轻，便于野外观测。GPS 和 GLONASS 北斗兼容并预留伽利略信号通道的进口和国产 GNSS 接收机已被广泛应用，代表机型有华测、南方、中海达、科利达等。

（三）GNSS-RTK 测量技术简介

　　RTK 是 Real Time Kinematic 的缩写，即实时动态测量，它属于 GNSS 动态测量的范畴。RTK 是一种差分 GNSS 测量技术，即实时载波相位差分技术，就是基于载波相位观测值的实时动态定位技术，它通过载波相位原理进行测量，通过差分技术消除减弱基准站和移动站间的共有误差，有效提高了 GNSS 测量结果的精度，同时将测量结果实时显示给用户，极大提高了测量工作的效率。RTK 技术是 GNSS 测量技术发展中的一个新突破，它突破了静态、快速静态、准动态和动态相对定位模式事后处理观测数据的方式，通过与数据传输系统相结合，实时显示移动站定位结果，自 20 世纪 90 年代初问世以来，备受测绘工作者的推崇，在数字地形测量、工程施工放样、地籍测量以及变形测量等领域得到推广应用。

　　RTK 定位的基本原理是：在基准站上安置一台 GNSS 接收机，另一台或几台接收机置于载体（称为移动站）上，基准站和移动站同时接收同一组 GNSS 卫星发射的信号。基准站所获得的观测值与已知位置信息进行比较，得到 GNSS 差分改正值，将这个改正值及时通过无线电数据链电台传递给移动站接收机；移动站接收机通过无线电接收基准站发射的信息，将载波相位观测值实时进行差分处理，得到基准站和移动

站坐标差 ΔX、ΔY、ΔZ；此坐标差加上基准站坐标得到移动站每个点的 GNSS 坐标基准下的坐标；通过坐标转换参数转换得出移动站每个点的平面坐标 x、y 和高程 H 及相应的精度。

根据差分信号传播方式的不同，RTK 分为电台模式和网络模式两种。网络 RTK 技术就是利用地面布设的一个或多个基准站组成 GNSS 连续运行参考站（CORS），综合利用各个基站的观测信息，通过建立精确的误差修正模型，通过实时发送 RTCM 差分改正数修正用户的观测值精度，在更大范围内实现移动用户的高精度导航定位服务。网络 RTK 技术集 Internet 技术、无线通信技术、计算机网络管理技术和 GNSS 定位技术于一体，其理论研究与系统开发均是 GNSS 技术在科研和应用领域最热门的前沿。

二、GNSS－RTK 及其构造

2－5 常规 RTK 测量系统的设备

目前国内外 RTK 测量仪器较多，国外 RTK 系统如美国天宝、瑞士徕卡、法国阿斯泰克等，国内 RTK 系统如南方、中海达、华测等。下面以南方银河 1 测量仪器为例进行介绍。

（一）"银河 1"测量仪器组成

银河 1 RTK 测量仪器是南方公司 2015 年推出的新一代 RTK 小型化产品——全功能 MINI 款 RTK（简称"银河 1"），其极致小巧的紧凑型设计，引领小型化时代新潮流。采用多星座多频段接收技术，全面支持所有现行的和规划中的 GNSS 卫星信号，特别支持北斗三频 B1、B2、B3，支持单北斗系统定位。全面支持主流的电台通信协议，实现与进口产品的互联互通。全新的网络程序架构，支持多种网络制式，无缝兼容 CORS 系统。

"银河 1"测量系统主要由主机、手簿、电台、配件四大部分组成，组装及架设如图 2－38 所示。

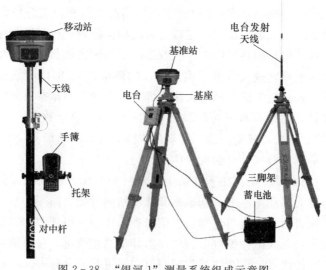

图 2－38 "银河 1"测量系统组成示意图

（二）"银河1"测量仪器系统

常规 RTK 测量系统构成较为简单，作业时可以采用一台基准站加一台移动站的形式，也可以采用一台基准站加多台移动站的形式。常规 RTK 测量系统包括基准站、移动站和数据链三部分。基准站通过数据链将其观测值和测站坐标信息一起传送给移动站。移动站不仅通过数据链接收来自基准站的数据，还要采集 GNSS 观测数据，并在系统内组成差分观测值进行实时处理。移动站可处于静止状态，也可处于运动状态。

1. 基准站

基准站（Base Station）又称参考站（Reference Station）。在一定的观测时间内，一台或几台接收机分别固定安置在一个或几个测站上，一直保持跟踪观测卫星，其余接收机在这些固定测站的一定范围内流动作业，这些固定测站称为基准站，也称基站。基准站包括以下几个部分：

（1）基准站 GNSS 接收机。如图 2-39 所示，主机呈圆柱状，高 112mm，直径

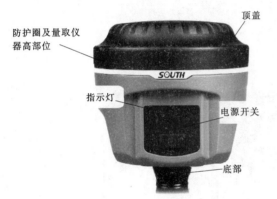

（a）"银河1"主机正面

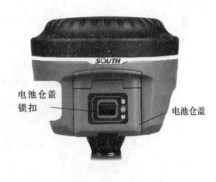

（b）"银河1"主机背面

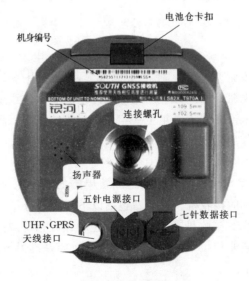

（c）"银河1"仪器底部接口

图 2-39 南方"银河1"接收机外形

129mm，体积1.02L。密封橡胶圈到底面高78mm。主机前侧为按键和指示灯面板。仪器底部有电台和网络接口以及一串条形码编号，这串条形码编号是主机机身号。主机背面有电池仓和SIM卡卡槽。

"银河1"主机底部五针接口，主机用于与外部数据链连接，外部电源连接；七针接口用来连接电脑传输数据；天线接口用来安装GPRS（GSM/CDMA/3G可选配）网络天线或UHF电台天线。电池安放在仪器背面，安装或取出电池的时候翻转仪器，找到电池仓，电池仓卡扣按紧向仪器底部下压即可将电池仓打开，就可以将电池安装或取出。

（2）基准站数据链电台及电台天线。用于将基准站观测的伪距和载波相位观测值发射出去。因为基准站的电台天线是用来发射信号的，其电台天线一般要比移动站的电台天线长一些。如图2-40所示，电台背面左边为接收机接口，5针插孔，用于连接GNSS接收机及供电电源，右边为天线接口、卡口，用来连接电台发射天线，如图2-41所示。

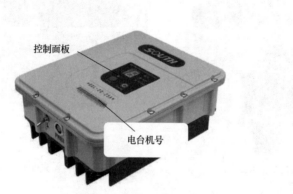

图2-40　GDL25数传电台　　　　图2-41　电台发射天线

（3）电源系统。GNSS接收机和电台可使用同一电源，或采用双电源电池供电。由于基准站电台的发射功率大，耗电量也很大，可使用外接电源。当采用电瓶供电时，建议使用车载电瓶作为电源，用电源线连接电瓶时注意正负极，若正负极接反可能会烧坏电台。蓄电池在使用半年至一年后，系统的作用距离会变短，建议更换蓄电池，来保证电台的作用距离。

2.移动站

移动站（Roving Station）是指在基准站周围的一定范围内流动作业，实时提供所经各测站三维坐标的接收机。移动站包括以下几个部分：

（1）移动站GNSS接收机。能够观测伪距和载波相位观测值；通过串口接收基准站的坐标、伪距、载波相位观测值；能够差分处理基准站和移动站的载波相位观测值，如图2-42所示。

（2）移动站电台及接收天线。能够接收基准站观测的伪距和载波相位观测值、基准站坐标，如图2-43所示。

（3）电子手簿（手持计算机控制或数据采集器）。建立文件，建立坐标系统，输入坐标，设计工程参数，设置或调整接收机、电台的有关参数，设置测量模式的有关参数，察看卫星信息、接收机文件、内存、电量等，如图2-44所示。

3. 数据链

RTK系统中基准站和移动站的GNSS接收机通过数据链进行通信联系。因此基准站与移动站系统都包括数据链。

GNSS-RTK作业能否顺利进行，关键因素是无线电数据链的稳定性和作用距离是否满足要求。它与无线电数据链电台本身的性能、发射天线类型、基准站的选址、设备架设情况以及无线电电磁环境等有关。

图2-42 移动站接收机 　图2-43 接收天线 　图2-44 电子手簿

三、GNSS-RTK 的使用

（一）GNSS-RTK 系统安置

1. 基准站架设

基准站一定要架设在视野比较开阔，周围环境比较空旷、地势比较高的地方；避免架在高压输变电设备附近、无线电通信设备收发天线旁边、树下以及水边，这些都会对GPS信号的接收以及无线电信号的发射产生不同程度的影响。基准站接收机天线可安在已知坐标值点上，也可安置在未知点上，视情况而定，两种情况下都必须有一个实地标志点。基准站上仪器架设在已知点上要严格对中、整平。严格量取基准站接收机天线高，量取两次以上，符合限差要求后，记录均值。其安置步骤如下：

（1）将接收机设置为基准站外置模式。

（2）架好三脚架，放电台天线的三脚架最好放到高一些的位置，两个三脚架之间保持至少3m的距离。

（3）固定好机座和基准站接收机（如果架在已知点上，要做严格的对中、整平），打开基准站接收机。

（4）安装好电台发射天线，把电台挂在三脚架上，将蓄电池放在电台的下方。

（5）用多用途电缆线连接好电台、主机和蓄电池。多用途电缆是一条 Y 形的连接线，具有供电、数据传输的作用，用来连接基准站主机（五针红色插口）、发射电台（黑色插口）和外挂蓄电池（红黑色夹子）。在使用 Y 形多用途电缆连接主机的时候注意查看五针红色插口上标有红色小点，在插入主机的时候，将红色小点对准主机接口处的红色标记即可轻松插入。连接电台一端的时候按同样方法操作。安置好的基准站如图 2-38 所示。

2. 移动站安置

基准站安置好后，即可开始移动站的架设。步骤如下：

（1）将接收机设置为移动站电台模式。

（2）打开移动站主机，将其固定在碳纤对中杆上面，拧上 UHF 差分天线（图 2-45）。该杆可精确地在测点上对中、整平。

（3）安装好手簿托架和手簿。

（4）量测和记录 GNSS 接收机天线高，天线高也可固定，一般为 2m。

当基准站和移动站接收机按照上面的步骤安装完毕后，对连接部分进行检查，看是否连接可靠，确保完整无误。安置好的移动站如图 2-38 所示。

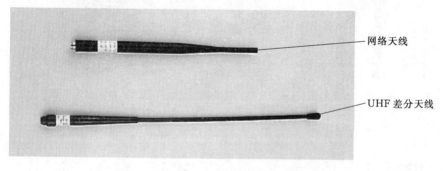

网络天线

UHF 差分天线

图 2-45 差分天线

2-6 常规 RTK 测量系统作业模式

（二）RTK 系统启动

1. 基准站启动

打开基准站接收机，主机上有一个操作按钮（电源键），轻按电源键打开主机，主机开始自动初始化和搜索卫星。第一次启动基准站时，需要对启动参数进行设置，设置步骤如下：

（1）使用手簿上的工程之星连接基准站，如图 2-46 所示。

（2）操作：配置→仪器设置→基准站设置（主机必须是基准站模式）。

（3）对基站参数进行设置。一般的基站参数设置只需设置差分格式就可以，其他使用默认参数。设置完成后点击右边的 ，基站就设置完成了。

（4）保存好设置参数后，单击"启动基站"（一般来说基站都是任意架设的，发射坐标是不需要自己输的），至出现"基站启动成功"即可。第一次启动基站成功后，以后作业时如果不改变配置，直接打开基准站主机即可自动启动。

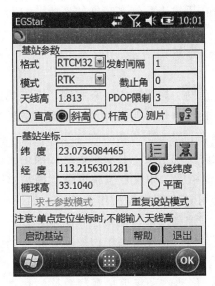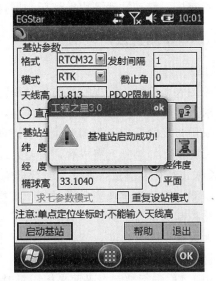

图 2 - 46　基站设置界面

（5）设置电台通道。在外挂电台的面板上对电台通道进行设置。设置电台通道，共有 8 个频道可供选择。设置电台功率，作业距离不够远、干扰低时，选择低功率发射即可。电台成功发射了，其 TX 指示灯会按发射间隔闪烁。

南方 RTK 基准站都具备自动发射和手动发射两种启动方式，通常使用基准站自动发射方式，这样可以灵活地安排基准站和移动站之间的工作，比如在施工时基准站和移动站分开同时进行，这种方式可以大大缩短架设基准站的时间，特别是在基准站和移动站距离远、交通不便的情况下使用更为方便。

2. 移动站启动

移动站架设好后需要对移动站进行设置才能达到固定解状态，步骤如下：

（1）轻按电源键打开主机，主机开始自动初始化和搜索卫星，当达到一定的条件后，主机上的指示灯开始闪烁（必须在基准站正常发射差分信号的前提下），表明已经收到基准站差分信号。

（2）连接手簿及工程之星。

（3）移动站设置。配置→仪器设置→移动站设置（主机必须是移动站模式）。

（4）对移动站参数进行设置，一般只需要进行差分数据格式的设置，选择与基准站一致的差分数据格式即可，确定后回到主界面。

（5）通道设置。配置→仪器设置→电台通道设置，将电台通道切换为与基准站电台一致的通道号，如图 2 - 47 所示。

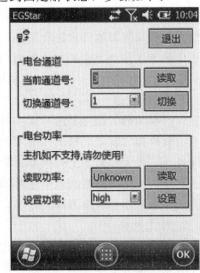

图 2 - 47　移动设置界面

设置完毕，移动站达到固定解后，即可在手簿上看到高精度的坐标。

四、RTK 测量应用范围

1. 控制测量

传统的大地测量、工程控制测量采用三角网、导线网方法来施测，不仅费工、费时，要求点间通视，而且精度分布不均匀，且在测量外业时并不知道测量结果的精度如何。采用常规的 GNSS 静态测量、快速静态、准动态方法，在外业测量时不能实时确定定位精度，如果测量完成后，内业处理时发现精度不合要求，还必须返测；而采用 RTK 来进行控制测量，能够实时获得定位精度，如果点位精度要求满足，用户即可停止观测，而且知道观测质量如何，这样可以大幅度提高作业效率。如果将 RTK 用于公路控制测量、线路控制测量、水利工程控制测量、地籍控制测量等方面，则不仅可以大大减少人力强度，节省费用，而且可以大幅度提高工作效率，测一个控制点在几分钟甚至于几秒钟内就可完成。

采用 RTK 进行控制点平面坐标测量时，移动站采集卫星观测数据，并通过数据链接收来自基准站的数据，在系统内组成差分观测值进行实时处理，通过坐标转换方法将观测得到的地心坐标转换为指定坐标系中的平面坐标。在获取测区坐标系统转换参数时，可以直接利用已知的参数。在没有已知转换参数时，可以自己求解。地心坐标系（2000 国家大地坐标系）与参心坐标系（如 1954 北京坐标系、1980 西安坐标系或地方独立坐标系）转换参数的求解，应采用不少于 3 点的高等级起算点两套坐标系成果，所选起算点应分布均匀，且能控制整个测区。转换时应根据测区范围及具体情况，对起算点进行可靠性检验，采用合理的数学模型，进行多种点组合方式分别计算和优选。

2. 地形图测绘

过去测地形图时一般首先要在测区建立图根控制点，然后在图根控制点上架上全站仪或经纬仪配合小平板测图，现在发展到外业用全站仪和电子手簿配合地物编码，利用大比例尺测图软件来进行测图，甚至发展到最近的外业电子平板测图，等等。但上述作业方法都要求在测站上测四周的地貌等碎部点，这些碎部点都与测站通视，而且一般要求至少2～3人操作，在拼图时一旦精度不合要求还需到外业返工，较为麻烦。采用 RTK 作业时，仅需一人拿着接收机在要测的地貌碎部点待上 1～2s，并同时输入特征编码，通过手簿可以实时知道点位精度，把一个区域测完后回到室内，由专业的软件接口就可以输出所要求的地形图。这样采用 RTK 仅需一人操作，不要求点间通视，大大提高了工作效率。采用 RTK 配合电子手簿可以测设各种地形图，如普通测图，铁路线路带状地形图的测绘，公路管线地形图的测绘；配合测深仪可以用于测水库地形图、航海海洋图等。

3. 施工放样

放样是测量中常用的应用分支，它要求通过一定方法、采用一定仪器，把人为设计好的点位在实地标定出来。过去采用常规的放样方法很多，如经纬仪交会放样、全站仪的边角放样、全站仪坐标放样等。这些放样方法放样出一个设计点位时，往往需要来回移动目标，而且要 2～3 人操作，同时在放样过程中还要求点间通视情况良好，在生产应用上效率不是很高，有时放样中遇到困难的情况会借助于很多方法才能放样。采用 RTK 放样时，仅需把设计好的点位坐标输入到电子手簿中，拿着 GNSS 接收机，它会提醒你走到要放样点的位置，既迅速又方便。由于 GNSS 是通过坐标来直接放样的，而且精度很高也很均匀，因而在放样中效率会大大提高，且只需一个人操作。

技 能 训 练 题

1. 什么叫视准轴？简述用望远镜瞄准水准尺的步骤。
2. 微倾式水准仪由哪三部分组成？
3. 怎样用脚螺旋整平圆水准器？圆水准器和水准管的作用有什么不同？
4. 水准管的分划值与水准管的灵敏度有什么关系？
5. 微倾式水准仪的各轴线之间应满足什么几何条件？
6. 电子水准仪高差观测及线路测量的方法是什么？
7. 光学经纬仪由哪几部分组成？操作方法有哪几个步骤？
8. 经纬仪有哪些主要轴线？它们之间应满足什么条件？
9. 利用全站仪进行测回法观测水平角的步骤有哪些？
10. 全站仪坐标测量的方法及步骤是什么？
11. 利用全站仪进行水平距离和高差观测的操作方法是什么？
12. GNSS 全球导航卫星系统由哪几部分组成？

第三章 三项基本测量工作

【学习目标】

1. 熟练操作水准仪，能够完成闭合或附合线路的五等水准测量外业工作，能够正确进行水准测量内业计算。

2. 熟练操作经纬仪，能掌握水平角和竖直角测量的观测方法、计算方法。

3. 学会钢尺量距及其成果整理，理解视距测量原理并能利用视距测量方法进行高差与距离测定，掌握全站仪测距技术。

第一节 水 准 测 量

一、水准测量原理

高程是确定地面点位置的基本要素之一，所以高程测量是三种基本测量工作之一。水准测量是高程测量的主要方法之一，是利用水准仪提供的水平视线，借助于带有分划的水准尺，直接测定地面上两点间的高差，然后根据已知点高程和测得的高差，推算出未知点高程。如图 3-1 所示，在地面点 A、B 两点竖立水准尺，利用水准仪提供的水平视线，截取尺上的读数 a、b，则 A、B 两点间的高差 h_{AB} 为

$$h_{AB} = a - b \qquad (3-1)$$

高差是后视读数减去前视读数。高差 h_{AB} 的值可能是正，也可能是负，正值表示待求点 B 高于已知点 A，负值表示待求点 B 低于已知点 A。由此可以知道，高差的正负号与测量进行的方向有关，例如图 3-1 中测量由 A 向 B 进行，高差用 h_{AB} 表示，其值为正；反之由 B 向 A 进行，则高差用 h_{BA} 表示，其值为负。所以，说明高差时必须标明高差的正负号，同时要说明测量的前进方向。

3-1 水准测量原理

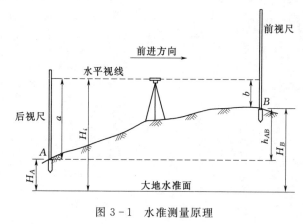

图 3-1 水准测量原理

（一）水准测量中的基本概念

（1）后视点及后视读数：某一测站上已知高程的点，称为后视点，在后视点上的尺读数称为后视读数，用 a 表示。

（2）前视点及前视读数：某一测站上高程待测的点称为前视点，在前视点上的读

数称为前视读数，用 b 表示。

（3）转点：在连续水准测量中，用来传递高程的点称为转点。其上既有前视读数，又有后视读数。转点是临时立尺点，作为传递高程的过渡点。一般转点上均需使用尺垫。

（4）测站：每安置一次仪器，称为一个测站。

（二）计算未知点高程的方法

1. 高差法

高差法是直接利用高差计算未知点 B 点高程的方法。测得 A、B 两点间高差 h_{AB} 后，如果已知 A 点的高程 H_A，则 B 点的高程为

$$H_B = H_A + h_{AB} \tag{3-2}$$

2. 仪高法

仪高法是利用仪器视线高程 H_i 计算未知点 B 点高程的方法。从图 3-1 可以看出，A 点的高程 H_A 加后视读数 a 就是仪器架设高程（也叫视线高），通常用 H_i 表示，那么 B 点高程，也可以用 H_i 减前视读数求得，即

$$H_B = H_i - b = (H_A + a) - b \tag{3-3}$$

在施工测量中，有时安置一次仪器需测定多个地面点的高程，采用仪高法就比较方便。

3. 转点法

当欲测点 B 离已知点 A 较远，安置一次仪器不可能测出它们的高差，这时，选择一条施测路线，在 A、B 之间加设一些转点，每相邻两点测一测站，求出它们的高差，则 A、B 的高差 h_{AB} 即为这些高差的总和，如图 3-2 所示。

$$h_1 = a_1 - b_1$$
$$h_2 = a_2 - b_2$$
$$\vdots$$
$$h_n = a_n - b_n$$

则 $$h_{AB} = h_1 + h_2 + \cdots + h_n = \sum h \tag{3-4}$$

或 $$h_{AB} = \sum a - \sum b \tag{3-5}$$

在实际工作中，按式（3-4）计算 A、B 两点间的高差，而用式（3-5）检查高差是否计算正确。

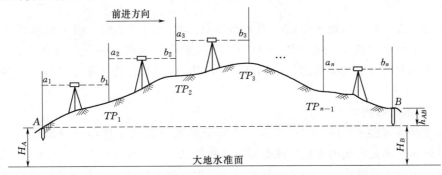

图 3-2 连续水准测量

若已知 A 点的高程 H_A，则 B 点的高程为

$$H_B = H_A + h_{AB}$$

二、水准测量的方法及成果的整理

（一）水准点

水准点就是用水准测量的方法测定的高程控制点。水准测量通常从某一已知高程的水准点开始，经过一定的水准路线，测定各待定点的高程，作为地形测量和施工测量的高程依据。水准点应按照水准测量等级，根据地区气候条件与工程需要，每隔一定距离埋设不同类型的永久性或临时性水准点标志或标石，水准点标志或标石可埋设于土质坚实、稳固的地面或地表冰冻线以下合适处，必须便于长期保存又利于观测与寻找。根据《工程测量规范》（GB 50026—2007）的规定，永久性水准点埋设形式如图 3-3 所示，一般用钢筋混凝土或石料制成，标石顶部嵌有不锈钢或其他不易锈蚀的材料制成的半球形标志，标志最高处（球顶）作为高程起算基准。

3-2 水准测量方法

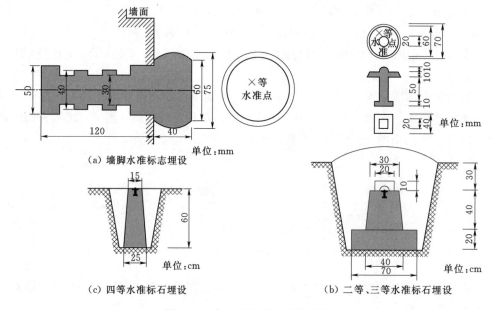

图 3-3 永久性水准点埋设形式

埋设水准点后，为便于以后寻找，水准点应进行编号（编号前一般冠以"BM"字样，以表示水准点），并绘出水准点与附近固定建筑物或其他明显地物关系的点位草图（在图上应写明水准点的编号和高程，称为点之记），作为水准测量的成果一并保存。

（二）水准路线

水准路线通常沿公路、大道布设。低等级的水准路线也应尽可能沿各类道路布设。等外水准测量常设的水准路线有以下几种形式：

（1）闭合水准路线。从一个已知水准点出发经过各待测水准点后又回到该已知水准点上的路线，如图 3-4（a）所示。

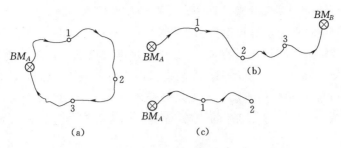

图 3-4 水准路线布设形式

（2）附合水准路线。从一个已知水准点出发经过各待测水准点附合另一个已知水准点上的路线，如图 3-4（b）所示。

（3）支水准路线。从一个已知水准点出发到某个待测点结束的路线，要往返观测比较往返观测高差，如图 3-4（c）所示。

（三）水准测量的实施

水准测量的实施首先要具备以下条件：①确定已知水准点的位置及其高程数据；②确定水准路线的形式即施测方案；③准备测量仪器和工具，如塔尺、记录表、计算器等。

当地面两点相距较远或高差较大时，安置一次仪器难以测出两点间高差，可以用连续的分段观测方法。如图 3-5 所示，地面上有一已知水准点 BM_A，欲测出另一水准点 B 的高程，因这两点相距较远，采用连续的分段观测方法。在 BM_A、B 两点之间增设若干临时立尺点。把 BM_A、B 分成若干测段，逐段测出高差，最后由各段高差求和，得出 BM_A、B 两点间的高差。

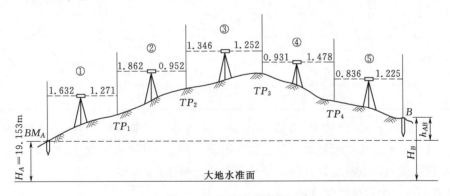

图 3-5 连续水准测量

如图 3-5 所示，按普通水准测量的方法，由 BM_A 点出发共需设 5 个测站，连续安置水准仪测出各站两点之间的高差，观测步骤如下：

（1）后司尺员在 BM_A 点立尺，观测者在测站①处安置水准仪，前司尺员在前进方向视地形情况，在距水准仪距离约等于水准仪距后视点 BM_A 距离处设转点 TP_1 安放尺垫并立尺。

（2）司尺员应将水准尺保持竖直且分划面（双面尺的黑面）朝向仪器；观测者经

过粗平—瞄准—精平—读数的操作程序，后视已知水准点 BM_A 上的水准尺，读数为 1.632，前视 TP_1 转点上水准尺读数为 1.271。

（3）记录者将观测数据记录在表 3-1 相应水准尺读数的后视与前视栏内，并计算该站高差为 +0.361m，记在表 3-1 高差"+"号栏中。至此，测站①的工作结束。转点 TP_1 上的尺垫保持不动，水准尺轻轻地转向下一站的仪器方向，水准仪搬迁至测站②，重复（1）～（3）的步骤。按上法依次连续进行水准测量，直至测到测站⑤为止。

连续水准测量的记录表格见表 3-1。填表时应注意数字的填写位置正确，不能填串行或串格。方法是边测边现场记录，分清点位。

表 3-1 水 准 测 量 记 录 表

测站	点号	水准尺读数/m		高差/m		高程 /m	备注
		后视	前视	+	−		
Ⅰ	BM_A	1.632		0.361		19.153	已知
	TP_1		1.271			19.514	
Ⅱ	TP_1	1.862		0.910			
	TP_2		0.952			20.424	
Ⅲ	TP_2	1.346		0.094			
	TP_3		1.252			20.518	
Ⅳ	TP_3	0.931			0.547		
	TP_4		1.478			19.971	
Ⅴ	TP_4	0.836			0.389		
	B		1.225			19.582	
计算 检核	Σ	6.607	6.178	1.365	0.936		
	$\sum a - \sum b = +0.429$			$\sum h = +0.429$			

表 3-1 记录计算校核中，$\sum a - \sum b = \sum h$ 可作为计算中的校核，可以检查计算是否正确，但不能检核读数和记录是否有错误。在进行连续水准测量时，若其中任何一个后视或前视读数有错误，都会影响高差的正确性。

（四）水准测量的检校方法

水准测量的校核方法可分为测站校核和水准路线校核。

1. 测站校核

对每一测站的高差进行校核，称为测站校核，其方法有：

（1）双仪高法。在每一测站上测出高差后，在原地改变仪器的高度，重新安置仪器，再测一次高差。如果两次测得的高差之差在限差之内，则取其平均数作为这一测站的高差结果，否则需要重测。在普通水准测量中，该限差规定为 ±10mm。

（2）双仪器法。在两测点之间同时安置两台仪器，分别测得两点的高差进行比较，结果处理方法同上。

（3）双面尺法。测时不改变仪器高度，采用双面尺的红、黑两面两次测量高差，以黑面高差为准，红面高差与黑面高差比较，若红面高差比黑面高差大，则先将红面高差减去 100mm，再与黑面高差比较，误差在 ±10mm 以内取平均值；反之，将红面高差加上 100mm，再与黑面高差比较，误差在 ±10mm 以内取平均值。

2. 水准路线校核

（1）附合水准路线。如图 3-4（b）所示，欲测定 1、2、3 点高程，选定水准路线由已知水准点 BM_A 开始，顺序施测各点高差，最后又由 3 点测到另一已知水准点 BM_B 形成附合水准路线。因此附合水准路线所测得的各测段高差的总和理论上应等于起终点高程之差，即

$$\sum h_{理} = \sum H_B - \sum H_A \qquad (3-6)$$

附合水准路线实测的各测段高差总和 $\sum h_{测}$ 与高差理论值 $\sum h_{理}$ 之差即为附合水准路线的高差闭合差：

$$f_h = \sum h_{测} - (\sum H_B - \sum H_A) \qquad (3-7)$$

（2）闭合水准路线。如图 3-4（a）从一个已知水准点 BM_A 开始，测定 1、2、3 点的高差，最后回到 BM_A 点，形成一个闭合水准路线。此时，高差代数和在理论上应等于零，即 $\sum h_{理} = 0$。由于测量误差的存在，$\sum h_{测} \neq 0$，则闭合水准路线的高差闭合差 f_h 为

$$f_h = \sum h_{测} \qquad (3-8)$$

（3）支水准路线。如图 3-4（c）由已知水准点 BM_A 开始，测定 1、2 点间的高差，没有条件附合到另一水准点或回到已知水准点，这种路线叫做支水准路线。支水准路线必须沿同一路线进行往测和返测，往、返测的高差绝对值应相等，而符号相反。如不相等，便产生了闭合差，即

$$f_h = \sum h_{往} + \sum h_{返} \qquad (3-9)$$

3-3 水准测量的校核与成果整理

（五）成果整理

水准测量的外业工作完成以后即可进行内业计算。在计算之前，首先应该复查外业观测数据是否符合要求，高差计算是否正确，然后按照水准路线中的已知数据进行闭合差的计算，如果闭合差在允许的范围内，即可进行闭合差的调整，最后算出各点的高程。

1. 限差的计算

由于水准测量中仪器误差、观测误差以及外界的影响，使水准测量中不可避免地存在着误差，高差闭合差就是水准测量误差的综合反映。为了保证观测精度，对高差闭合差应作出一定的限制，即计算的高差闭合差 f_h 应在规定的允许范围内。当计算的高差闭合差 f_h 不超过允许值（即 $f_h \leq f_{h允}$）时，认为外业观测合格，否则应查明原因返工重测，直至符合要求为止。对于普通水准测量，规定允许高差闭合差 $f_{h允}$ 为

平地 $\qquad\qquad f_{h允} = \pm 40\sqrt{L} \qquad (\text{mm}) \qquad (3-10)$

山地 $\qquad\qquad f_{h允} = \pm 12\sqrt{n} \qquad (\text{mm}) \qquad (3-11)$

式中　L——水准路线总长度，km，支水准路线的路线长 L 以单程计；

　　　　n——水准路线的测站总数，支水准路线的测站数 n 以单程计。

如高差闭合差不超过允许闭合差，可进行后续计算。如高差闭合差超过允许闭合差，应先检查已知数据有无抄错，再检查计算有无错误，当确认内业计算无误后，应根据外业测量中的具体情况，分析可能产生较大误差的测段并进行野外检测，直到符合限差要求。

2. 高差闭合差的调整

当实际的高差闭合差在允许值以内时，可把闭合差分配到各测段的高差上。对于闭合或附合水准路线，按与路线长度 L 或路线测站数 n 成正比的原则，将高差闭合差反其符号进行分配，所以分配的原则是把闭合差以相反的符号根据各测段路线的长度或测站数按比例分配到各测段的高差上。故各测段高差的改正数为

$$v_i = -\frac{f_h}{\sum L} \cdot L_i \tag{3-12}$$

或

$$v_i = -\frac{f_h}{\sum n} \cdot n_i \tag{3-13}$$

式中　L_i——各测段的路线之长，km；

　　　　n_i——各测段的测站数。

注意：每一水准路线各段的高差调整值之和一定要与高差闭合差大小相等，符号相反。即高差改正数计算校核式为 $\sum v_i = -f_h$，若满足则说明计算无误。

3. 计算改正后高差

每一段实际测得的高差与它的调整值之和即为调整后高差。最后计算改正后的高差 $\hat{h}_i$，它等于第 i 测段观测高差 h_i 加上其相应的高差改正数 v_{h_i}，即

$$\hat{h}_i = h_i + v_{h_i} \tag{3-14}$$

4. 高程计算

用水准路线起点的高程加上第一测段改正后的高差，即等于第一个点的高程；用第一个点的高程加上第二测段改正后的高差，即等于第二个点的高程；依此类推，直至计算结束。对于闭合水准路线，终点的高程应等于起点的高程；对于附合水准路线，终点的高程应等于另一个已知点的高程，如果不符合这样的要求，说明内业计算有误，应该仔细检查，找到错误所在，检查不出，应该重新进行计算。支水准路线无检核条件，计算过程中应特别细心。

【例 3-1】　表 3-2 为一附合水准路线的内业计算实例。附合水准路线上共设置了 5 个水准点，各水准点间的路线长度和实测高差均列于表中。起点和终点的高程为已知，经过计算，实际高程闭合差为 +0.075m，小于允许高程闭合差 ±0.105m。表中高差的改正数是按式（3-12）计算的，改正数总和必须等于实际闭合差，但符号相反。实测高差加上高差改正数得各测段改正后的高差。由起点 $Ⅳ_{21}$ 的高程累计加上各测段改正后的高差，就得出相应各点的高程。最后计算出终点 $Ⅳ_{22}$ 的高程应与该点的已知高程完全符合。

表 3 – 2 附合水准路线的高程计算

点号	距离 /km	高差 /m	改正数 /mm	改正后高差 /m	高程 /m	备注
$Ⅳ_{21}$					63.475	已知
	1.9	+1.241	−12	+1.229		
BM_1					64.704	
	2.2	+2.781	−14	+2.767		
BM_2					67.471	
	2.1	+3.244	−13	+3.231		
BM_3					70.702	
	2.3	+1.078	−14	+1.064		
BM_4					71.766	
	1.7	−0.062	−10	−0.072		
BM_5					71.694	
	2.0	−0.155	−12	−0.167		
$Ⅳ_{22}$					71.527	已知
Σ	12.2	+8.127	−75	+8.052		
计算公式	$f_h = \Sigma h - (H_{终} - H_{起}) = +8.127 - (71.527 - 63.475) = +0.075(\text{m})$ $f_{h允} = \pm 40\sqrt{L} = \pm 40\sqrt{12.2} = \pm 139(\text{mm})$　　$f_h < f_{h允}$					

三、水准测量误差来源及削弱措施

测量人员总是希望在进行水准测量时能够得到准确的观测数据，但由于使用的水准仪不可能完美无缺，观测人员的感官也有一定的局限，再加上野外观测必定要受到外界环境的影响，使水准测量中不可避免地存在着误差。为了保证应有的观测精度，测量人员应对水准测量误差产生的原因及将误差控制在最低程度的方法有所了解。尤其是要避免误读尺上读数、错记读数、碰动脚架或尺垫等观测错误。

水准测量误差按其来源可分为仪器误差、观测误差以及外界环境的影响等三个方面。

（一）仪器误差

水准仪使用前，应按规定进行水准仪的检验与校正，以保证各轴线满足条件。但由于仪器检验与校正不甚完善以及其他方面的影响，使仪器尚存在一些残余误差，其中最主要的是水准管轴不完全平行于视准轴的误差（又称为 i 角残余误差），这个 i 角残余误差对高差的影响为 Δh，即

$$\Delta h = x_1 - x_2 = \frac{i}{\rho}D_A - \frac{i}{\rho}D_B = \frac{i}{\rho}(D_A - D_B) \tag{3-15}$$

式中 $D_A - D_B$——后前视距之差。

若保持一测站上前后视距相等（即 $D_A = D_B$），即可消除 i 角残余误差对高差的影响。对于一条水准路线而言，也应保持前视视距总和与后视视距总和相等，同样可消除 i 角误差对路线高差总和的影响。

水准尺是水准测量的重要工具，它的误差（分划误差及尺长误差等）也影响着水准尺的读数及高差的精度。因此，水准尺尺面应分划准确、清晰与平直，有的水准尺

上安装有圆水准器，便于尺子竖直，还应注意水准尺零点差。所以，对于精度要求较高的水准测量，水准尺也应进行检定。

（二）观测误差

1. 水准尺读数误差

3-5 水准测量误差来源与注意事项

此项误差主要由观测者瞄准误差、符合水准气泡居中误差以及估读误差等综合影响所致，这是一项不可避免的偶然误差。对于 DS_3 型水准仪，望远镜放大率 V 一般为 28 倍，水准管分划值 $\tau = 20''/2mm$，当视距 $D = 100m$ 时，其照准误差 m_1 和符合水准气泡居中误差 m_2 可由下式计算：

$$m_1 = \pm \frac{60''}{V} \cdot \frac{D}{\rho} = \pm \frac{60''}{28} \times \frac{100 \times 10^3}{206265} = \pm 1.04 (\text{mm})$$

$$m_2 = \pm \frac{0.15\tau}{2\rho} D = \pm \frac{0.15 \times 20''}{2 \times 206265} \times 100 \times 10^3 = \pm 0.73 (\text{mm})$$

若取估读误差 $\qquad\qquad\qquad m_3 = \pm 1.5mm$

则水准尺上读数误差为 $\qquad m = \sqrt{m_1^2 + m_2^2 + m_3^2} = \pm 2mm$

因此，观测者应认真读数与操作，以尽量减少此项误差的影响。

2. 水准尺竖立不直（倾斜）的误差

根据水准测量的原理，水准尺必须竖直立在点上，否则总会使水准尺上的读数增大。这种影响随着视线的抬高（即读数增大），其影响也随之增大。例如，当水准尺竖立不直，倾斜了 $\alpha = 3°$，视线离开尺底（即尺上读数）为 2m，则对读数的影响为

$$\delta = 2 \times (1 - \cos\alpha) \approx 2.7mm$$

因此，一般在水准尺上安装有圆水准器，扶尺者操作时应注意使尺上圆气泡居中，表明尺子竖直。如果水准尺上没有安装圆水准器，可采用摇尺法，使水准尺缓缓地向前、后倾斜，当观测者读取到最小读数时，即为尺子竖直时的读数。尺子左右倾斜可由仪器观测者指挥司尺员纠正。

3. 水准仪与尺垫下沉误差

有时，水准仪或尺垫处地面土质松软，以致水准仪或尺垫由于自重随安置时间而下沉（也可能回弹上升）。为了减少此类误差的影响，观测与操作者应选择坚实的地面安置水准仪和尺垫，并踩实三脚架和尺垫，观测时力求迅速，以减少安置时间。对于精度要求较高的水准测量，可采取一定的观测程序（后-前-前-后），可以减弱水准仪下沉误差对高差的影响，采取往测与返测观测并取其高差平均值，可以减弱尺垫下沉误差对高差的影响。

（三）外界环境的影响

1. 地球曲率和大气折光的影响

前述水准测量原理是把大地水准面看作水平面，但大地水准面并不是水平面，而是一个曲面，如图 3-6 所示。根据分析与研究，地球曲率和大气折光对水准尺读数的影响 f 可用下式表示：

$$f = p - r = 0.43 \frac{D^2}{R} \tag{3-16}$$

式中　　D——水准仪至水准尺的距离，100m；

　　　　R——地球的半径，km，$R=6371$km；

　　　　p——用水平视线代替大地水准面对读数产生的影响；

　　　　r——大气折光对读数产生的影响；

　　　　f——地球曲率和大气折光对读数的影响，cm。

若 $D=100$m，$R=6371$km，则 $f\approx 0.1$cm。这说明在水准测量中，即使视距很短，也应当考虑地球曲率和大气折光对读数的影响。

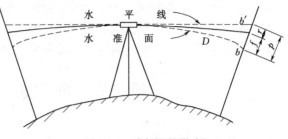

图 3-6　球气差的影响

保持前后视距相等可以消除地球曲率和大气折光对水准测量高差的影响。但是近地面的大气折光变化十分复杂，在同一测站的前视和后视距离上就可能不同，所以即使保持前视后视距离相等，大气折光误差也不能完全消除。由于 f 值与距离的平方成正比，所以限制视线的长度可以使这种误差大为减小；此外，使视线离地面尽可能高些，也可减弱折光变化的影响。规范规定，视线高不应低于 0.3m。

2. 大气温度（日光）和风力的影响

当大气温度变化或日光直射水准仪时，由于仪器受热不均匀，会影响仪器轴线间的正常几何关系，出现如水准仪气泡偏离中心或三脚架扭转等现象。所以在进行水准测量时，水准仪若设在阳光下应打伞防晒，风力较大时应暂停水准测量，无风的阴天是最理想的观测天气。

（四）水准测量注意事项

水准测量是一项集观测、记录及扶尺为一体的测量工作。为了消除水准测量误差，全体参加人员应认真负责，按规定要求仔细观测与操作，归纳起来应注意如下几点。

1. 观测

（1）观测前应认真按要求检校水准仪，检视水准尺。

（2）仪器应安置在土质坚实处，并踩实三脚架。

（3）水准仪至前、后视水准尺的视距应尽可能相等。

（4）每次读数前，应注意消除视差，只有当符合水准气泡居中后才能读数，读数应迅速、果断、准确，特别应认真估读毫米数。

（5）晴好天气，仪器应打伞防晒，操作时应细心认真，做到"人不离仪器"，使之安全。

（6）只有当一测站记录计算合格后方能搬站，搬站时先检查仪器连接螺旋是否固紧，一手托扶仪器，一手握住脚架稳步前进。

2. 记录

（1）认真记录，边记边回报数字，准确无误地记入记录手簿相应栏内，严禁伪造和转抄。

（2）字体要端正、清楚，不准连环涂改，不准用橡皮擦改，如按规定可以改正时，应在原数字上划线后再在上方重写。

（3）每站应当场计算，检查符合要求后，才能通知观测者搬站。

3. 扶尺

（1）扶尺员应认真竖立尺子，注意保持尺上圆气泡居中。

（2）转点应选择土质坚实处，并将尺垫踩实。

（3）水准仪搬站时，应注意保护好原前视点尺垫位置不受碰动。

第二节 角 度 测 量

一、角度测量的原理

角度测量是测量的三项基本工作之一，包括水平角测量和竖直角测量。经纬仪是进行角度测量的主要仪器。

（一）角度的定义

（1）水平角。从一点发出的两条空间直线在水平面上投影的夹角即二面角，称为水平角。其范围为顺时针 $0°\sim360°$。

（2）竖直角。在同一竖直面内，目标视线与水平线的夹角，称为竖直角。其范围为 $0°\sim\pm90°$。当视线位于水平线之上，竖直角为正，称为仰角；反之，当视线位于水平线之下，竖直角为负，称为俯角。

（二）水平角测量原理

水平角就是测站点到两观测目标方向线在水平面上的投影所夹的角，一般用 β 表示。如图 3-7 中，A、B、C 是地面上三个不同高程的点，$\angle CAB$ 为直线 AB 与 AC 之间的夹角，测量中所要观测的水平角是 $\angle CAB$ 在水平面上的投影 β，即 $\angle cab$。

3-6 水平角测量原理

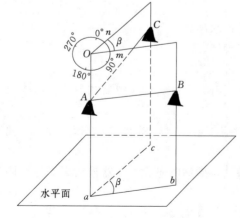

图 3-7 水平角测量原理

由图 3-7 可以看出，地面上 A、B、C 三点在水平面上的投影 a、b、c 是通过做它们的铅垂线得到的。现设想在竖线 aA 上的 O 点水平地放置一个按顺时针注记的全圆量角器（水平度盘），注记由 $0°$ 递增到 $360°$，通过 AC 的方向线沿竖面投影在水平度盘上的读数为 n，通过 AB 的方向线沿竖面投影在水平度盘上的读数为 m，则 m 减 n 就是圆心角 β，即

$$\beta = m - n \qquad (3-17)$$

β 就是我们要测的水平角。

3-7 水平
角观测——
测回法

二、水平角的观测方法

水平角的观测方法有多种，现将常用的测回法和全圆测回法的测角方法介绍如下。

（一）测回法

测回法常用于观测两个方向之间的夹角，如图 3-8 所示，现要测的水平角为 $\angle AOB$，在 O 点安置经纬仪，分别照准 A、B 两点的目标进行读数，两读数之差即为要测的水平角值。其具体操作步骤如下。

1. 盘左

盘左位置是指观测者对着望远镜的目镜时，竖盘在望远镜的左边，又称正镜。

（1）顺时针方向转动照准部，瞄准左边目标 A，使标杆或测钎准确地夹在双竖丝中间（或单丝去平分）；为了减弱标杆或测钎竖立不直的影响，应尽量瞄准标杆或测钎的最低部。水平度盘置数为 $0°02'\sim0°05'$。

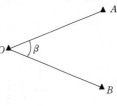

图 3-8 测回法

（2）读取水平度盘读数 $a_左$，记入观测手簿。

（3）松开水平制动螺旋，顺时针方向转动照准部，用同样的方法瞄准右边目标 B，读记水平度盘读数 $b_左$。

以上三步称为上半测回（也叫盘左测回），测得角值为

$$\beta_左 = b_左 - a_左 \tag{3-18}$$

2. 盘右

盘右位置就是观测者对着望远镜的目镜时，竖盘在望远镜的右边，又称倒镜。

（1）松开望远镜制动螺旋，倒转望远镜，盘左变成盘右，先瞄准右边目标 B，读记水平度盘读数 $b_右$。

（2）逆时针转动照准部，瞄准左边目标 A，记水平度盘读数 $a_右$。

以上两步称为下半测回（也叫盘左测回），测得角值为

$$\beta_右 = b_右 - a_右 \tag{3-19}$$

盘左和盘右两个半测回合在一起称为一测回。对于 DJ_6 型经纬仪，上、下两个半测回的角值之差 $\Delta\beta = \beta_左 - \beta_右 \leqslant \pm 40''$ 时，取其平均值作为一测回的观测角值，即

$$\beta = \frac{1}{2}(\beta_左 + \beta_右) \tag{3-20}$$

采用盘左、盘右两个位置观测水平角，可以抵消某些仪器构造误差对测角的影响，同时可以检查观测中有无错误。由于水平度盘注记是顺时针方向增加的，因此在计算角值时，无论是盘左还是盘右，均应用右侧目标的读数减去左侧目标的读数，如果不够减，则应加上 $360°$ 再减。为了提高测量精度，往往需要对某角度观测多个测回，为了减少度盘分划不均匀误差的影响，按 $\delta = \frac{180°}{n}(i-1)$ 设置各测回度盘的起始读数。式中，n 为测回数，i 为测回的序号。

例如，测三个测回（$n=3$），第Ⅰ测回（$i=1$），起始方向的度盘读数应为$0°02'\sim0°05'$左右；第Ⅱ测回（$i=2$），起始方向度盘读数应为略大于$60°$。

　　测回法通常有两项限差：一是两个半测回的角值之差，二是各测回角值之差。对于不同精度的仪器有不同的规定限值。就DJ_6型经纬仪而言，半测回角度之差应不大于$±40''$，各测回角度之差应不大于$±24''$。如果超限，应找出原因并重测，表3-3为测回法观测记录表。

表3-3　　　　　　　　　　　　测回法观测记录

测站	测回	竖盘位置	目标	水平度盘读数/ (° ′ ″)	半测回角值/ (° ′ ″)	一测回角值/ (° ′ ″)	各测回角值/ (° ′ ″)	备注
O	Ⅰ	左	A	0 00 06	243 02 12	243 02 18	243 02 14	
			B	243 02 18				
		右	A	180 00 54	243 02 24			
			B	63 03 18				
	Ⅱ	左	A	90 01 00	243 02 06	243 02 09		
			B	333 03 06				
		右	A	270 00 48	243 02 12			
			B	153 03 00				

3-8　测回法水平角观测

　　应当指出：当右边目标的水平度盘读数小于左边目标时，应把右边目标读数加上$360°$再减去左边目标的读数。如表3-3中，第一测回盘右观测时，B目标的读数$63°03'18''$应加上$360°$，再减去A目标的读数$180°00'54''$，得$243°02'24''$。

（二）全圆测回法

　　观测三个及以上的方向时，通常采用全圆测回法（也称方向观测法或全圆方向法），它是以某一个目标作为起始方向（又称零方向），依次观测出其余各个目标相对于起始方向的方向值，然后根据方向值计算水平角值。如图3-9所示，现在测站O上安置仪器，对中、整平后，选择A目标作为零方向，观测B、C、D三个方向的方向值，然后计算相邻两方向的方向值之差获得水平角。当方向超过三个时，需在每个半测回末尾再观测一次零方向（称为归零），两次观测零方向的读数应相等或差值不超过规范要求，其差值称"归零差"。如果半测回归零差超限，应立即查明原因并重测。

　　1. 全圆测回法的操作步骤

　　（1）将仪器安置于测站O上，对中、整平。

　　（2）选与O点相对较远、成像清晰的目标A作为零方向。

　　（3）盘左位置，照准目标A，配置水平度盘的起始读数。读取该数并记入观测手簿中。

　　（4）顺时针方向转动照准部，依次瞄准目标B、C、D和A，读取相应的水平度盘数并记

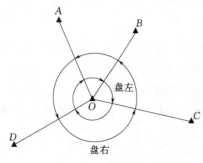

图3-9　全圆测回法示意图

入观测手簿中。

以上步骤（3）、（4）称为上半测回。观测顺序为 A、B、C、D、A。

（5）倒转望远镜使仪器成盘右位置，照准零方向 A，读取水平度盘数并记入观测手簿中。

（6）逆时针方向转动照准部，依次照准目标 D、C、B，再次瞄准零目标点 A，读取相应的水平度盘读数并记入观测手簿中。

以上步骤（5）～（6）称为下半测回，观测顺序为 A、D、C、B、A。

上、下半测回合起来称为一个测回。表 3-4 为两个测回的全圆测回法手簿的记录和计算。

2. 全圆测回法的计算及限差的规定

（1）计算半测回归零差。起始目标的读数与归零读数的差即是半测回归零差。对于 DJ$_6$ 型光学经纬仪的归零差不得超过±24″，DJ$_2$ 型光学经纬仪的归零差不应超过 ±12″。

（2）计算两倍照准轴误差（2C）及限差。两倍照准轴误差（2C）在数值上等于一测回同一方向的盘左读数 L 与盘右读数 $R\pm180°$ 之差，即

$$2C = L - (R\pm180°) \tag{3-21}$$

当 $L>R$ 时，$2C = L - (R+180°)$；当 $L<R$ 时，$2C = L - (R-180°)$。

表 3-4　　　　　　　　全圆测回法观测记录手簿

测站	目标	水 平 度 盘 读 数		2C/ (″)	平均读数/ (° ′ ″)	一测回归零方向值/ (° ′ ″)	各测回归零方向平均值/ (° ′ ″)	水平角值/ (° ′ ″)
		盘左/ (° ′ ″)	盘右/ (° ′ ″)					
O		第一测回						
	A	0 00 30	180 00 54	−24	(0 00 36) 0 00 42	0 00 00	0 00 00	
	B	42 26 30	222 26 36	−6	42 26 33	42 25 57	42 26 04	42 26 04
	C	96 43 30	276 43 36	−6	96 43 33	96 42 57	96 43 02	54 16 58
	D	179 50 54	359 50 54	0	179 50 54	179 50 18	179 50 18	83 07 16
	A	0 00 30	180 00 30		0 00 30			
		第二测回						
	A	90 00 36	270 00 42	−6	(90 00 40) 90 00 39	0 00 00		
	B	132 26 54	312 26 48	6	132 26 51	42 26 11		
	C	186 43 42	6 43 54	−12	186 43 48	96 43 08		
	D	269 50 54	89 51 00	−6	269 50 57	179 50 17		
	A	90 00 42	270 00 42		90 00 42			

同一测回中，2C 的最大值与最小值之差称为"2C 互差"。在进行水平角的测量时更多的是关注"2C 互差"。规范规定 DJ$_6$ 型仪器同测回 2C 互差绝对值不得大于

$36''$，DJ_2 型仪器同测回 $2C$ 互差绝对值不得大于 $18''$。

（3）计算平均读数。如果 $2C$ 互差在规定值范围内，取每一方向盘左读数与盘右读数 $\pm180°$ 的平均值，作为该方向的平均读数，即

$$平均读数 = \frac{L + (R \pm 180°)}{2} \qquad (3-22)$$

由于归零起始方向有两个平均读数，应再取其平均值。作为该方向的平均读数。

如表 3-4 第一测回，起始目标 A 的方向值为

$$\frac{0°00'30'' + (180°00'54'' - 180°)}{2} = 0°00'42''$$

由于归零，目标 A 的另一方向值为

$$\frac{0°00'30'' + (180°00'30'' - 180°)}{2} = 0°00'30''$$

取其平均值作为起始方向 A 的方向值为

$$\frac{0°00'42'' + 0°00'30''}{2} = 0°00'36''$$

（4）计算归零后的方向值。为了便于以后的计算和比较，要把起始方向值（零方向值）改化成 $0°00'00''$，即把各方向值减去起始方向 A 的方向平均值。

（5）计算各测回归零方向值平均值。如果进行了多个测回观测，同一方向的各测回观测得到的归零方向值理论上应该是相等的，但实际会包含有误差，它们之间的差值称为"同一方向各测回归零值之差"。各测回中同一方向归零后的方向值较差限差，DJ_6 型经纬仪为 $24''$，DJ_2 型经纬仪为 $12''$。当观测结果符合限差要求时，将各测回同一方向的归零方向值相加并除以测回数，即得该方向各测回平均归零方向值。

（6）计算水平角。将组成该角的相邻两个方向的平均归零方向值相减即可得该水平角。

三、竖直角的观测方法

（一）竖直角测角原理

1. 竖直角概念

竖直角是指某一方向与其在同一铅垂面内的水平线所夹的角度。由图 3-10 可知，同一铅垂面上，空间方向线 AB 和水平线所夹的角 α 就是 AB 方向与水平线的竖直角，若方向线在水平线之上，竖直角为仰角，用"$+\alpha$"表示，若方向线在水平线之下，竖直角为俯角，用"$-\alpha$"表示。其角值范围为 $0° \sim \pm90°$。

2. 竖直角测量的原理

在望远镜横轴的一端竖直设置一个刻度盘（竖直度盘），竖直度盘中心与望远镜横轴中心重合，度盘平面与横轴轴线垂直，视线水平时指标线为一固定读数，当望远镜瞄准目标时，竖盘随着转动，则望远镜照准目标的方向线读数与水平方向上的固定读数之差为竖直角。

3. 竖直度盘的构造

竖直度盘是固定安装在望远镜旋转轴（横轴）的一端，其刻划中心与横轴的旋转

3-9 竖直角观测

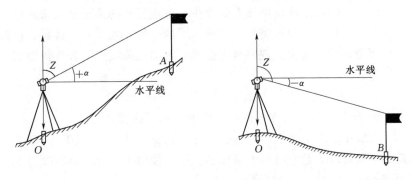

图 3-10 竖直角

中心重合，所以在望远镜作竖直方向旋转时，度盘也随之转动。分微尺的零分划线作为读数指标线相对于转动的竖盘是固定不动的。根据竖直角的测量原理，竖直角 α 是视线读数与水平线读数之差，水平方向线的读数是固定数值，所以当竖盘转动在不同位置时用读数指标读取视线读数，就可以计算出竖直角。

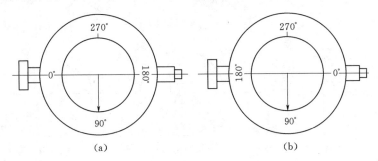

图 3-11 竖直度盘的注记形式

竖直度盘的刻划有全圆顺时针和全圆逆时针两种，如图 3-11 所示盘左位置，图 3-11（a）为全圆逆时针方向注字，图 3-11（b）为全圆顺时针方向注字。当视线水平时指标线所指的盘左读数为 90°，盘右为 270°。对于竖盘指标的要求是，始终能够读出与竖盘刻划中心在同一铅垂线上的竖盘读数。为了满足这一个要求，早期的光学经纬仪多采用水准管竖盘结构，这种结构将读数指标与竖盘水准管固连在一起，转动竖盘水准管定平螺旋，使气泡居中，读数指标处于正确位置，可以读数。现代的仪器则采用自动补偿器竖盘结构，这种结构是借助一组棱镜的折射原理，自动使读数指标处于正确位置，也称为自动归零装置，整平和瞄准目标后，能立即读数，因此操作简便，读数准确，速度快。

4. 竖直角计算公式的确定

由竖直角测量原理可以知道，竖直角是在铅直面内目标方向线与水平线的夹角，测定竖直角也就是测出这两个方向线在竖直度盘上的读数差。竖直度盘注记有顺时针和逆时针两种不同的形式，因此竖直角的计算公式也不一样。但是，当视准轴水平时，不论是盘左还是盘右，竖盘的读数都有个定值（这个定值称为竖盘始读数），所以测定竖直角，实际上只对视线照准目标进行读数。在计算竖直角时，究竟是哪一个

3-10 全站仪竖直角测量

读数减哪一个读数,视线水平时的读数是多少,应按竖盘的注记形式来确定。在观测竖直角之前,以盘左位置将望远镜放在大致水平的位置,观察一个读数,以确定竖盘始读数,然后逐渐仰起望远镜,观察竖盘读数是增加还是减少。若读数增加,则竖直角的计算公式为

$$\alpha = 照准目标时的读数 - 竖盘始读数$$

若读数减少,则 $\qquad \alpha = 竖盘始读数 - 照准目标时的读数$

图 3-12 为常用的 DJ_6 型光学经纬仪的竖盘注记形式,现以图 3-12 为例,说明计算竖直角的一般原理。盘左时照准目标的视线读数用 L 表示,盘右时照准目标的视线读数用 R 来表示。

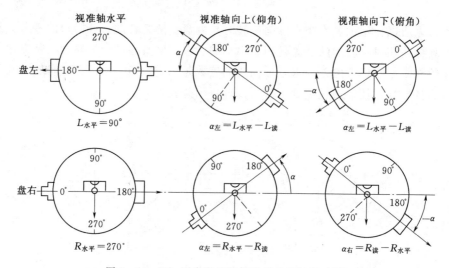

图 3-12 DJ_6 型光学经纬仪竖直角的计算法则

图 3-12 的上半部分是 DJ_6 型经纬仪在盘左时的三种情况:如果指标位置正确,视准轴水平且指标水准管气泡居中时,指标所指的竖直度盘读数 $L_{水平} = 90°$;当抬高望远镜时,测得仰角,读数比 $L_{水平}$($L_{水平} = 90°$)小;当降低望远镜时,读数比 $L_{水平}$($L_{水平} = 90°$)大。

因此,盘左时竖直角的计算公式应为

$$\alpha_左 = 90° - L_读 \qquad (3-23)$$

即 $\alpha_左 > 0°$ 为仰角,$\alpha_左 < 0°$ 为俯角。

图 3-12 的下半部分是盘右时的三种情况:$R_{水平} = 270°$,与盘左相反,仰角时读数比 $R_{水平}$($R_{水平} = 270°$)小,俯角时比 $R_{水平}$ 小。因此,盘右时竖直角的计算公式应为

$$\alpha_右 = R_读 - 270° \qquad (3-24)$$

式(3-25)、式(3-26)为竖直度盘顺时针注记时的竖直角计算公式,当竖直度盘为逆时针注记时,同理很容易得出竖直角的计算公式:

$$\alpha_左 = L_读 - 90° \qquad (3-25)$$

$$\alpha_右 = 270° - R_读 \qquad (3-26)$$

5. 竖盘指标差

在竖直角的计算中，都认为当视线水平时，其读数是 $90°$ 的整数倍，但实际情况这个条件是不满足的。这是由于当指标水准管气泡居中时，指标从正确位置偏移了一个值，即竖盘读数指标的实际位置与正确位置之差，称这个偏差为指标差，常用 x 来表示，当指标偏移方向与竖盘注记方向一致时，则使读数中增大了一个 x，令 x 为正；反之，指标偏移方向与竖盘注记方向相反时，则使读数中减小了一个 x，令 x 为负。

如图 3-12 所示，盘左位置时，照准轴水平，指标偏在读数大的一方，盘左时的始读数为 $90°+x$，正确的竖直角应为

$$\alpha = (90°+x) - L$$

同理，盘右时的正确竖直角应为

$$\alpha = R - (270°+x)$$

两式相加得
$$\alpha = \frac{1}{2}(R - L - 180°) \tag{3-27}$$

两式相减得
$$x = \frac{1}{2}(R + L - 360°) \tag{3-28}$$

由式（3-28）可以看出，利用盘左、盘右观测竖直角并取平均值可以消除竖盘指标差的影响，即 α 与 x 的大小无关，也就是说指标差本身对求得的竖直角没有影响，只是指标差过大时心算不甚方便，应予以纠正。另外，α 与 x 均有正、负之分，计算时应加以注意。指标差计算示意见表 3-5。

竖盘指标差属于仪器误差。一般情况下，竖盘指标差的变化很小。如果观测中计算出的指标差变化较大，说明观测误差较大。规范规定 DJ₆ 型经纬仪竖盘指标差的变化范围不应超过 $\pm 24''$，DJ₂ 型经纬仪竖盘指标差的变化范围不应超过 $\pm 15''$。

表 3-5　　　　　　　　　指 标 差 计 算 示 意

竖盘位置	视 线 水 平	瞄 准 目 标
盘左		
盘右		

（二）竖直角的观测、记录与计算

（1）安置仪器于测站点 O，对中、整平后，打开竖盘自动归零装置。

（2）盘左位置瞄准 A 点，用十字丝横丝照准或相切目标点，读取竖直度盘的读数 L，设为 $97°05'48''$，记入观测记录手簿表 3 - 6，这样就完成了上半个测回的观测。

（3）将望远镜倒镜变成盘右，瞄准 A 点读取竖直度盘的读数 R，设为 $262°54'24''$，记入观测手簿，这样就完成了下半个测回的观测。

上下半测回合称为一个测回，根据需要进行多个测回的观测。

表 3 - 6   竖 直 角 观 测 记 录

测站	目标	盘位	竖盘读数/ （°　′　″）	半测回角值/ （°　′　″）	指标差/ （″）	一测回角值/ （°　′　″）	备注
O	A	左	97　05　48	−7　05　48	+06	−7　05　42	
		右	262　54　24	−7　05　36			
	B	左	81　34　06	8　25　54	−03	8　25　51	
		右	278　25　48	8　25　48			

四、角度测量的误差来源及水平角观测的精度分析

角度测量的精度受各方面的影响，误差主要来源于三个方面：仪器误差、观测误差及外界条件产生的误差。

（一）仪器误差

仪器误差包括仪器本身制造不精密、结构不完善及检校后的残余误差，如照准部的旋转中心与水平度盘中心不重合而产生的误差，视准轴不垂直于横轴的误差，横轴不垂直于竖轴的误差，此三项误差都可以采用盘左、盘右两个位置取平均数来减弱。度盘刻划不均匀的误差可以采用变换度盘位置的方法来进行消除。竖轴倾斜误差对水平角观测的影响不能采用盘左、盘右取平均数来减弱，观测目标越高，影响越大，因此在山地测量时更应严格整平仪器。

（二）观测误差

1. 对中误差

安置经纬仪没有严格对中，使仪器中心与测站中心不在同一铅垂线上引起的角度误差，称对中误差。对中误差与距离、角度大小有关，当观测方向与偏心方向越接近 $90°$，距离越短，偏心距越大，对水平角的影响越大。为了减少此项误差的影响，在测角时，应提高对中精度。

2. 目标偏心误差

在测量时，照准目标时往往不是直接瞄准地面点上标志点的本身，而是瞄准标志点上的目标，要求照准点的目标应严格位于点的铅垂线上，若安置目标偏离地面点中心或目标倾斜，照准目标的部位偏离照准点中心的大小称为目标偏心误差。目标偏心误差对观测方向的影响与偏心距和边长有关，偏心距越大，边长越短，影响也就越大。因此，照准花杆目标时，应尽可能照准花杆底部，当测角边长较短时，应当用线铊对点。

3-11 角度
测量误差来源
与注意事项

3. 照准误差和读数误差

照准误差与望远镜放大率、人眼分辨率、目标形状、光亮程度、对光时是否消除视差等因素有关。测量时选择观测目标要清晰，仔细操作消除视差。读数误差与读数设备、照明及观测者判断的准确性有关。读数时，要仔细调节读数显微镜，调节读数窗的光亮适中，掌握估读小数的方法。

（三）外界条件产生的误差

外界条件影响因素很多，也很复杂，如温度、风力、大气折光等因素均会对角度观测产生影响，为了减少误差的影响，应选择有利的观测时间，避开不利因素，如在晴天观测时应撑伞遮阳，防止仪器暴晒，中午最好不要观测。

第三节 距 离 测 量

一、钢尺量距

钢尺量距是用钢卷尺沿地面直接丈量两地面点间的距离。钢尺量距简单，经济实惠，但工作量大，受地形条件限制，适合于平坦地区的距离测量。

3-12 钢尺量距

（一）量距工具

主要量距工具为钢尺，还有测钎、垂球等辅助工具。

钢尺又称钢卷尺，由带状薄钢条制成。钢尺有手柄式、盒式两种，长度有 20m、30m、50m 等几种。尺的最小刻画为 1cm、5cm 或 1mm，在分米和米的刻画处分别注记数字。

按尺的零点位置可分为刻线尺和端点尺两种。刻线尺是以尺上里端刻的一条横线作为零点。端点尺是从尺的端点为零开始刻划。使用钢尺时必须注意钢尺的零点位置，以免发生错误。

测钎是用粗铁丝制成，长为 30cm 或 40cm，上部弯一小圈，可套入环中，在小圈上系一醒目的红布条，在丈量时用它标定尺终端地面位置。垂球是由金属制成的似圆锥形，上端系有细线，是对点的工具。

（二）量距方法

1. 直线定线

当被量距离大于钢尺全长或地面坡度比较大时，两点之间的距离就需要分若干尺段丈量，为使尺段点位不偏离测线的方向，在丈量之前必须进行直线定线。所谓直线定线就是在地面上两端点之间定出若干个点，这些点都必须在两端点连线所决定的垂直面内。根据精度要求不同，可分为目估定线和经纬仪定线两种。

（1）目估定线。用于一般精度的量距，定线的精度不高。如图 3-13 所示，设 A、B 两点相互通视，要在 A、B 两点的直线上定出 1、2 点。先在 A、B 点上竖立花杆，甲站在 A 点标杆后约 1m 处，指挥乙左右移动花杆，直到甲在 A 点沿标杆的同一侧看到 A、2、B 三支标杆成一条线为止。然后将花杆竖直插下，定出 2 点。同理可以定出直线上的 1 点。定线时一般要求点与点之间的距离稍小于一整尺长，地面起伏较大时则宜更短。目测定线的偏差一般小于 10cm，若尺段长为 30m，由此引起的距离误差小于 0.2mm，在图根控制测量中可以忽略不计。

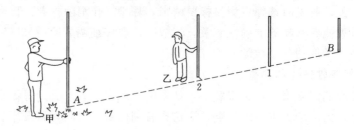

图 3-13 目估定线

（2）经纬仪定线。当定线的精度要求较高时，可用经纬仪来进行定线。如图 3-14 所示，A、B 两点相互通视，将经纬仪安置在 A 点上，利用望远镜纵丝瞄准 B 点，制动照准部，望远镜上下转动，指挥在两点间某一点上的助手，左右移动测钎，直至测钎像为纵丝所平分。测钎尖即为所要定的点（图 3-14 的 1 点），同理可定出其他点。

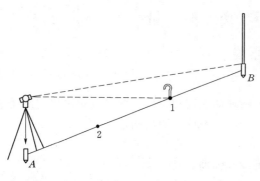

图 3-14 经纬仪定线

2. 钢尺量距的一般方法

（1）平坦地面的距离丈量。当地面较平坦时，可沿地面直接丈量水平距离。丈量距离时一般需要三人，前、后尺各一人，记录一人。如图 3-15 所示，现要测量 A、B 两点间的水平距离，先在 A、B 两点上各立一标杆定直线方向，清除直线上的障碍后，测量方法如下：

图 3-15 平坦地面的距离丈量

1）后尺手持钢尺零端站在 A 点后方，前尺手持钢尺末端并拿一组测钎沿 AB 方向前进至一整尺处止步。

2）用目估定线的方法，前尺手根据后尺手的指挥用测钎把中间点 1 的位置标定在直线 AB 上（此即直线定线），拔去测钎并使钢尺通过测钎脚孔中心，两人同时用力（约 15kg）贴在地面上拉紧钢尺，此时后尺手将钢尺零点刻划线对准 A 点的地面标志，前尺手则在钢尺末端刻线处将第 1 根测钎标定在地面上，此为第一尺段的丈量工作。

3）两人同时携尺前进，当后尺手到达第1根测钎处时停下，同法丈量第二尺段，量完后后尺手收起测钎，以测钎根数作为整尺测段数 n。

4）最后一段距离一般不会刚好是整尺段的长度，称为余长，用 q 来表示。可用钢尺准确丈量出 q。

5）A、B 两点间的水平距离可用下式计算：

$$D_{AB} = n \times l + q \tag{3-29}$$

式中　n——整尺段数；

　　　l——整尺长，m。

为了防止丈量出错并提高量距的精度，需要对 AB 往、返丈量。上述为往测，返测时，需要重新定线，最后取往、返测距离的平均值作为丈量结果，并用相对误差 K 来衡量距离丈量的精度，定义为

$$K = \frac{|D_{AB} - D_{BA}|}{\overline{D}_{AB}} = \frac{1}{M} \tag{3-30}$$

式中　$\overline{D}_{AB}$——往、返丈量距离的平均值。在计算相对误差时，一般化成分子为1的
　　　　　分式，相对误差的分母越大，说明量距的精度越高。

【例 3-2】　A、B 的往测距离为 163.75m，返测距离为 163.78m，求相对误差 K。

$$K = \frac{|163.75 - 163.78|}{163.765} = \frac{1}{5459}$$

在平坦地区，钢尺的相对误差一般应不大于 1/3000；在量距困难地区，其相对误差也不应大于 1/1000。当量距的相对误差没有超出上述规定时，可取往、返测距离的平均值作为两点间的水平距离。

（2）斜地面的距离丈量。

1）平量法。当地势起伏不大时，可以用平量法。如图 3-16 所示，丈量由 A 点向 B 点进行，后尺手持钢尺零端，并将零刻线对准起点 A 点；前尺手进行定线后，将尺拉在 AB 方向上并使尺子抬高，用目估法使尺子水平，并用垂球将整尺段的分划线投影到地面上，再插上测钎。同法丈量其他的尺段。将各分段距离相加即得到两点间的水平距离。返测时由于从坡脚向坡顶丈量困难较大，此时仍然可以由高到低再次测量，最后取两次平均值作为丈量的结果。

2）斜量法。当地面坡度倾斜比较均匀时，如图 3-17 所示，可以沿着斜坡丈量

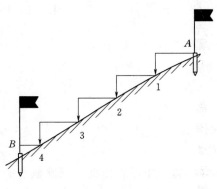

图 3-16　平量法

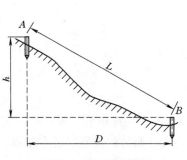

图 3-17　斜量法

出 AB 的斜距 L，测出地面倾斜角 α 或两端点的高差 h，然后按下式计算 AB 的水平距离 D：

$$D = L\cos\alpha = \sqrt{L^2 - h^2} \qquad (3-31)$$

二、视距测量

3-13 视距测量

（一）视距测量的原理

视距测量是一种间接测定地面上两点间的距离和高差的方法。它利用望远镜内的分划装置（十字丝分划板上的视距丝）及刻有厘米分划的视距尺，根据几何光学和三角学原理同时测定地面上两点间的水平距离和高差。与钢尺量距相比较，它具有观测速度快、操作方便、受地形条件限制少等优点，但精度较低（一般为 $1/300 \sim 1/200$），测定高差的精度低于水准测量和三角高程测量。视距测量广泛用于地形测量的碎部测量中。

（二）视距测量的方法

1. 视准轴水平时的视距计算公式

如图 3-18 所示，AB 为待测距离，在 A 点安置经纬仪，B 点竖立视距尺，设望远镜视线水平，瞄准 B 点的视距尺，使视距尺成像清晰。此时视线与视距尺垂直。

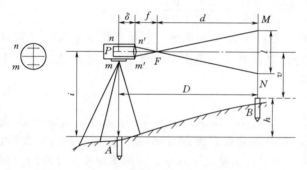

图 3-18 视线水平时的视距测量

P（$P = nm$）为望远镜上、下视距丝的间距，f 为望远镜物镜焦距，δ 为物镜中心到仪器中心的距离，d 为物镜焦点到视距尺的距离。

根据透镜成像原理，从视距丝 m、n 发出的平行于望远镜视准轴的光线，经物镜后产生折射且通过焦点 F 而交于视距尺上 M、N 两点。M、N 两点的读数差称为视距间隔，用 l 表示。因 $\triangle Fm'n'$ 与 $\triangle FMN$ 相似，从而可得

$$\frac{d}{f} = \frac{l}{p}$$

则

$$d = \frac{fl}{p}$$

由图 3-18 可知

$$D = d + f + \delta = \frac{fl}{p} + f + \delta$$

令

$$K = f/p，C = f + \delta$$

则有

$$D = Kl + C \qquad (3-32)$$

式中　K、C——视距乘常数和视距加常数。

现在设计制造的仪器，通常使 $K = 100$，C 接近于零，因此，视准轴水平时的视距计算公式可写为

$$D = Kl = 100l \tag{3-33}$$

如果再在望远镜中读出中丝读数 v，用小钢尺量出仪器高 i，则 A、B 两点的高差为

$$h = i - v \tag{3-34}$$

如果已知测站点的高程 H_A，则立尺点 B 的高程为

$$H_B = H_A + h = H_A + i - v \tag{3-35}$$

2. 视准轴倾斜时的视距计算公式

如图 3-19 所示，当地面坡度较大时，观测时视准轴倾斜，由于视线不垂直于视距尺，所以不能直接用视线水平时的公式计算视距和高差。

假设仪器视准轴倾斜 α 角，若将标尺倾斜 α 角使其与视准轴垂直，此时就可用式（3-36）计算倾斜视距 D'。由于 β 角很小，约为 $17'$，故可近似地将 $\angle BB'G$ 和 $\angle AA'G$ 看成直角。所以有 $\angle AGA' = \angle BGB' = \alpha$，并有 $l' = l\cos\alpha$，则望远镜旋转中心与视距尺旋转中心 O 的视距为

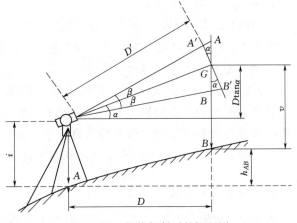

图 3-19　视线倾斜时的视距测

$$D' = Kl' = Kl\cos\alpha \tag{3-36}$$

由此求得 A、B 两点间的水平距离为

$$D = D'\cos\alpha = Kl\cos^2\alpha \tag{3-37}$$

设 A、B 的高差为 h_{AB}，由图 3-19 容易列出方程

$$h_{AB} + v = D\tan\alpha + i$$

整理后得

$$h_{AB} = D\tan\alpha + i - v \tag{3-38}$$

这样就可以由已知高程点推算出待求高程点的高程。计算公式为

$$H_B = H_A + h_{AB} = H_A + D\tan\alpha + i - v \tag{3-39}$$

【例 3-3】 设测站点的高程 $H_A = 200.00\text{m}$，仪器高 $i = 1.42\text{m}$，中丝读数为 $v = 2.42\text{m}$，此时下丝读数 $m = 2.806\text{m}$，上丝读数 $n = 2.046\text{m}$，竖直度盘读数 $L = 93°28'$（竖直角计算公式为 $90° - L$）。计算 A 点到 B 点的平距 D 及 B 点的高程 H_B。

解：
$$\alpha = 90° - 93°28' = -3°28'$$
$$l = 2.086 - 2.046 = 0.76(\text{m})$$
$$D = Kl\cos^2\alpha = 100 \times 0.76\cos^2(-3°28') = 75.7(\text{m})$$
$$h_{AB} = D\tan\alpha + i - v = 75.7\tan(-3°28') + 1.42 - 2.42 = -5.59(\text{m})$$
$$H_B = H_A + h_{AB} = 200 + (-5.59) = 194.41(\text{m})$$

（三）视距测量误差分析

1. 视距乘常数的误差

由于仪器本身的误差，K 值不一定恰好等于 100，而 $D = Kl\cos^2\alpha$，所以 K 值的误差对视距的影响较大，故使用一架新仪器之前，应对 K 值进行检定。

2. 标尺扶立不直产生误差

标尺扶立不直，尤其前后倾斜将给视距测量带来较大误差，其影响随着尺子倾斜度和地面坡度的增加而增加，因此标尺必须严格扶直，特别是在山区作业时更应注意扶直。

3. 视距尺分划产生误差

视距测量时所用的标尺刻划不够均匀、不够准确，给视距带来误差，这种误差无法得到消除，所以要对视距测量所用的视距尺进行检验。

4. 用视距丝读取尺间隔的误差

由视距测量计算公式可知，若尺间隔的读数有误差，则结果误差将扩大 100 倍，对水平距离和高差的影响都较大。读取视距间隔的误差是视距测量误差的主要来源，故进行视距测量时，读数应认真仔细，同时应尽可能缩短视距长度。因为测量的距离越长，标尺上 $1cm$ 刻划的长度在望远镜内的成像就越小，读数误差就会越大。

5. 竖直角观测误差

从视距测量原理可知，竖直角误差对水平距离影响不大，而对高差影响较大，故用视距测量方法测定高差时应注意准确测定竖直角。读取竖盘读数时，应严格令竖盘指标水准管气泡居中。对于竖盘指标差的影响，可采用盘左、盘右观测取竖直角平均值的方法来消除。

6. 外界条件的影响

近地面的大气折光使视线产生弯曲，而且越接近地面折光差的影响也越大；在阳光照射下空气对流将使视距尺成像不稳定；大风天气将使尺子抖动；尘雾迷蒙会造成视线不清晰，这些因素都会对视距测量产生误差。

三、全站仪测距

（一）全站仪测距原理

全站仪是全站型电子速测仪的简称，是集测角、测距、自动记录于一体的仪器。它由光电测距仪、电子经纬仪、数据自动记录装置三大部分组成。全站仪的生产厂家很多，进口品牌有徕卡、天宝、索佳、尼康、拓普康、宾得，国产品牌有南方、中海达、华测、苏光、中纬、大地等。

全站仪测距的基本原理是利用仪器发出的光波（光速 c 已知），通过测定出光波在测线两端点间往返传播的时间 t 来测量距离 D：

$$D = \frac{1}{2}ct \tag{3-40}$$

3-14 全站仪距离测量

式中　c——光速；

　　　t——光波在测线两端点间往返传播的时间；

　　1/2——乘以 1/2 是因为光波经历了两倍的路程。

（二）距离测量

测量 A、B 两点的距离，首先将全站仪正确地安置在测站点 A 上，在 B 点架设棱镜。检查仪器电池已充足电，度盘指标已设置好，仪器参数已按观测条件设置好，测距模式已正确设置，已准确照准棱镜中心，返回信号强度适宜测量。根据要求可以测量斜距、平距、高差等。

注意：有些型号的全站仪在家里测量时不能设定仪器高和棱镜高，显示的高差值是全站仪横轴中心与棱镜中心的高差。

（三）测距误差及标称精度

在全站仪说明书中一般标识测距精度，反映的是全站仪的标称测距精度，不是实际测距精度。全站仪标称测距精度公式为

$$m_d = (A + B \text{ppm} \times D)(\text{mm}) \tag{3-41}$$

式中　　A——仪器的固定误差，主要是由仪器加常数的测定误差、对中误差、测相误差造成的，固定误差与测量的距离没有关系，即不管测量的实际距离多远，全站仪都将存在不大于该值的固定误差；

　　　　B——比例误差系数，它主要由仪器频率误差、大气折射率误差引起；

　　ppm——百万分之一，是针对 1km，即 1000000mm 距离的误差，mm；

　　　　D——全站仪或者测距仪实际测量的距离值，km；

Bppm$\times D$——比例误差。

随着实际测量距离的变化，仪器的比例误差部分也就按比例地变化。例如，当距离为 1km 时，比例误差为 Bmm。对于一台测距精度为（1＋2ppm$\times D$）mm 的全站仪，简称"1＋2"，当被测量距离为 1km 时，仪器的测距精度为 1mm＋2ppm$\times$ 1km＝3mm，也就是说，全站仪测距 1km，最大测距误差不大于 3mm。特别指出的是，标称测距精度是一种误差极限的概念，也就是说，每台全站仪或者测距仪测距误差不得超过生产厂家提供的标称测距精度。

对于具体某一台仪器来说，通常使用加常数和乘常数。另外，测距综合精度按照标准基线测距后采用最小二乘法回归得到，现在一般按照 JJG 100—2003《全站型电子速测仪检定规程》和 JJG 703—2003《光电测距仪检定规程》进行检定。

技 能 训 练 题

1. 用水准仪测定 A、B 两点间高差，已知 A 点高程为 $H_A = 12.658$m，A 尺上读数为 1.526m，B 尺上读数为 1.182m，求 A、B 两点间高差 h_{AB} 为多少？B 点高程 H_B 为多少？绘图说明。

2. 已知 A 点高程为 98.250m，现在在 AB 中间位置安置水准仪后，测得后视点读数为 1.378，前视点读数为 1.254m，则：①求 A 点相对于 B 点的高程之差；②求 B 点的高程；③若对某水准面，A 点的相对高程为 10.000m，求 B 点对该水准面的

相对高程。

3. 名词解释：视线高程、水准路线、水准点、视差、高差闭合差。

4. 在同一测站上，前、后视读数之间，为什么不允许仪器发生任何位移？

5. 由表 3-7 列出水准点 A 到水准点 B 的水准测量观测成果，试计算高差、高程并作校核计算，绘图表示其地面起伏变化。

表 3-7　水准测量观测成果

测点	水准尺读数		高差		高程	备注
	后视	前视	+	−		
水准点 A	1.691				514.786	已知
1	1.305	1.985				
2	0.677	1.419				
3	1.978	1.763				
水准点 B		2.314				
计算校核						

6. 计算并调整图 3-20 所示的某铁路附合水准成果。已知水准点 14 到水准点 15 的单程水准路线长度为 3.2km。

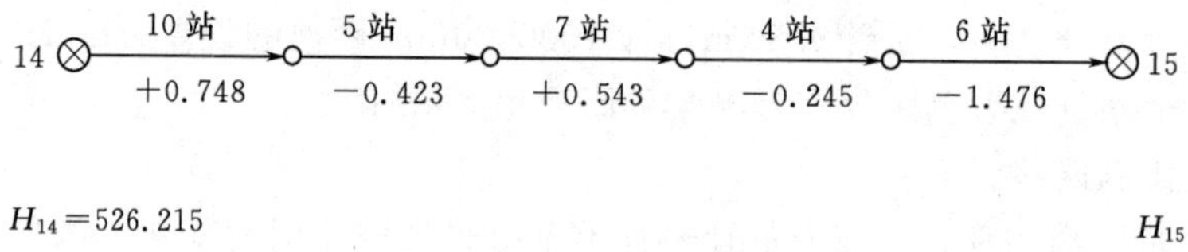

14
10 站
5 站
7 站
4 站
6 站
15
+0.748
−0.423
+0.543
−0.245
−1.476
H_{14}=526.215
H_{15}=525.330

图 3-20　题 6 图

7. 计算并调整图 3-21 所示的某铁路闭合水准成果，并求出各（水准）点的高程。已知水准点 19 的高程为 50.330m，闭合水准线路的总长为 5.0km。

1
8 站
2
10 站
+1.424
9 站
+1.224
−1.787
19
3
+0.908
−1.714
12 站
11 站
4

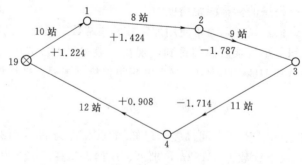

图 3-21　题 7 图

8. 水平角测量的观测误差包括哪些因素？如何消除？

9. 某次观测竖直角结果见表 3-8，试求角值大小（竖直度盘为顺时针注记）。

表 3 - 8 　　　　　　　　　　　　　　竖 直 角 观 测 结 果

测站	目标	竖盘位置	竖盘读数/ (° ′ ″)	半测回角值/ (° ′ ″)	指标差/ (″)	一测回角值/ (° ′ ″)
O	A	左	101 20 18			
		右	258 39 36			
	B	左	73 24 42			
		右	286 35 06			

10. 请整理表 3-9 中测回法测水平角的记录。

表 3 - 9 　　　　　　　　　　　　　　测 回 法 测 水 平 角

测站	竖盘位置	目标	水平度盘读数/ (° ′ ″)	半测回角值/ (° ′ ″)	一测回角值/ (° ′ ″)	各测回平均值/ (° ′ ″)
O	左	A	0 01 12			
		B	57 18 24			
	右	A	180 02 00			
		B	237 19 36			
	左	A	90 01 18			
		B	147 19 00			
	右	A	270 01 54			
		B	327 19 06			

11. 经纬仪定线如何操作？

12. 用 30m 钢尺量距，收回 3 个测杆，且往测时余段长为 22.50m，返测时余段长为 22.53m，求 AB 的水平距离和相对误差是多少？

第四章　方向测量和坐标正反算

【学习目标】

1. 了解用罗盘仪观测磁方位角。
2. 理解直线定向的方法。
3. 掌握坐标方位角的计算及坐标的正反算方法。
4. 掌握 GNSS 静态测量方法。

第一节　方　向　测　量

一、标准方向线

（一）直线定向的概念

在测量工作中常要确定地面上两点间的平面位置关系，要确定这种关系除了需要测量两点之间的水平距离以外，还必须确定该两点直线的方向。在测量上，确定某一条直线与标准方向线之间的水平角称为直线定向。

（二）标准方向的种类

1. 真子午线方向

椭球的子午线方向称为真子午线，通过地球表面上某点的真子午线的切线方向称为该点的真子午线方向（又称真北方向）。真子午线方向可通过天文观测、陀螺经纬仪测量来测定。

2. 磁子午线方向

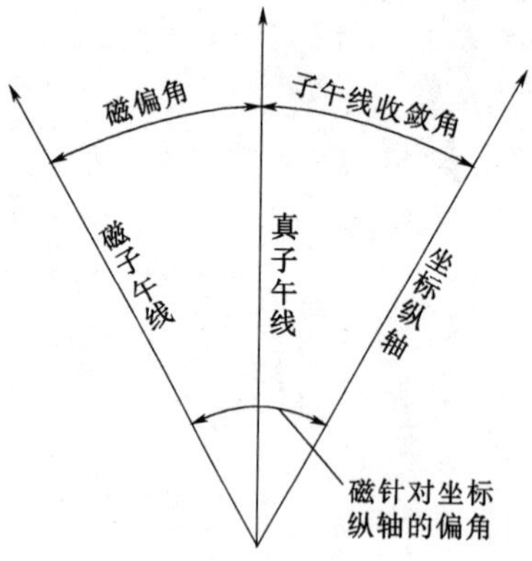

磁子午线方向即为磁针静止时所指的方向（又称磁北方向），它是用罗盘来测定的。

3. 坐标纵轴方向

我国采用高斯平面直角坐标系，其每一投影带中央子午线的投影为坐标纵轴方向，即 X 轴方向，平行于高斯投影平面直角坐标系 X 坐标轴的方向称为坐标纵线（又称轴北方向）。

测量中常用这三个方向来作为直线定向的标准方向，即所谓的三北方向，如图 4-1 所示。

4-1　直线定向

图 4-1　测量标准方向

测量工作中，常用方位角、坐标方位角或象限角来表示直线的方向。

二、方位角

（一）方位角的概念

从直线一端点的标准方向顺时针转至某直线的水平夹角，称为该直线的方位角。

方位角的大小是 $0°\sim360°$，方位角不能为负数。

（二）方位角的分类

根据标准方向的不同，方位角又分为真方位角、磁方位角和坐标方位角三种。

1. 真方位角

从直线一端点的真子午线方向顺时针方向转到该直线的水平角，称为该直线的真方位角，用 $\alpha_真$ 表示，如图 4-2（a）所示。

2. 磁方位角

从直线一端的磁子午线方向顺时针方向量到某直线的水平角，称为该直线的磁方位角，用 $\alpha_磁$ 表示，如图 4-2（b）所示。

3. 坐标方位角

从坐标纵轴方向的北端起顺时针方向量到某直线的水平角，称为该直线的坐标方位角，一般用 α 表示，如图 4-2（c）所示。

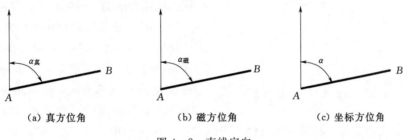

（a）真方位角　　　（b）磁方位角　　　（c）坐标方位角

图 4-2　直线定向

（三）磁偏角

由于磁南北极与地球的南北极不重合，因此过地球上某点的真子午线与磁子午线不重合，同一点的磁子午线方向偏离真子午线方向某一个角度称为磁偏角，用 δ 表示，如图 4-3 所示。

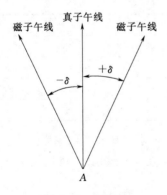

图 4-3　磁偏角

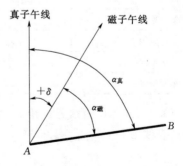

图 4-4　磁方位角与真方位角之间的关系

（四）磁方位角与真方位角之间的关系

如图 4-4 所示：

$$\alpha_真=\alpha_磁+\delta \tag{4-1}$$

式中，磁偏角 δ 值，东偏取正，西偏取负。我国的磁偏角变化范围为 $-10°\sim+6°$。

三、象限角

（一）象限角

在测量工作中，有时也用象限角表示直线的方向，象限角是从标准方向线的南端或北端旋转至直线所成的锐角，一般用 R 表示，其角值范围是 $0°\sim 90°$。由于可以从标准方向线的南端开始旋转，也可以从标准方向线的北端开始旋转，象限角是有方向性的。表示象限角时不但要表示角度的大小，还要注明该直线在第几象限。如图 $4-5$ 所示，通过 X 和 Y 坐标轴将平面划分为四个象限。从 X 轴方向按顺时针或逆时针转至某直线的水平角，称为象限角，以 R 表示。象限角的范围是 $0°\sim 90°$。正反象限角相等，方向相反。

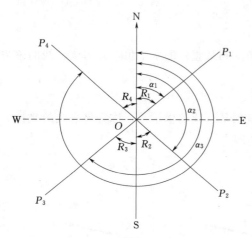

图 $4-5$　象限角与坐标方位角

直线 OP_1 位于第一象限，象限角 R_1；直线 OP_2 位于第二象限，象限角 R_2；直线 OP_3 位于第三象限，象限角 R_3；直线 OP_4 位于第四象限，象限角 R_4。用象限角来表示直线的方向，必须注明直线所处的象限。第一象限记为"北东"，第二象限记为"南东"，第三象限记为"南西"，第四象限记为"北西"。图 $4-5$ 中，假定 $R_1=42°30'$，$R_3=44°18'$，则应分别记为 $R_1=$ 北东 $42°30'$，$R_3=$ 南西 $44°18'$。

（二）直线方位角与象限角的换算关系

如图 $4-5$ 所示，直线方位角与象限角的换算关系见表 $4-1$。

表 $4-1$　　　　　　　直线方位角与象限角的换算关系

象　　限	坐标方位角与象限角之间的关系	备　　注
第一象限	$\alpha_1=R_1$	
第二象限	$\alpha_2=180°-R_2$	
第三象限	$\alpha_3=180°+R_3$	
第四象限	$\alpha_4=360°-R_4$	

【例 $4-1$】　已知 AB 直线方位角 $\alpha_{AB}=196°35'$，求 AB 直线的象限角。

解：AB 直线方位角 $\alpha_{AB}=196°35'$，直线 AB 在第三象限。则直线 AB 的象限角为

$$R_{AB}=196°35'-180°=南西\ 16°35'$$

【例 $4-2$】　已知直线 CD 象限角为：$R_{CD}=$ 南东 $20°30'$，求 CD 直线的方位角和反象限角。

解：因为直线在第二象限，所以 CD 直线的方位角：

$$\alpha_{CD}=180°-R=159°30'$$

因为正反象限角相等，方向相反，所以 CD 直线的反象限角：

$$R_{CD} = 北西 \ 20°30'$$

四、坐标方位角的推算

（一）正、反坐标方位角

测量工作中的直线都具有一定的方向，一条直线存在正、反两个方向（图 4-6）。就直线 AB 而言，A 点是起点，B 点是终点。通过起点 A 的坐标纵轴北方向与直线 AB 所夹的坐标方位角 α_{AB} 称为直线 AB 的正坐标方位角；过终点 B 的坐标纵轴北方向与直线 BA 所夹的坐标方位角 α_{BA}，称为直线 AB 的反坐标方位角（是直线 BA 的正坐标方位角）。正、反坐标方位角相差 180°，即

$$\alpha_{反} = \alpha_{正} \pm 180° \qquad (4-2)$$

式中，当 $\alpha_{反} \geq 180°$ 时，"±"取"－"号；当 $\alpha_{反} < 180°$ 时，"±"取"＋"号。

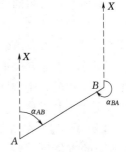

图 4-6　正反坐标方位角

【例 4-3】 已知 AB 直线方位角 $\alpha_{AB} = 196°35'$，求 AB 直线的反方位角 α_{BA} 是多少？

解：因为 $\alpha_{反} = \alpha_{正} \pm 180°$

所以 $\qquad\qquad \alpha_{BA} = 196°35' - 180° = 16°35'$

（二）坐标方位角的推算

在测量工作中，通常只测定起始边的方位角，其他各边的方位角是用导线点上观测的水平角进行推算的。

如图 4-7 所示，通过已知坐标方位角和观测的水平角来推算出各边的坐标方位角。在推算时，水平角 β 有左角和右角之分，图中沿前进方向 A→B→C→D→E 左侧的水平角称为左角，沿前进方向右侧的水平角称为右角。

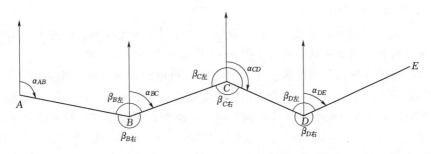

图 4-7　坐标方位角的推算

1. 用左角推算各边方位角的公式

设 α_{AB} 为已知起始方位角，各转折角为左角。从图 4-7 中可以看出：每一边的正、反坐标方位角相差 180°，则有

$$\alpha_{BC} = \alpha_{AB} + \beta_{B左} - 180° \qquad (4-3)$$

同理有 $\qquad\qquad \alpha_{CD} = \alpha_{BC} + \beta_{C左} - 180° \qquad (4-4)$

$$\alpha_{DE} = \alpha_{CD} + \beta_{D左} - 180° \tag{4-5}$$

由此可知，按线路前进方向，由后一边的已知方位角和左角推算线路前一边的坐标方位角的计算公式为

$$\alpha_前 = (\alpha_后 + \beta_左) - 180° \tag{4-6}$$

式（4-6）称为左角公式，即用左角推算方位角的公式。

2. 用右角推算各边方位角

根据左、右角间的关系，将 $\beta_左 = 360° - \beta_右$ 代入式（4-6），则有公式：

$$\alpha_前 = (\alpha_后 + 180°) - \beta_右 \tag{4-7}$$

式（4-7）称为右角公式，即用右角推算方位角的公式。

注意：坐标方位角的范围是 0°～360°，没有负值或大于 360°的值。如果计算的角值大于 360°时，则应该减去 360°才是其方位角；如果计算的角值为负值时，则应该加上 360°才是其方位角。

【例 4-4】　在图 4-7 中，已知 $\alpha_{AB} = 96°$，$\beta_{B左} = 170°$，$\beta_{C左} = 210°$，$\beta_{D左} = 150°$，求各边的方位角。

解：根据式（4-6）的左角公式，推算各边方位角如下：

BC 边方位角：

$$\alpha_{BC} = (\alpha_{AB} + \beta_B) - 180° = (96° + 170°) - 180° = 86°$$

CD 边方位角：

$$\alpha_{CD} = (\alpha_{BC} + \beta_C) - 180° = (86° + 210°) - 180° = 116°$$

DE 边方位角：

$$\alpha_{DE} = (\alpha_{CD} + \beta_D) - 180° = (116° + 150°) - 180° = 86°$$

如果用右角，推算得各边的方位角是相同的。

五、磁方位角的测定

（一）罗盘仪及其构造

罗盘仪是用来测定直线磁方位角的仪器。罗盘仪的种类很多，构造大同小异，由磁针、刻度盘和望远镜三部分构成。图 4-8 所示是罗盘仪的一种。

磁针是由磁铁制成，当罗盘仪水平放置时，自由静止的磁针就指向南北极方向，即过测站点的磁子午线方向。一般在磁针的南端缠绕有细铜丝，这是因为我国位于地球的北半球，磁针的北端受磁力的影响下倾，缠绕铜丝可以保持磁针水平。罗盘仪的度盘按逆时针方向 0°～360°（图 4-9），每 10°有注记，最小分划为 1°或 30′，度盘 0°和 180°两根刻划线与罗盘仪望远镜的视准轴一致。罗盘仪内装有两个相互垂直的长水准器，用于整平罗盘仪。

（二）罗盘仪的使用

如图 4-10 所示，在直线的起点 A 安置罗盘仪，对中、整平后松开磁针固定螺丝，使磁针处于自由状态。用望远镜瞄准直线终点目标 B，待磁针静止后读取磁针北端所指的读数（图 4-9 中读数为 150°）即为该直线的磁方位角。将磁针安置在直线的另一端，按上述方法返测磁方位角进行检核，两者之差理论上应等于 180°，若不超

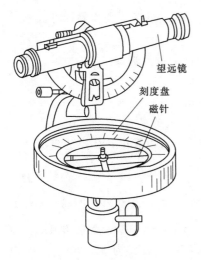

图 4-8　罗盘仪构造图

望远镜
刻度盘
磁针

图 4-9　刻度盘

限，取平均值作为最后结果。罗盘仪使用时应注意以下事项：

（1）使用罗盘仪时附近不能有任何铁器，应避开高压线、磁场等物质，否则磁针会发生偏转而影响测量结果。

（2）罗盘仪须置平，磁针能自由转动，必须等待磁针静止时才能读数。

（3）观测结束后，必须旋紧顶起螺丝，将磁针顶起，以免磁针磨损，并保护磁针的灵活性。若磁针长时间摆动还不能静止，则说明仪器使用太久，磁针的磁性不足，应进行充磁。

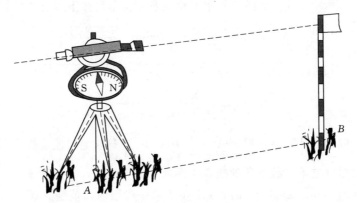

图 4-10　磁方位角的测定

第二节　坐 标 正 反 算

一、坐标正算

根据直线始点的坐标、直线的水平距离及其方位角计算直线终点的坐标，称为坐标正算。如图 4-11 所示，已知直线 AB 的始点 A 的坐标 (X_A, Y_A)，AB 的水平距

95

离 D_{AB} 和方位角 α_{AB}，则终点 B 的坐标 (X_B, Y_B) 可按下列步骤计算。

1. 计算两点间纵横坐标增量

由图 4-11 可以看出 A、B 两点间纵横坐标增量分别为

$$\left.\begin{array}{l} \Delta x_{AB} = D_{AB} \cos\alpha_{AB} \\ \Delta y_{AB} = D_{AB} \sin\alpha_{AB} \end{array}\right\} \quad (4-8)$$

2. 计算 B 点的坐标

由图 4-11 可以看出，B 点的坐标为

$$\left.\begin{array}{l} x_B = x_A + \Delta x_{AB} = x_A + D_{AB} \cos\alpha_{AB} \\ y_B = y_A + \Delta y_{AB} = y_A + D_{AB} \sin\alpha_{AB} \end{array}\right\} \quad (4-9)$$

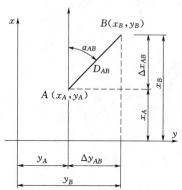

图 4-11 坐标正、反算

【例 4-5】 已知 A 点的坐标为（556.23，758.69），AB 边的边长为 95.25m，AB 边的坐标方位角 $\alpha_{AB} = 60°30'$，试求 B 点坐标。

解： $x_B = 556.23 + 95.25\cos 60°30' = 603.13$

$y_B = 758.69 + 95.25\sin 60°30' = 841.59$

二、坐标反算

根据直线始点和终点的坐标，计算两点间的水平距离和该直线的坐标方位角，称为坐标反算。

如图 4-11 所示，A、B 两点的水平距离及方位角可按下列公式计算：

$$R = \arctan \left| \frac{\Delta y_{AB}}{\Delta x_{AB}} \right| = \arctan \left| \frac{y_B - y_A}{x_B - x_A} \right| \quad (4-10)$$

$$D_{AB} = \sqrt{\Delta x_{AB}^2 + \Delta y_{AB}^2} = \sqrt{(x_B - x_A)^2 + (y_B - y_A)^2} \quad (4-11)$$

或

$$D_{AB} = \frac{\Delta y_{AB}}{\sin\alpha_{AB}} = \frac{\Delta x_{AB}}{\cos\alpha_{AB}} \quad (4-12)$$

如果用一般函数计算器，根据式（4-10）中 $\frac{\Delta y_{AB}}{\Delta x_{AB}}$ 取绝对值反算所得的角值是象限角，需要根据方位角与象限角的换算关系换算为方位角，方法如下：

（1）当 $\Delta x_{AB} > 0$，$\Delta y_{AB} > 0$ 时，α_{AB} 位于第一象限内，范围为 $0° \sim 90°$，象限角与方位角相同，即 $\alpha = R$，计算的象限角值即为方位角值。

（2）当 $\Delta x_{AB} < 0$，$\Delta y_{AB} > 0$ 时，α_{AB} 位于第二象限内，范围为 $90° \sim 180°$。计算得到象限角后，按 $\alpha = 180° - R$ 计算该直线方位角值。

（3）当 $\Delta x_{AB} < 0$，$\Delta y_{AB} < 0$ 时，α_{AB} 位于第三象限内，范围为 $180° \sim 270°$。计算得到的象限角后，按 $\alpha = 180° + R$ 计算该直线方位角值。

（4）当 $\Delta x_{AB} > 0$，$\Delta y_{AB} < 0$ 时，α_{AB} 位于第四象限内，范围为 $270° \sim 360°$。计算得到的象限角后，按 $\alpha = 360° - R$ 计算该直线方位角值。

如果用多功能计算器或可编程序计算器计算，方法更为简便，这里不再介绍。

【例 4 - 6】 已知 A、B 两点的坐标为 A（500.00，500.00），B（356.25，256.88），试计算 AB 的边长及 AB 边的坐标方位角。

解： $D_{AB} = \sqrt{(356.25 - 500.00)^2 + (256.88 - 500.00)^2} = 282.438(\text{m})$

$R = \arctan \left| \dfrac{256.88 - 500.00}{356.25 - 500.00} \right| = \arctan \left| \dfrac{-243.12}{-143.75} \right| = 59°24'19''$

由于 $\Delta x_{AB} < 0$，$\Delta y_{AB} < 0$，所以 α_{AB} 应为第三象限的角，根据方位角与象限角的换算公式，$\alpha_{AB} = 59°24'19'' + 180° = 239°24'19''$。

技 能 训 练 题

1. 什么是直线定向？为什么要进行直线定向？

2. 测量上作为定向依据的标准方向有几种？

3. 什么是直线正方位角、反方位角和象限角？已知各边的方位角见表 4 - 2，求各边的反方位角和象限角。

表 4 - 2　　　　　　　　　　方位角与反方位角、象限角的换算

直　　线	方位角/ (°　′　″)	反方位角/ (°　′　″)	象限角/ (°　′　″)
AB	336　45　46		
BC	268　36　32		
CD	156　28　53		
DE	87　12　33		

4. 某直线的磁方位角为 $116°18'$，而该处的磁偏角为东偏 $12°30'$，问该直线的真方位角为多少？

5. 如图 4 - 12 所示，已知 AB 边的坐标方位角为 $95°36'$，观测的转折角 $\beta_1 = 110°54'45''$，$\beta_2 = 120°36'42''$，$\beta_3 = 106°24'36''$，试计算 DE 边的坐标方位角。

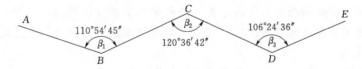

图 4 - 12　坐标方位角计算

6. 已知 A 点的坐标为 A（569.32，785.21），AB 边的边长为 $D_{AB} = 150.25\text{m}$，AB 边的坐标方位角为 $\alpha_{AB} = 40°20'$，试求 B 点的坐标。

7. 已知 A 点的坐标为 A（552.36，654.87），B 点的坐标为 B（389.25，754.56），试求 AB 的边长 D_{AB} 及 AB 边的方位角 α_{AB}。

8. 简述使用罗盘仪测定直线磁方位角的方法。

第五章　小区域控制测量

【学习目标】

1. 了解小区域控制测量的原理及方法。
2. 重点掌握导线测量、三（四）等水准测量和三角高程测量。
3. 掌握控制测量的概念及闭合导线、四等水准测量的观测与计算方法。

第一节　控 制 测 量 概 述

5-1 控制
测量概述

为了限制误差的累积和传播，保证测图和施工的精度及速度，测量工作必须遵循"从整体到局部，先控制后碎部"的原则。即先进行整个测区的控制测量，再进行碎部测量。在测区内选择若干个控制点，构成一定的几何图形或折线，测定控制点的平面位置和高程，这种测量工作称为控制测量，控制测量的实质就是测量控制点的平面位置和高程。

测定控制点的平面位置工作，称为平面控制测量，测定控制点的高程工作，称为高程控制测量。

一、国家基本控制网

在全国范围内建立的控制网，称为国家基本控制网。它是全国各种测绘工作的基本控制，并为确定地球的形状和大小提供研究资料。国家控制网是用精密测量仪器和方法依照施测精度按一等、二等、三等、四等四个等级建立的，它的低级点受高级点逐级控制。

（一）国家平面控制网

建立国家平面控制网的常规方法有三角测量和精密导线测量。另外，随着 GNSS 全球导航卫星定位系统的技术推广，利用 GNSS 技术进行控制测量已是大势所趋。

1. 三角测量

三角测量是在地面上选择一系列具有控制作用的控制点，组成互相连接的三角形且扩展成网状，称为三角网，如图 5-1 所示。三角形连接成条状的称为三角锁，如图 5-2 所示。在控制点上，用精密仪器将三角形的三个内角测定出来，并测定其中一条边长，然后根据三角公式解算出各点的坐标。用三角测量方法确定的平面控制点，称为三角点。

在全国范围内建立的三角网，称为国家平面控制网，如图 5-3 所示。按控制次序和施测精度分为四个等级，即一等、二等、三等、四等。布设原则是从高级到低级，逐级加密布网。一等三角网，沿经纬线方向布设，一般称为一等三角锁，是国家平面控制网的骨干；二等三角网，布设在一等三角锁环内，是国家平面控制网的全面基础；三等、四等三角网是二等网的进一步加密，以满足测图和施工的需要。

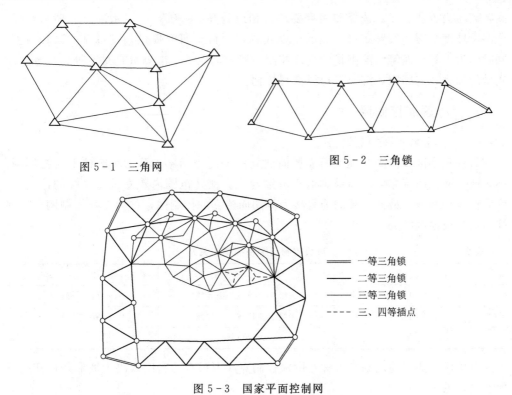

图 5-1 三角网

图 5-2 三角锁

———— 一等三角锁
———— 二等三角锁
———— 三等三角锁
------ 三、四等插点

图 5-3 国家平面控制网

2. 精密导线测量

导线测量是在地面上选择一系列控制点，将相邻点连成直线而构成折线形，称为导线网，如图 5-4 所示。在控制点上，用精密仪器依次测定所有折线的边长和转折角，根据解析几何的知识解算出各点的坐标。用导线测量方法确定的平面控制点，称为导线点。

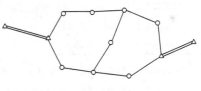

图 5-4 导线网

在全国范围内建立三角网时，当某些局部地区采用三角测量有困难时，也可采用同等级的导线测量来代替。

导线测量也分为四个等级，即一等、二等、三等、四等。其中一等、二等导线，又称为精密导线测量。

3. GNSS 技术控制测量

传统的大地测量、工程控制测量采用三角网、导线网方法来施测，不仅费工费时，要求点间通视，而且精度分布不均匀，且在外业不知精度如何，采用 GNSS 静态测量、快速静态、RTK 控制测量，可以大大提高作业效率。目前，在建立国家平面控制网中得到广泛应用。

（二）国家高程控制网

国家高程控制网也遵循"从整体到局部，先控制后碎部"的原则来布设，即在全国范围内布设一等、二等、三等、四等水准，一等精度最高，四等精度最低。等级越高，其布设方法、线路选择和精度要求也相应越高。一等、二等水准点一般沿铁路、公路等坡度平缓的线路布设，点的密度较稀，为科学研究提供精密可靠的高程数据，同时作为三等、四等水准测量的高级控制。三等、四等水准测量是对一等、二等水准测量的加密，为国家经济建设提供高程依据。

二、小区域控制网

（一）小区域平面控制网

为满足小区域测图和施工所需要而建立的平面控制网，称为小区域平面控制网。小区域平面控制网亦应由高级到低级分级建立。测区范围内建立最高一级的控制网，称为首级控制网；最低一级的即直接为测图而建立的控制网，称为图根控制网。首级控制与图根控制的关系见表 5-1。

表 5-1　　　　　　　　　　　首级控制与图根控制的关系

测区面积/km²	首 级 控 制	图 根 控 制
1～10	一级小三角或一级导线	两级图根
0.5～2	二级小三角或二级导线	两级图根
0.5 以下	图根控制	

直接用于测图的控制点，称为图根控制点。图根点的密度取决于地形条件和测图比例尺，见表 5-2。

表 5-2　　　　　　　　　　　图 根 点 密 度

测图比例尺	1:500	1:1000	1:2000	1:5000
图根点密度/ （点/km²）	150	50	15	5

平面控制测量常用的方法，一般有三角测量、导线测量、交会法定点。另外，随着 GNSS 全球导航卫星定位系统的技术推广，利用 GNSS 技术进行控制测量已得到广泛应用。

（二）小区域高程控制网

小区域范围的高程控制是确定控制点的高程，作为测绘地形图中地貌点、地物点的高程依据。高程控制常采用四等水准、五等水准、图根水准或三角高程等方法。

本章所讲述的平面控制测量以图根导线测量为对象，有关测量方法和精度均按图根级的要求阐述。高程控制仅介绍四等、五等水准测量和三角高程测量。

第二节　平面控制测量

5-2　导线测量

一、图根导线测量

（一）导线布设形式

导线测量是建立小区域平面控制网的一种常用方法，它适用于地物分布较复杂的建筑区和平坦而通视条件较差的隐蔽区。若用经纬仪测量导线转折角，用钢尺丈量导线边长，称为经纬仪导线。若用测距仪或全站仪测量导线边长，则称为电磁波测距导线。根据测区的不同情况和要求，导线的布设形式有下列四种。

1. 闭合导线

如图 5-5 所示，导线从一个已知高级控制点 B 出发，经过若干个导线点 1、2、3、4，又回到原已知控制点 B 上，形成一个闭合多边形，称为闭合导线。这种布设形式适合于方圆形地区。由于它本身具有严密的几何条件，故常用做独立测区的首级平面控制。

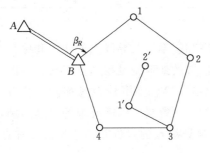

图 5-5　闭合导线

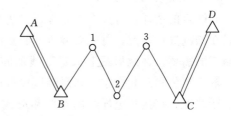

图 5-6　附合导线

2. 附合导线

如图 5-6 所示，从一个已知高级控制点 B 和已知方向 AB 出发，经过若干个导线点 1、2、3，最后附合到另一个已知高级控制点 C 和已知方向 CD 上，称为附合导线。这种布设形式适合于具有高级控制点的带状地区。附合导线也具有检核观测成果的作用，常用于平面控制测量的加密。

3. 支导线

如图 5-5 中的 3、1′、2′，导线从一个已知点出发，经过 1～2 个导线点，既不回到原已知点上，又不附合到另一已知点上，称为支导线。由于支导线无检核条件，故导线点不宜超过 2 个。

4. 无定向附合导线

如图 5-7 所示，由一个已知点 A 出发，经过若干个导线点 1、2、3，最后附合到另一已知点 B 上，但起始边方位角不知道，且起、终两点 A、B 不通视，只能假设起始边方位角，这样的导线称为无定向附合导线，其适用于狭长地区。

（二）导线布设等级

导线按精度可分为一级、二级、三级导线和图根导线，其主要技术要求列入表 5-3。表中 n 为测角个数，M 为测图比例尺的分母。

（三）导线测量的外业工作

导线测量的外业工作包括：踏勘选点及埋设标志、测边、测角、导线定向。

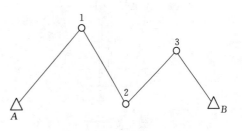

图 5-7　无定向附合导线

表 5 - 3　　　　　　　　　　　　　　导线测量的主要技术要求

等级	导线长度 /m	平均边长 /m	往返丈量较差 相对误差	测角中误差 /(")	导线全长相对闭合差	测回数		角度闭合差 /(")
						DJ$_2$	DJ$_6$	
一级	4000	500	1/20000	±5	1/10000	2	4	$\pm10\sqrt{n}$
二级	2400	250	1/15000	±8	1/7000	1	3	$\pm16\sqrt{n}$
三级	1200	100	1/10000	±12	1/5000	1	2	$\pm24\sqrt{n}$
图根	≤1.0M	≤1.5测图 最大视距	1/3000	±20	1/2000		1	$\pm60\sqrt{n}$

　　1. 踏勘选点及埋设标志

　　导线点的选择，直接影响到导线测量的精度和速度以及导线点的使用和保存。因此，在踏勘选点之前，首先要调查和收集测区已有的地形图及控制点资料，依据测图和施工的需要，在地形图上拟定导线的布设方案，然后到野外现场踏勘、核对、修改、落实点位和建立标志。如果测区没有以前的地形资料，则需要现场实地踏勘，根据实际情况，直接拟定导线的路线和形式，选定导线点的点位及建立标志。选点时，应注意以下几点：

　　（1）相邻导线点间要通视，地势要较平坦，以便于量边和测角。

　　（2）导线点应选在土质坚实、视野开阔处，以便于保存点的标志和安置仪器，同时也便于碎部测量和施工放样。

　　（3）导线边长应大致相等，相邻边长度之比不要超过三倍，其平均边长要符合表5-3的规定。

　　（4）导线点要有足够的密度，分布较均匀，便于控制整个测区。

　　确定导线点后，应根据需要做好标志。导线点的标志有永久性标志和临时性标志两种。若导线点需要长期保存，就要埋设石桩或混凝土桩，桩顶嵌入刻有"十"字标志的金属，也可将标志直接嵌入水泥地面或岩石上（图5-8）；若导线点为短期保存，只要在地面上打下一大木桩，桩顶钉一小钉作为导线点的临时标志。为了避免混乱，便于寻找和使用，导线点要统一编号，并绘制"点之记"，即选点略图（图5-9）。

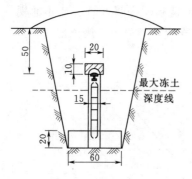

图 5 - 8　导线点位标志构造（单位：cm）

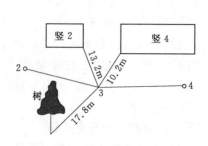

图 5 - 9　点之记

2. 测边

导线边长可用电磁波测距仪或全站仪单向施测完成，也可用经检定过的钢尺往返丈量完成，但均要符合表5-3的要求。

3. 测角

导线的转折角有左、右之分，以导线为界，按推算方向前进，在前进方向左侧的角称为左角，在前进方向右侧的角称为右角。对于附合导线，可测其左角，也可测其右角，但全线要统一。对于闭合导线，可测其内角，也可测其外角，若测其内角并按逆时针方向编号，其内角均为左角，反之均为右角。角度观测采用测回法，各等级导线的测角要求，均应满足表5-3的规定。

4. 导线定向

为了控制导线的方向，在导线起、止的已知控制点上，必须测定连接角，该项工作称为导线定向，或称导线连接角测量。定向的目的是为了确定每条导线边的方位角。

导线的定向有两种情况：一种是布设独立导线，只要用罗盘仪测定起始边的方位角，整个导线的每条边的方位角就可确定了；另一种情况是布设成与高一级控制点相连接的导线，先要测出连接角，再根据高一级控制点的方位角，推算出各边的方位角。

（四）导线测量的内业计算

导线内业计算的目的，就是根据已知的起始数据和外业观测成果，通过误差调整，计算出各导线点的平面坐标。

计算之前，首先对外业观测成果进行检查和整理，然后绘制导线略图，并把各项数据标注在略图上，如图5-10所示。

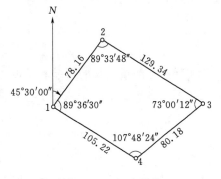

图5-10 闭合导线

1. 闭合导线的内业计算

现以图5-10所示的图根导线为例，介绍闭合导线计算步骤，参见表5-4。

（1）角度闭合差的计算和调整。由平面几何原理可知，n 边形闭合导线内角和的理论值为

$$\sum \beta_{理} = (n-2) \times 180° \tag{5-1}$$

在实际观测中，由于误差的存在，使实测的 n 个内角和 $\sum \beta_{测}$ 不等于理论值 $\sum \beta_{理}$，两者之差称为闭合导线角度闭合差 f_β，即

$$f_\beta = \sum \beta_{测} - \sum \beta_{理} = \sum \beta_{测} - (n-2) \times 180° \tag{5-2}$$

各等级导线角度闭合差的容许值 $f_{\beta允}$ 列于表5-3中。若 $|f_\beta| > |f_{\beta允}|$，则说明角度闭合差超限，应分析、检查原始角度测量记录及计算，必要时应进行一定的重新观测。

若 $|f_\beta| \leqslant |f_{\beta允}|$，可将角度闭合差反符号平均分配到各观测角中，每个观测角的改正数应为

$$v_\beta = \frac{-f_\beta}{n} \qquad (5-3)$$

如果 f_β 的数值不能被导线内角数整除而有余数时，可将余数调整至短边的邻角上，使调整后的内角和等于 $\sum\beta_{理}$，而调整后的角度为

$$\beta'_i = \beta_i + v_\beta \qquad (5-4)$$

（2）导线各边坐标方位角的计算。根据起始边的已知坐标方位角及调整后的各内角值，按式（5-5）计算各边坐标方位角。

$$\alpha_{前} = \alpha_{后} + 180° \pm \beta \qquad (5-5)$$

式（5-5）中的 $\pm\beta$，若 β 是左角，则取 $+\beta$；若 β 是右角，则取 $-\beta$。计算出来的 $\alpha_{前}$ 若大于 360°，应减去 360°；若小于 0° 时，则加上 360°，即保证坐标方位角为 0°~360°。

（3）坐标增量的计算。根据各边边长及坐标方位角，按坐标正算公式计算相邻两点间的纵、横坐标增量，即

$$\left.\begin{array}{l} \Delta x_{i(i+1)} = D_{i(i+1)}\cos\alpha_{i(i+1)} \\ \Delta y_{i(i+1)} = D_{i(i+1)}\sin\alpha_{i(i+1)} \end{array}\right\} \qquad (5-6)$$

（4）坐标增量闭合差的计算及调整。根据闭合导线的定义，闭合导线纵、横坐标增量代数和的理论值应等于零，即

$$\left.\begin{array}{l} \sum\Delta x_{理} = 0 \\ \sum\Delta y_{理} = 0 \end{array}\right\} \qquad (5-7)$$

实际上，测量边长的误差和角度闭合差调整后的残余误差，使纵、横坐标增量的代数和 $\sum\Delta x_{测}$、$\sum\Delta y_{测}$ 不能等于零，则产生了纵、横坐标增量闭合差 f_x、f_y，即

$$\left.\begin{array}{l} f_x = \sum\Delta x_{测} \\ f_y = \sum\Delta y_{测} \end{array}\right\} \qquad (5-8)$$

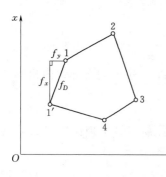

图 5-11 纵横坐标增量
闭合差的表

由于坐标增量闭合差的存在，使导线不能闭合，如图 5-11 所示，1—1′这段距离称为导线全长闭合差 f_D。导线全长闭合差为

$$f_D = \sqrt{f_x^2 + f_y^2} \qquad (5-9)$$

导线全长闭合差主要是由量边误差引起，一般来说导线越长，误差越大。通常用导线全长闭合差 f_D 与导线全长 $\sum D$ 之比来衡量导线的精度，即导线全长相对闭合差 K 来表示：

$$K = \frac{f_D}{\sum D} = \frac{1}{\sum D/f_D} \qquad (5-10)$$

若 K 值大于容许值，则说明观测成果不满足精度要求，应进行内业计算检查、外业观测检查，必要时还要进行部分或全部重新观测。若 K 值不大于容许值，则说明观测成果满足精度要求，可进行调整。坐标增量闭合差的调整原则是：将纵、横坐标增量闭合差反符号按与边长成正比分配到各坐标增量上。则坐标增量的改正数为

$$v_{xi(i+1)} = -\frac{f_x}{\sum D} \cdot D_{i(i+1)} \\ v_{yi(i+1)} = -\frac{f_y}{\sum D} \cdot D_{i(i+1)} \quad\Bigg\} \tag{5-11}$$

纵、横坐标增量的改正数之和应满足下式:

$$\sum v_x = -f_x \\ \sum v_y = -f_y \quad\Bigg\} \tag{5-12}$$

改正后的坐标增量为

$$\Delta x'_{i(i+1)} = \Delta x_{i(i+1)} + v_{xi(i+1)} \\ \Delta y'_{i(i+1)} = \Delta y_{i(i+1)} + v_{\Delta yi(i+1)} \quad\Bigg\} \tag{5-13}$$

（5）导线点坐标的计算。根据起始点的已知坐标和改正后的坐标增量,即可按下列公式依次计算各导线点的坐标,即

$$x_{(i+1)} = x_i + \Delta x'_{i(i+1)} \\ y_{(i+1)} = y_i + \Delta y'_{i(i+1)} \quad\Bigg\} \tag{5-14}$$

用式（5-14）最后推算出起始点的坐标,推算值应与已知值相等,以此检核整个计算过程是否有错。

闭合导线坐标计算表见表5-4。

2. 附合导线的内业计算

附合导线的坐标计算步骤与闭合导线相同。由于两者布置形式不同,从而使角度闭合差和坐标增量闭合差的计算方法也有所不同。下面仅介绍其不同之处。

（1）角度闭合差的计算。由于附合导线两端方向已知,则由起始边的坐标方位角和测定的导线各转折角,就可推算出导线终边的坐标方位角。

$$\alpha'_{终} = \alpha_{始} \pm \sum\beta + n \times 180° \tag{5-15}$$

由于角度观测有误差,致使导线终边坐标方位角的推算值 $\alpha'_{终}$ 与已知终边坐标方位角 $\alpha_{终}$ 不相等,其差值即为附合导线的角度闭合差 f_β,即

$$f_\beta = \alpha'_{终} - \alpha_{终} \tag{5-16}$$

与闭合导线相同,若 $|f_\beta| \leqslant |f_{\beta允}|$,则将角度闭合差反符号平均分配给各观测角。

（2）坐标增量闭合差计算。附合导线各边坐标增量代数和的理论值,应等于终点、始点两已知的高级控制点的坐标之差。

$$\sum\Delta x_{理} = x_{终} - x_{始} \\ \sum\Delta y_{理} = y_{终} - y_{始} \quad\Bigg\} \tag{5-17}$$

由于调整后的各转折角和实测的各导线边长均含有误差,实测坐标增量代数和与理论值若不等,其差值为坐标增量闭合差,即

$$f_x = \sum\Delta x_{测} - (x_{终} - x_{始}) \\ f_y = \sum\Delta y_{测} - (y_{终} - y_{始}) \quad\Bigg\} \tag{5-18}$$

附合导线全长闭合差、全长相对闭合差和容许相对闭合差的计算,以及坐标增量闭合差的调整,与闭合导线计算相同。附合导线的计算过程可见表5-5。

表 5 - 4　闭合导线坐标计算表

点号	观测角 β /(° ′ ″)	改正数 /(″)	改正后角值 /(° ′ ″)	坐标方位角 α/(° ′ ″)	边长 D /m	纵坐标增量 Δx 计算值 /m	纵坐标增量 Δx 改正数 /cm	纵坐标增量 Δx 改正后 /m	横坐标增量 Δy 计算值 /m	横坐标增量 Δy 改正数 /cm	横坐标增量 Δy 改正后 /m	坐标值 x/m	坐标值 y/m	点号
(1)	(2)	(3)	(4)	(5)	(6)	(7)	(8)	(9)	(10)	(11)	(12)	(13)	(14)	(15)
1				45 30 00	78.16	+54.78	+2	+54.80	+55.75	−1	+55.74	500.00	500.00	1
2	89 33 48	+17	89 34 05	135 55 55	129.34	−92.93	+3	−92.90	+89.96	−3	+89.93	554.80	555.74	2
3	73 00 12	+16	73 00 28	242 55 27	80.18	−36.50	+2	−36.48	−71.39	−1	−71.40	461.90	645.67	3
4	107 48 24	+16	107 48 40	315 06 47	105.22	+74.55	+3	+74.58	−74.25	−2	−74.27	425.42	574.27	4
1	89 36 30	+17	89 36 47	45 30 00								500.00	500.00	1
2														2
Σ	359 58 54	+66	360 00 00		392.90	−0.10	+10	0.00	+0.07	−7	0.00			

辅助计算

$f_\beta = \sum \beta_测 - \sum \beta_理 = 359°58'54'' - 360° = -66''$，$f_{\beta容} = \pm 60''\sqrt{4} = \pm 120''$，$f_\beta < f_{\beta容}$

$f_x = \sum \Delta x = -0.10\text{m}$，$f_y = \sum \Delta y = +0.07\text{m}$，$f_D = \sqrt{f_x^2 + f_y^2} = 0.12\text{m}$

$K = \dfrac{f_D}{\sum D} = \dfrac{0.12}{392.90} = \dfrac{1}{3270} < K_容$

表 5 – 5

附合导线坐标计算表

点号 (1)	观测值 β /(° ′ ″) (2)	改正值 /(″) (3)	改正后角值 /(° ′ ″) (4)	坐标方位角 /(° ′ ″) (5)	边长 /m (6)	纵坐标增量 Δx 计算值 /m (7)	改正值 /cm (8)	改正后值 /m (9)	横坐标增量 Δy 计算值 /m (10)	改正值 /cm (11)	改正后值 /m (12)	纵坐标 x/m (13)	横坐标 y/m (14)	点号 (15)
A				45 00 00										A
B	239 29 52	−9	239 29 43	104 29 43	297.262	−74.40	−8	−74.48	+287.80	+6	+287.86	200.00	200.00	B
1	147 44 20	−9	147 44 11	72 13 54	187.814	+57.32	−5	+57.27	+178.85	+4	+178.89	125.52	487.86	1
2	214 49 52	−10	214 49 42	107 03 36	93.403	−27.40	−2	−27.42	+89.29	+2	+89.31	182.79	666.75	2
C	189 41 22	−10	189 41 12	116 44 48								155.37	756.06	C
D														D
Σ	791 45 26	−38	791 44 48		578.479	−44.48	−15	−44.63	+555.94	+12	+556.06			

辅助计算

$$\alpha'_{CD} = \alpha_{AB} + 4 \times 180° + \sum \beta_{测} = 116°45'26''$$

$$f_\beta = \alpha'_{CD} - \alpha_{CD} = +38'',\quad f_{\beta容} = \pm 60''\sqrt{n} = \pm 120'',\quad f_\beta < f_{\beta容}$$

$$f_x = \sum \Delta x_{测} - (x_C - x_B) = -44.48 - (-44.63) = +0.15(\mathrm{m})$$

$$f_y = \sum \Delta y_{测} - (y_C - y_B) = +555.94 - (556.06) = -0.12(\mathrm{m})$$

$$f_D = \sqrt{f_x^2 + f_y^2} = 0.19\quad K = \frac{f_D}{\sum D} \approx \frac{1}{3000} < K_容 = \frac{1}{2000}$$

附图（附合导线示意图）：
N；A 45°00'00"；B 239°29'52"，297.262；147°44'20"，1，181.814；2，293.403，214°49'22"；C 189°41'22"，189°41'22"；D

3. 支导线计算

由于支导线既不回到原起始点上，又不附合到另一个已知点上，所以在支导线计算中也就不会出现两种矛盾：一是观测角的总和与导线几何图形的理论值不符的矛盾，即角度闭合差；二是从已知点出发，逐点计算各点坐标，最后闭合到原出发点或附合到另一个已知点时，其推算的坐标值与已知坐标值不符的矛盾，即坐标增量闭合差。支导线没有检核限制条件，也就不需要计算角度闭合差和坐标增量闭合差，只要根据已知边的坐标方位角和已知点的坐标，把外业测定的转折角和转折边长，直接代入式（5-5）和式（5-6）计算出各边方位角及各边坐标增量，最后推算出待定导线点的坐标。由此可知，支导线只适用于图根控制补点使用。

二、全站仪导线测量

（一）全站仪导线测量外业工作

全站仪导线的布设形式与普通导线一样。其外业工作主要包括：

（1）踏勘选点。

（2）坐标测量。在全站仪坐标测量模式下观测导线点的三维坐标（x，y，z），以此可获得各个导线点的坐标。然后再切换到距离、角度测量模式测得距离 D、水平角、高差 h，以备后用检核，并且记入记录簿。

（3）导线起始数据确定。全站仪进行导线测量，必须知道两点的直角坐标，或是知道一个起始点的坐标和一条边的坐标方位角。起始点的坐标通常是已知的，在测区或测区附近一般可以找到。如果起始点未知，则可采用测角交会的方法求得，如前方交会、侧方交会和后方交会等。

（二）全站仪导线测量内业计算

导线测量中的许多计算工作已由仪器内软件承担。由于全站仪可直接测定各点的坐标值，因此平差计算就不能像传统的导线测量那样，先进行角度闭合差和坐标增量闭合差的调整，再计算坐标。其实在这种情况下，直接按坐标平差计算更为简便。如图5-12所示附合导线。用全站仪进行坐标测量，观测时先安置仪器于 B 点上，后视 A 点，测量 2 点坐标；再将仪器安置于 2 点，后视 B 点，测量 3 点坐标；依此类推，最后测得 C 点坐标。

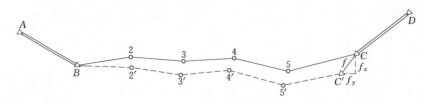

图 5-12 附合导线

已知 C 点的坐标值为 x_C、y_C，若 C 点的坐标观测值为 x_C'、y_C'，可按下列步骤进行平差计算。

（1）计算坐标闭合差。

$$f_x = x'_C - x_C \atop f_y = y'_C - y_C \Bigg\} \tag{5-19}$$

（2）计算导线全长闭合差。

$$f_D = \sqrt{f_x^2 + f_y^2} \tag{5-20}$$

（3）计算导线全长相对闭合差。

$$K = \frac{f_D}{\sum D} = \frac{1}{\sum D / f_D} \tag{5-21}$$

式中 $\sum D$——导线全长。

（4）计算各点坐标的改正值。当导线全长相对闭合差不大于规定的容许值时，测量结果合格。按下式计算各点坐标的改正值：

$$v_{x_i} = \frac{-f_x}{\sum D} \cdot \sum D_i \atop v_{y_i} = \frac{-f_y}{\sum D} \cdot \sum D_i \Bigg\} \tag{5-22}$$

式中 $\sum D$——第 i 点之前导线边长之和，即坐标改正值为累计改正。

（5）计算改正后各点坐标。

$$x_i = x'_i + v_{x_i} \atop y_i = y'_i + v_{y_i} \Bigg\} \tag{5-23}$$

式中 x'_i、y'_i——第 i 点的坐标观测值；

v_{x_i}、v_{y_i}——第 i 点的坐标改正值。

如图 5-12 所示的附合导线，以坐标为观测量的平差计算见表 5-6。

说明：上述以坐标为观测量的导线近似平差方法，只考虑到了边长引起的误差，因此，这种导线测量方法具有一定的局限性，目前仅在小范围或低等级导线测量中有所应用。高等级导线测量还需用全站仪测角测边，然后进行平差处理，得到导线点坐标。

三、交会法测量

当用导线和小三角布设的图根点密度不够时，还可用交会法进行加密。交会法是利用已知控制点，通过观测水平角或测定边长来确定未知点坐标的方法。交会法有测角交会和测边交会两种，测角交会包括前方交会、侧方交会和后方交会。

（一）前方交会

如图 5-13 所示，已知 A、B 的坐标分别为 (x_A, y_A) 和 (x_B, y_B)，在 A、B 两点设站测得 α、β 两角，则未知点 P 的坐标计算公式（证明从略）如下：

表 5-6　　　　　　　　　　以坐标为观测量的导线近似平差计算表

点号	坐标观测值/m		边长/m	坐标改正值/mm		坐标/m		点号
	x	y		v_x	v_y	x	y	
A						31242.685	19631.274	A
B						27654.173	16814.216	B
			1573.261					
2	26861.436	18173.156		−5	+4	26861.431	18173.160	2
			865.360					
3	27150.098	18988.951		−8	+6	27150.090	18988.957	3
			1238.023					
4	27286.434	20219.444		−12	+10	27286.422	20219.454	4
			1821.746					
5	29104.742	20331.319		−17	+15	29104.725	20331.334	5
			507.680					
C	29564.269	20547.130		−19	+16	29564.250	20547.146	C
D			$\sum D=$ 6006.070			30666.511	21880.362	D
辅助计算	$f_x = x'_C - x_C = 29564.269 - 29564.250 = +0.019(\text{m}) = +19(\text{mm})$ $f_y = y'_C - y_C = 20547.130 - 20547.146 = -0.016(\text{m}) = -16(\text{mm})$ $f_D = \sqrt{f_x^2 + f_y^2} = 0.025\text{m}, \quad K = \dfrac{f_D}{\sum D} = \dfrac{0.025}{6006.070} = \dfrac{1}{240243}$							

$$\left.\begin{array}{l} x_P = \dfrac{x_A \cot\beta + x_B \cot\alpha + y_B - y_A}{\cot\alpha + \cot\beta} \\[3mm] y_P = \dfrac{y_A \cot\beta + y_B \cot\alpha + x_A - x_B}{\cot\alpha + \cot\beta} \end{array}\right\} \qquad (5-24)$$

式（5-24）中，除已知点坐标外就是观测角余切，故称余切公式。

用计算器计算前方交会点时要注意：三角形 A、B、P 按逆时针方向编号，A、B 为已知点，P 为未知点。当 α、β 大于 $90°$ 时其余切为负值，小数取位要正确，角的余切一般取六位，坐标值取两位（计算实例见表 5-7）。

为防止外业观测的错误，提高未知点 P 的精度，测量规范要求布设有 3 个已知点的前方交会，如图 5-13 所示，这时在 A、B、C 三个已知点上向 P 点观测，测出 4 个角值 α_1、β_1、α_2、β_2，分两组计算 P 点坐标，若两组 P 点坐标的较差在允许范围内，则取它们的平均值作为 P 点的最后坐标，一般其较差的允许值用下式表示：

$$\Delta\varepsilon_{允} = \sqrt{\delta_x^2 + \delta_y^2} \leqslant 0.2M(\text{mm}) \qquad (5-25)$$

式中　δ_x——P 点 x 坐标值的较差；

　　　δ_y——P 点 y 坐标值的较差；

　　　M——测图比例尺分母。

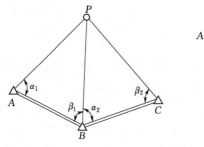
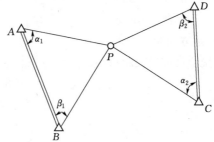

图 5-13 前方交会

表 5-7   **前 方 交 会 计 算 表**   计算者：   检查者：

点名	x		观 测 角		y	
A	x_A	37477.54	α_1	40°41′57″	y_A	16307.24
B	x_B	37327.20	β_1	75 19 02	y_B	16078.90
P	x'_P	37194.57			y''_P	16226.42
B	x_B	37327.20	α_2	59°11′35″	y_B	16078.90
C	x_C	37163.69	β_2	69 36 23	y_C	16046.65
P	x'_P	37194.54			y''_P	16226.42
中数	x_P	37194.56			y_P	16226.42
辅助计算	如图 5-13 所示			$\delta_x=0.03\text{m}, \delta_y=0$ $\Delta\varepsilon=0.03\text{m}, \Delta\varepsilon_容=0.2\times10^{-3}M=0.2\text{m}$		

（二）侧方交会

如图 5-14 所示，分别在已知点 A （或 B）和未知点 P 上设站，则得 α （或 β）和 γ，计算 P 点坐标时，先求出 $\beta=180°-\alpha-\gamma$，这样就和前方交会的情况相同，可应用前方交会的计算公式进行计算。

为了检核，侧方交会要多观测一个检查角 ε，利用检查角的计算值和观测值相比较达到检核的目的。在图 5-14 中，当计算出 P 点坐标后，根据坐标反算公式求得 PC、PB 的坐标方位角 α_{PC}、α_{PB} 和边长 S_{PC}，则检查角计算值为

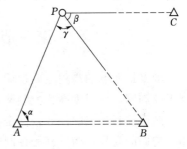

$$\varepsilon_算=\alpha_{PC}-\alpha_{PB}$$

与检查角的观测值 $\varepsilon_测$ 的较差为

$$\Delta\varepsilon=\varepsilon_算-\varepsilon_测$$

图 5-14 侧方交会

一般要求其较差的容许值

$$\Delta\varepsilon''_容 \leqslant \frac{0.2M}{S_{PC}}\rho'' \qquad (5-26)$$

式中 S_{PC}——单位为 mm；

       M——测图比例尺分母；

ρ''——$\rho''=206265''$;

$\Delta\varepsilon''_{\text{容}}$——单位为 s。

（三）后方交会

后方交会是加密控制点的又一种方法，它具有布点灵活、设站少等特点，如图 5-

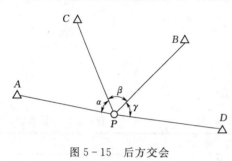

图 5-15 后方交会

15 所示。要测定未知点 P 的坐标，只要将仪器置于 P 上，观测 P 到已知点 A、B、C 间的夹角 α、β，就可以算出 P 点坐标。为了校核，后方交会必须观测 4 个已知点，如图 5-15 所示，可分成 A、B、C 和 B、C、D 两组，分别计算 P 点坐标，其较差的限差与前方交会相同。在限差范围内，取两组坐标平均值作为 P 点的最后坐标值。

解算后方交会的方法很多，这里介绍一种直接计算坐标的公式（证明从略）。在图 5-15 中，P 为待求点，A、B、C 为已知点，α、β、γ 为观测角，则 P 点坐标为

$$\left. \begin{array}{l} x_P = \dfrac{P_A x_A + P_B x_B + P_C x_C}{P_A + P_B + P_C} \\[3mm] y_P = \dfrac{P_A y_A + P_B y_B + P_C x_C}{P_A + P_B + P_C} \end{array} \right\} \tag{5-27}$$

其中
$$P_A = \frac{1}{\cot A \mp \cot\alpha}, \quad P_B = \frac{1}{\cot B \mp \cot\beta}, \quad P_C = \frac{1}{\cot C \mp \cot\gamma}$$

公式要求观测角与因定角组成对应的关系而与点的代号顺序无关。P_A、P_B、P_C 分母中的"$\mp$"号的决定方法：若待定点 P 位于已知点 A、B、C 组成的三角形内，或三角形三条边的外侧区域，则取"$-$"；若待定点 P 位于已知点 A、B、C 组成的三角形三顶角的延长线内则取"$+$"号；若待定点 P 与三个已知点共圆，则不论采用何种后方交会公式均无解，此圆称为危险圆，作业中应尽量避免。

第三节 高程控制测量

测量地面点的高程也要遵循"由整体到局部，从高级到低级"的原则，即先建立高程控制网，再根据高程控制网确定地面点的高程，分级布设逐级控制的原则。

高程控制测量的任务，就是在测区布设一批高程控制点，即水准点，用精确方法测定它们的高程，构成高程控制网。

国家高程控制网是用精密水准测量方法建立的，所以又称国家水准网。国家水准网分为一等、二等、三等、四等 4 个等级。一等水准网是沿平缓的交通路线布设成周长约 1500km 的环形路线。一等水准网是精度最高的高程控制网，它是国家高程控制的骨干，同时也是地学科研工作的主要依据。二等水准网是布设在一等水准环线内，形成周长为 500～750km 的环线，它是国家高程控制网的全面基础。三等、四等水准网是直接为地形测图或工程建设提供高程控制点。三等水准一般布置成附合在高等级

点间的附合水准路线，长度不超过 200km。四等水准均为附合在高等级点间的附合水准路线，长度不超过 80km。

测量图根平面控制点高程的工作，称为图根高程测量。它是在国家高程控制网或地区首级高程控制网的基础上，采用图根水准测量或图根三角高程测量来进行的。

一、四等水准测量

三等、四等水准测量是建立测区首级高程控制最常用的方法，观测方法基本相同，在一些技术要求上不完全一样。通常用 DS$_3$ 级水准仪和双面水准尺进行，各项技术要求见表 5-8。

表 5-8　　　　　　　　　　　水准测量主要技术要求

等级	水准仪	水准尺	附合路线长度/km	视线长度/m	视线高/m	前后视距差/m	视距累计差/m	观测顺序	黑红面读数差/mm	黑红面高差之差/mm	观测次数		往返较差、附合或环形闭合差	
											与已知点联测	附合或环形	平地/mm	山地/mm
三等	DS$_1$	因瓦	45	≤80	三丝能读数	≤2	≤5	后前前后	1.0	1.5	往返各一次	往一次	±12$\sqrt{L}$	∓4$\sqrt{n}$
	DS$_3$	双面							2.0	3		往返各一次		
四等	DS$_1$	因瓦	15	≤100	三丝能读数	≤3	≤10	后后前前	3.0	5	往返各一次	往一次	±20$\sqrt{L}$	±6$\sqrt{n}$
	DS$_3$	双面												
图根	DS$_{10}$	单面	8	≤100							往返各一次	往一次	±40$\sqrt{L}$	±12$\sqrt{n}$

（一）四等水准测量的外业工作

以图 5-16 为例，一附合水准路线，BM_A、BM_B 为已知高等级水准点，1、2、3 为待测量水准点，四等水准测量的观测、记录、计算按照以下步骤进行，见表 5-9。

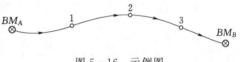

图 5-16　示例图

5-3 四等水准测量

1. 四等水准测量的测站观测和记录

（1）在两测点中间安置仪器，使前后视距大致相等，其差以不超过 3m 为准。

（2）用圆水准器整平仪器，照准后视尺黑面，转动微倾螺旋使水准管气泡严格居中，分别读取上、下、中三丝读数①、②、③。

（3）照准后视尺红面，符合气泡居中后读中丝读数④。

（4）照准前视尺黑面，符合气泡居中后分别读上、下、中三丝读数⑤、⑥、⑦。

（5）照准前视尺红面，符合气泡居中后读中丝读数⑧。

上述①、②、…、⑧表示观测与记录次序，一定要边观测边记录，按顺序计入表 5-9 的相应栏中。

这样的观测顺序被称为"后—后—前—前"，即"黑—红—黑—红"步骤。若在土质松软地区施测，则需要采用三等水准测量的"后—前—前—后"，即"黑—黑—红—红"观测步骤。

2. 四等水准测量的测站计算和校核

四等水准测量的每一站都必须计算和校核，其成果符合限差要求后方可迁站。计算、校核的步骤和内容见表 5-9。

表 5-9   **四 等 水 准 测 量 记 录**

日期：   仪器型号：   观测者：   记录者：

测站编号	测点编号	后尺 上丝 / 下丝	前视 上丝 / 下丝	方向及尺号	水准尺读数/m 黑面	水准尺读数/m 红面	$K+$黑$-$红/mm	高差中数/m	备注
		后视距	前视距						
		视距差 d	$\sum d$						
		①	⑤	后	③	④	⑬		
		②	⑥	前	⑦	⑧	⑭	⑱	
		⑨	⑩	后一前	⑮	⑯	⑰		
		⑪	⑫						
1	BM_A ∣ 1	1.891	0.758	后 7	1.708	6.395	0		
		1.525	0.390	前 8	0.574	5.361	0		
		36.6	36.8	后一前	+1.134	+1.034	0	+1.1340	
		−0.2	−0.2						
2	1 ∣ 2	2.746	0.867	后 8	2.530	7.319	−2		$K_7=4.687$
		2.313	0.425	前 7	0.646	5.333	0		$K_8=4.787$
		43.3	44.2	后一前	+1.884	+1.986	−2	+1.8850	
		−0.9	−1.1						
3	2 ∣ 3	2.043	0.849	后 7	1.773	6.459	+1		
		1.502	0.318	前 8	0.584	5.372	−1		
		54.1	53.1	后一前	+1.189	+1.087	+2	+1.1880	
		+1.0	−0.1						
4	3 ∣ BM_B	1.167	1.677	后 8	0.911	5.696	+2		
		0.655	1.155	前 7	1.416	6.102	+1		
		51.2	52.2	后一前	−0.505	−0.406	+1	+0.5055	
		−1.0	−1.1						
检核		$\sum⑨=185.2$ $\sum⑩=186.3$ 末站⑫$=\sum⑨-\sum⑩=-1.1$ $\frac{1}{2}(\sum⑮+\sum⑯)=3.7015$ 总高差$=\sum⑱=\frac{1}{2}[\sum(③+④)-\sum(⑦+⑧)]=+3.7015$ $\sum[③+④]=32.791,\sum[⑦+⑧]=25.388,$总视距$=\sum⑨+\sum⑩=371.5$							

（1）视距计算与校核。

后视距离：   ⑨＝（①－②）×100

前视距离：   ⑩＝（⑤－⑥）×100

前、后视距在表内均以 m 为单位，即（上丝－下丝）×100。视距长应不大于 100m。

前后视距差：⑪＝⑨－⑩，其值不得超过 3m。

前后视距累积差：⑫＝本站的⑪＋上站的⑫，其值不得超过 10m。

（2）高差的计算和校核。

同一水准尺红、黑面读数差：   ⑬＝③＋K－④，⑭＝⑦＋K－⑧

K 为水准尺红、黑面常数差，一对水准尺的常数差 K 分别为 4.687 和 4.787。具体计算时按照实际使用的后视尺和前视尺常数进行计算。对于四等水准测量，红、黑面读数差不得超过 3mm。

黑面读数和红面读数所得的高差分别为：⑮＝③－⑦，⑯＝④－⑧。

黑面和红面所得高差之差⑰可按下式计算，并可用⑬－⑭来检查：

$$⑰＝⑮－（⑯±0.1）＝⑬－⑭$$

式中，±0.1为两水准尺常数K之差。对于四等水准测量，黑、红面高差之差不得超过5mm。

平均高差：

$$⑱＝\frac{1}{2}[⑮＋（⑯±0.1）]$$

3.每段的计算和检核

在手簿每页末或每一测段完成后，应作下列检核：

（1）视距的计算和检核。

$$末站⑫＝\sum ⑨－\sum ⑩$$
$$总视距＝\sum ⑨＋\sum ⑩$$

（2）高差的计算和检核。

当测站数为偶数时：

$$总高差＝\sum ⑱＝\frac{1}{2}（\sum ⑮＋\sum ⑯）＝\frac{1}{2}[\sum （③＋④）－\sum （⑦＋⑧）]$$

当测站数为奇数时：

$$总高差＝\sum ⑱＝\frac{1}{2}（\sum ⑮＋\sum ⑯±0.1）$$

（二）四等水准测量的内业计算

当一条水准路线的测量工作完成以后，首先对计算表格中的记录、计算进行详细的检查，并计算高差闭合差是否超限。确定无误后，才能进行高差闭合差的调整与高程计算；否则要局部返工，甚至要全部返工。闭合差的调整和高程计算详见第三章。

二、三角高程测量

（一）三角高程测量原理

三角高程测量是在测站点上安置经纬仪，观测点上竖立标尺，已知两点之间的水平距离，根据经纬仪所测得的竖直角及量取的仪器高和目标高，应用平面三角的原理算出测站点和观测点之间的高差。这种方法较之水准测量灵活方便，但精度较低，主要用于山区的高程控制和平面控制点的高程测定。

如图5-17所示，在已知高程的点A上安置经纬仪，在B点上竖立标杆（或标尺），照准杆顶，测出竖直角α。设A、B之间的水平距离D为已知，则A、B之间的高差可以用下面公式计算：

$$h＝D\tan\alpha＋i－v \qquad (5-28)$$

5-4 三角高程测量

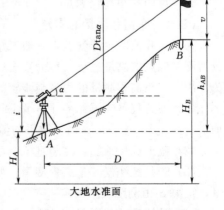

图5-17 三角高程测量原理

5-5 全站仪三角高程测量

式中　i——经纬仪的仪器高度；

　　　v——标杆的高度（中丝读数）；

　$D\tan\alpha$——高差主值。

如果 A 点的高程为 H_A，则 B 点的高程为

$$H_B = H_A + h = H_A + D\tan\alpha + i - v \tag{5-29}$$

三角高程测量又可分为经纬仪三角高程测量（如上所述）和光电测距三角高程测量。光电测距三角高程测量常常与光电测距导线合并进行，形成所谓的"三维导线"。其原理是按测距仪测定两点间距 S 来计算高差，计算公式为

$$h = S\sin\alpha + i - v \tag{5-30}$$

光电测距三角高程测量的精度较高，速度较快，故应用较广。

（二）球气差影响及改正方法

三角高程测量的计算公式是假定水准面为水平面，视线是直线，而在实际观测时并非如此。所以还必须考虑地球曲率和大气折光造成的误差。前者为地球曲率差，简称球差；后者为大气垂直折光差，简称气差。

两差（球气差）的改正数为 f：

$$f = p - r = \frac{D^2}{2R} - \frac{D^2}{14R} \approx 0.43\frac{D^2}{R} \tag{5-31}$$

式中　D——两点的水平距离；

　　　R——地球半径，其值为 6371km；

　　　f——球气差，cm。

用不同的 D 值计算出改正数列于表 5-10。

表 5-10　　　　　　　　　球 气 差 改 正 值 表

D/m	100	200	300	400	500	600	700	800	900	1000
f/cm	0.1	0.3	0.6	1.1	1.7	2.4	3.3	4.3	5.5	6.8

所以，加入球气差改正后的三角高程测量的计算公式为

经纬仪三角高程测量　　　　　$h = D\tan\alpha + i - v + f \tag{5-32}$

光电测距三角高程测量　　　　　$h = S\sin\alpha + i - v + f \tag{5-33}$

（三）三角高程测量的实施

为了消除或减少球气差，一般三角高程测量都采用往返测。在已知高程点上安置仪器测未知点的测量过程，称为直觇；在未知点上安置仪器，测已知点的测量过程称为反觇。三角高程测量的内容与步骤如下：

（1）安置仪器于测站点上，量取仪器的高度 i 和目标高 v 两次，精确至 1mm。两次读数差不大于 3mm 时，取平均值。

（2）瞄准标尺顶端，测竖直角一至两测回。

（3）若是经纬仪三角高程测量，则水平距离 D 已知；若是光电测距三角高程测量，距离 S 由测距仪测出。

（4）计算高差和高程。具体计算见表 5-11。

表 5-11　　　　　　　　　　　　　三角高程路线高差计算表

测站点	Ⅲ10	401	401	402	402	Ⅲ12
觇点	401	Ⅲ10	402	401	Ⅲ12	402
觇法	直	反	直	反	直	反
α	$+3°24'15''$	$-3°22'47''$	$-0°47'23''$	$+0°46'56''$	$+0°27'32''$	$-0°25'58''$
S/m	577.157	577.137	703.485	703.490	417.653	417.697
$h'=S\sin\alpha/m$	$+34.271$	-34.024	-9.696	$+9.604$	$+3.345$	-3.155
i/m	1.565	1.537	1.611	1.592	1.581	1.601
v/m	1.695	1.680	1.590	1.610	1.713	1.708
$f=0.34\dfrac{D^2}{R}/m$	0.022	0.022	0.033	0.033	0.012	0.012
$h=h'+i-v+f/m$	$+34.163$	-34.145	-9.642	$+9.942$	$+3.225$	-3.250
$h_{平均}/m$	$+34.154$		-9.630		$+3.238$	
起算点高程/m						
所求点高程/m						

第四节　GNSS 静态测量

一、GNSS 测量的基本方法

1. GNSS 测量方法概述

GNSS 的测量方法，如果按用户接收机天线在测量中所处的状态来分，可分为静态测量和动态测量；如果按定位的结果来分，可分为绝对定位和相对定位。

静态测量，即在定位过程中，接收机天线（观测站）的位置相对于周围地面点而言，处于静止状态；而动态测量则正好相反，即在定位过程中，接收机天线处于运动状态，定位结果是连续变化的。

绝对定位亦称单点定位，是利用 GNSS 独立确定用户接收机天线（观测站）在 WGS-84 坐标系中的绝对位置。相对定位则是在 WGS-84 坐标系中确定收机天线（观测站）与某一地面参考点之间的相对位置，或两观测站之间相对位置的方法。

各种定位方法还可有不同的组合，如静态绝对定位、静态相对定位、动态绝对定位、动态相对定位等。目前，工程、测绘领域应用最广泛的是静态相对定位和动态相对定位。

按相对定位的数据解算是否具有实时性，又可将其分为后处理定位和实时动态定位（RTK），其中，后处理定位又可分为静态（相对）定位和动态（相对）定位。

2. GNSS 静态测量

在定位过程中，接收机的位置是固定的，处于静止状态，这种定位方式称为静态定位。根据参考点的位置不同，静态定位又包含绝对定位与相对定位两种方式。

（1）绝对定位（或单点定位）以卫星与观测站之间的距离（距离差）观测量为基础，根据已知的卫星瞬时坐标来确定观测站的位置，其实质就是测量学中的空间距离后方交会。由于卫星钟与接收机钟难以保持严格同步，所测站星距离均包含了卫星钟与接收机钟不同步的影响，故习惯称之为伪距。卫星钟差可以导航电文中给出的钟差参数加以修正，而接收机钟差，通常难以准确确定。一般将接收机钟差作为未知参数，与观测站的坐标一并求解。因此，进行绝对定位，在一个观测站至少需要同步观测 4 颗卫星才能求出观测站三维坐标与接收机钟差 4 个未知参数。

（2）静态相对定位，就是将 GNSS 接收机安置在不同的观测站上，保持各接收机固定不动，同步观测相同的 GNSS 卫星，以确定各观测站在 WGS – 84 坐标系中的相对位置或基线向量的方法。在两个观测站或多个观测站同步观测相同卫星的情况下，卫星轨道误差、卫星钟差、接收机钟差、电离层折射误差和对流层折射误差等，对观测量的影响具有一定的相关性，所以，利用这些观测量的不同组合进行相对定位，便可有效地消除或削弱上述误差的影响，从而提高相对定位的精度。静态相对定位一般采用载波相位观测量作为基本观测量，这一定位方法是目前 GNSS 定位中精度最高的一种方法，广泛应用于大地测量、精密工程测量、地球动力学研究等领域。

二、GNSS 静态测前准备及技术设计书的编写

在进行 GNSS 外业观测工作之前，应做好施测前的测区踏勘、资料收集、器材准备、观测计划拟订、GNSS 接收机检验以及设计书的编写等工作。

（一）GNSS 测前准备

1. 踏勘测区

接受下达的 GNSS 测量任务或签订 GNSS 测量合同后，就可依据施工设计图踏勘测区。主要了解测区的下列情况，以便为编写技术设计、施工设计、成本预算提供基础资料。

（1）交通情况：公路、铁路、乡村道路的分布及通行情况。

（2）水系分布情况：江河、湖泊、池塘、渠道的分布以及桥梁、码头、水路交通情况。

（3）植被情况：森林、草原、农作物的分布及面积。

（4）控制点情况：三角点、导线点、水准点、多普勒点、GNSS 点的等级、坐标、高程及其系统，点位的数量、分布、标志及保存现状。一般采取省、市、县从上至下的调查顺序。为了节省埋设标石的费用，应尽可能多利用原有控制点的标石。

（5）居民点情况：测区内城镇、村庄居民点的分布，食宿及供电情况。

（6）当地风俗民情：民族的分布，习俗、习惯、方言以及社会治安情况。

2. 收集资料

结合 GNSS 测量工作的特点并结合测区的具体情况，收集资料的内容包括：

（1）各类图件：1∶1 万～1∶10 万比例尺地形图，大地水准面起伏图，交通图等。

（2）各类控制点成果：三角点、导线点、水准点、多普勒点、GNSS 点及各控制点的坐标系统、技术总结等有关资料。

（3）测区有关的地理位置、气候特点，气象、地质、交通、通信等方面条件的资料。

（4）城镇、村庄的行政区划表。

3. 器材准备及人员组织

器材、人员的筹组包括如下内容：

（1）根据观测等级，筹备仪器、计算机及配套设备。

（2）结合测区交通情况，筹备运输工具及通信设备。

（3）结合测区材料情况，筹备施工器材，计划油料、材料的消耗。

（4）根据测区具体情况，并结合测量技术力量组建施工队伍，拟定工作人员名单及岗位。

（5）结合测区情况和测量任务进行详细的经费预算。

4. 外业观测计划的拟定

外业观测工作是 GNSS 测量的主要工作。观测开始之前，外业观测计划的拟定对于顺利完成野外数据采集任务、保证测量精度、提高工作效率都是极为重要的。在施测前，应根据网的布设方案、规模的大小、精度要求、GNSS 卫星星座、参与作业的GNSS 数量以及后勤保障条件（交通、通信）等，制订观测计划，编写 GNSS 作业调度表等。作业调度表包括观测时段、测站号、测站名称及接收机号等。格式见表 5-12。

表 5-12　　　　　　　　　　　GNSS 作业调度表（样表）

时段编号	观测时间	测站号/名	测站号/名	测站号/名	测站号/名	测站号/名	测站号/名
		机号	机号	机号	机号	机号	机号
1							
2							
3							

当作业仪器台数、观测时段数及测站数较多时，在每日出测前应采用外业观测通知单进行调度。观测工作的进程计划，涉及网的规模、精度要求、作业的接收机数目和后勤保障条件等，在实际工作中，应根据最优化的原则合理制定。

（二）技术设计书的编写

测区外业踏勘与资料收集完成后，根据测量任务书或测量合同的要求，按照 GNSS 测量的设计原则和方法进行 GNSS 控制网设计，并编写相应的技术设计书，用于指导 GNSS 的外业观测和数据处理。技术设计书是保证 GNSS 测量工作任务圆满完成的一项重要技术文件，其主要内容包括以下方面：

（1）工程及测区概况。包括作业 GNSS 控制网服务对象的工程建设项目概况，GNSS 测量任务的来源和性质，GNSS 网的用途及意义等；测区的行政隶属、测区范围的地理坐标、控制面积、测区的交通状况和人文地理、测区的地形及气候状况、测区控制点的分布及对控制点的分析、利用和评价；GNSS测量点的数量（包括新定点数、约束点数、水准点数、检查点数）、精度指标及坐标、高程系统；点位的保存状况，可利用的情况介绍。

（2）作业依据及技术要求。GNSS网设计、观测和数据处理所依据的测量规范、工程规范、行业标准。根据任务书或合同的要求或网的用途提出具体的精度指标要求、提交成果的坐标系统和高程系统等。

（3）布网方案。在适当比例尺地形图上进行GNSS网的图上设计，包括GNSS网的图形、点的数量、连接方式，GNSS网结构特征的测算与统计，精度估算和点位图的绘制。

（4）选点与埋石。GNSS点位的选择要求、埋设方法和点位编号等。

（5）GNSS网的外业观测。采用的仪器与测量模式，观测的基本程序与基本要求，观测计划的制订。对数据采集提出应注意的问题，包括外业观测时的具体操作规程、对中整平的精度、天线高的测量方法与精度要求，气象元素测量等。

（6）数据处理。数据处理的基本方法及使用的软件，起算点坐标选择，闭合环和重复基线的检验及点位精度的评定指标。

（7）质量保证措施。要求措施具体，方法可靠，能在实际中贯彻执行。包括人员配备情况、设备配备情况、作业进度计划、经费预算等。

（8）提交成果资料。包括：测量任务书与技术设计书，点之记、环视图和测量标志委托保管书，卫星可见性预报表和观测计划，外业观测记录（包括原始记录的存储介质及其备份）、测量手簿及其他记录（包括偏心观测），接收设备、气象及其他仪器的检验资料，外业观测数据的质量分析及野外检核计算资料，数据加工中生成的文件（含磁盘文件）、资料和成果表，GNSS网展点图，技术总结和成果验收报告等。

三、GNSS静态测量实施

（一）GNSS静态测量的选点与埋石

1. 选点

选点即观测站位置的选择。在GNSS测量中并不要求观测站之间相互通视，网的图形选择也比较灵活，因此选点比经典控制测量简便得多。但由于点位的选择对保证观测工作的顺利进行和保证测量结果的可靠性具有重要意义，故在选点工作开始前，除了收集和了解有关测区的地理情况和原有控制点分布及标架、标型、标石的完好状况，决定其适宜的点位外，选点工作还应遵循以下原则：

（1）确保GNSS接收机上方的天空开阔。GNSS测量主要利用接收机所接收到的卫星信号，而且接收机上空越开阔，则观测到的卫星数目越多。一般应该保证接收机所在平面15°以上的范围内没有建筑物或者大树的遮挡，如图5-18所示。

（2）周围没有反射面，如大面积的水域，或对电磁波反射（或吸收）强烈的物体（如玻璃墙、树木等），不致引起多路径效应。

（3）远离强电磁场的干扰。GNSS接收机接收卫星广播的微波信号，而微波信号

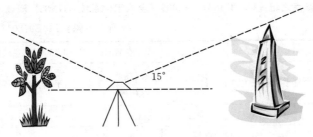

图 5-18 高度截止角

都会受到电磁场的影响而产生噪声，降低信噪比，使卫星信号产生畸变，影响观测成果。所以 GNSS 控制点最好离开高压线、微波站或者产生强电磁干扰的场所。邻近区域不应有强电磁辐射源，如无线电台、电视发射天线、高压输电线等，以免干扰 GNSS 卫星信号。通常，在测站周围约 200m 的范围内不能有大功率无线电发射源（如电视台、电台、微波站等）；在 50m 内不能有高压输电线和微波无线电信号传递通道。

（4）观测站最好选在交通便利的地方。

（5）地面基础稳固，易于点的保存。

（6）根据需要在 GNSS 控制点大约 300m 附近建立与其通视的方位点，以便在必要时采用常规经典的测量方法进行联测。

（7）选点人员应按照技术设计图形进行实地踏勘，在现场按要求选定点位。

（8）网形应有利于同步观测及边、点连接。

（9）当所选点位需要进行水准联测时，选点人员应实地踏勘水准路线，提出有关建议。

（10）当利用旧点时，应对旧点的稳定性、完好性以及觇标是否安全可用逐一进行检查，符合要求方可利用。

在点位选好后，在对点位进行编号时必须注意点位编号的合理性，在野外采集时输入的观测站名由四个任意输入的字符组成，为了测后处理时方便及准确，必须不使点号重复。选点工作结束后，应提缴 GNSS 网点点之记、选点工作总结等资料。点之记样式见表 5-13。

2. 埋设标石

在 GNSS 测量中，网点一般应设置具有中心标志的标石，以精确标志点位。埋设标石工作可以分为标石制作、现场埋设、标石外部整饰等工序。均应严格按照 GB/T 18314—2009《全球定位系统（GNSS）测量规范》的有关规定执行。GNSS 网点一般应埋设具有中心标志的标石，以精确标示点位。基岩和基本标石的中心标志应用铜或不锈钢制作。普通标石的中心标志可用铁或坚硬的复合材料制作。标志中心应刻有清晰、精细的十字线或嵌入不同颜色金属（不锈钢或铜）制作的直径小于 0.5mm 的中心点。并应在标志表面制有"GNSS"及施测单位名称。点的标石和标志必须稳定、坚固，以利长期保存和利用。在基岩露头地区，也可直接在基岩上嵌入金属标志。每个点位标石埋设结束后，应按表 5-13 的格式填写点之记，并提交以下资料：

表 5－13　GNSS 点之记〔GB/T 18314—2009《全球定位系统（GNSS）测量规范》规范〕

网区：平陆区　　　　　　　　　　　　　　　　　　所在图幅：149E008013　点号：C002

点名	南疙疸	类级	A	概略位置	$B=34°50′$，$L=111°10′$，$H=484m$		
所在地	山西省平陆县城关镇上岭村			最近住所及距离	平陆县城招待所距点 8km		
地类	山地	土质	黄土	冻土深度		解冻深度	
最近邮电设施	平陆县城邮电局（电报、电话）			供电情况	上岭村每天有交流电		
最近水源及距离	上岭村有自来水，距点 800m		石子来源	山上有石块	沙子来源		县城建筑公司
本点交通情况（至本点通路与最近车站、码头名称及距离）	由三门峡搭车轮渡过黄河向北到山西平陆县城约 8km，再由平陆县城搭车向东到上岭村 7km（每天有两班车），再步行到点上约 800m，两轮人力车可到达点位			交通路线图	 1：200000		

选点情况			点位略图	
单位	黄河水利委员会测量队			
选点员	李纯	日期	1990 年 6 月 5 日	单位:m 1：20000
是否需联测坐标与高程	联测高程			
建议联测等级与方法	Ⅲ等水准测量			
起始水准点及距离	1.5km			

（1）填写了埋石情况的点之记。

（2）土地占用批准文件与测量标志委托保管书。

（3）埋石建造拍摄的照片，包括钢筋骨架、标石坑、基座、标志、标石整饰以及标石埋设的远景照片。

（4）埋石工作技术总结。

3. GNSS 点命名

GB/T 18314—2009《全球定位系统（GNSS）测量规范》规定如下：

（1）GNSS 点命名时，应以该点所在地命名，无法区分时可在点名后加注（一）、（二）等予以区别。少数民族地区应使用规范的音译汉语名，在译音后可附上原文。

（2）新旧点重合时，应采用旧点名，不得更改。如原点位所在地名称已变更，应在新点名后以括号注明旧点名。如与水准点重合，应在新点名后以括号注明水准点等级和编号。

（3）点名书写应准确、正规，一律以国务院公布的简化汉字为准。

（4）当对 GNSS 点编制点号时，应整体考虑、统一编号，点号应唯一，且适于计算机管理。

（二）外业观测

1. 观测时依据的技术指标

GNSS 观测工作与常规测量在技术要求上有很大区别，各级 GNSS 测量基本技术规定按表 5-14 中规定执行，对城市及工程 GNSS 控制测量应按表 5-15 中的规定执行。

表 5-14　　　　　　　各级 GNSS 测量作业基本技术要求

序号	项目	级别	AA	A	B	C	D	E
1	卫星截止高度角/(°)		10	10	15	15	15	15
2	同时观测有效卫星数		≥4	≥4	≥4	≥4	≥4	≥4
3	有效观测卫星总数		≥20	≥20	≥9	≥6	≥4	≥4
4	观测时段数		≥10	≥6	≥4	≥2	≥1.6	≥1.6
5	时段长度/min	静态	≥720	≥540	≥240	≥60	≥45	≥40
		快速静态 双频+P（Y）码	—	—	—	≥10	≥5	≥2
		快速静态 双频全波	—	—	—	≥15	≥10	≥10
		快速静态 单频或双频半波	—	—	—	≥30	≥20	≥15
6	采样间隔/s	静态	30	30	30	10～30	10～30	10～30
		快速静态	—	—	—	5～15	5～15	5～15
7	时段中任一卫星有效观测时间/min	静态	≥15	≥15	≥15	≥15	≥15	≥15
		快速静态 双频+P（Y）码	—	—	—	≥1	≥1	≥1
		快速静态 双频全波	—	—	—	≥3	≥3	≥3
		快速静态 单频或双频半波	—	—	—	≥5	≥5	≥5

注　1. 在时段中观测时间符合本表中第 7 项规定的卫星，为有效卫星。
　　2. 计算有效卫星总数时，应将各时段的有效观测卫星数扣除期间的重复卫星数。
　　3. 观测时段长度，应为开始记录数据到结束纪录的时间段。
　　4. 观测时段数≥1.6，指每站观测一时段，至少有 60% 的测站再观测一个时段。

表 5-15　　　　　　　各级 GNSS 测量基本技术要求

项目	方法	等级	二	三	四	一级	二级
卫星高度角/(°)	相对　快速		≥15	≥15	≥15	≥15	≥15
有效观测卫星数	相对		≥4	≥4	≥4	≥4	≥4
	快速		—	≥5	≥5	≥5	≥5

续表

项目	方法	等级 二	三	四	一级	二级
观测时段数	相对	≥2	≥2	≥2	≥2	≥1
重复设站数	快速	—	≥2	≥2	≥2	≥2
时段长度	相对	≥90	≥60	≥45	≥45	≥45
/min	快速	—	≥20	≥15	≥15	≥15
数据采样间隔/s	相对 快速	10～60	10～60	10～60	10～60	10～60
PDOP	相对 快速	<6	<6	<8	<8	<8

2. 安置仪器

首先，在选好的观测站点上安放三脚架。注意观测站周围的环境必须符合上述条件，即净空条件好，远离反射源，避开电磁场干扰等。因此，安放时应尽量避免将接收机放在树荫、建筑物下，也不要在靠近接收机的地方使用对讲机、手机等无线设备。

其次，小心打开仪器箱，取出基座及对中器，将其安放在脚架上，在测点上对中、整平基座。

最后，从仪器箱中取出 GNSS 天线或内置天线的 GNSS 接收机，将其安放在对中器上，并将其紧固，再分别取出电池、电缆等其他配件（内置电池的接收机除外），并将它们安装在脚架上，同时连接 GNSS 接收机。

在安置仪器时用户要注意以下几点：

（1）当仪器需安置在三角点觇标的基板时，应先将觇标顶部拆除，以防止对信号的干扰，这时，可将标志的中心投影在基板上，作为安置仪器的依据。

（2）基座上的水准管必须严格居中。

（3）如整个控制网在同步观测过程中使用同样的 GNSS 接收天线，则应使天线朝同一个方向，如使用不同的 GNSS 接收天线，则应使天线的极化方向指向同一方向，如指北。大部分天线用指北方向来表明天线的极化方向。由于天线的相位中心与几何中心不重合，两者可能有 2～3mm 之差，如它们不指向同一方向，则会影响 GNSS 测量的精度。

安置好仪器后，应在各观测时段的前后，各量测天线高一次，量至毫米。量测时，由标石（或其他标志）中心顶端量至天线中规定量测天线的位置。两次量测的结果之差不应超过 3mm，并取其平均值。

3. 观测作业

GNSS 网的观测作业应按如下要求进行：

（1）各作业组必须严格遵守调度命令，按规范规定的时间进行作业。

（2）经检查接收机电源电缆和天线等连接无误后方可开机。

（3）只有在有关指示灯和仪表显示正常后方可进行接收机的自我测试，输入测站、观测单元和时段等控制信息。

（4）在观测前和作业过程中，作业员应随时填写测量手簿中的记录项目。

（5）按要求进行相关观测记录。

（6）除特殊情况外，一般不得进行偏心观测。迫不得已进行时，应精确测定归心元素。

（7）观测时，在接收天线 50m 以内不得使用电台，10m 以内不得使用对讲机。

（8）在一个时段的观测过程中，不允许进行下列操作：关机后重新启动接收机，进行仪器自检，改变截止高度角或采样间隔，改变天线位置，按键关闭文件或删除文件。

（9）观测期间防止接收设备震动，更不得移动天线，要防止人员和其他物体碰动天线或阻挡信号。

（10）经认真检查，所有预定的作业项目均已全面完成且符合要求，记录和资料完整无误，方可迁站。

4. 补测和重测

当发生如下情况时，应进行补测或重测：

（1）未按施测方案进行观测，外业缺测、漏测，或观测值不满足相关规定时，应及时补测。

（2）复测基线的边长较差超限，同步环闭合差超限，独立环闭合差或附合路线的闭合差超限时，可剔除该基线而不必进行重测，但剔除该基线向量后，新组成的独立环所含的基线数不得超过相关规定，否则应重测与该基线有关的同步图形。

（3）当测站的观测条件很差而造成多次重测后仍不能满足要求时，经主管部门批准后，可舍弃该点或变动测站位置后再进行重测。

（三）内业数据处理

GNSS 数据处理是指对外业采集的原始观测数据进行处理，得到最终测量成果的过程。GNSS 数据处理分为以下几步：数据预处理，基线向量解算，基线向量网平差或与地面网联合平差。

GNSS 网数据处理分基线向量解算和网平差两个阶段。各阶段数据处理软件可采用随机所带软件或经正规鉴定过的软件，例如南方测绘公司的 GNSS 后处理软件 GNSSpro 就可以进行 GNSS 数据处理。

四、技术总结与上缴资料

（一）技术总结

1. 外业技术总结

在 GNSS 测量外业工作完成后，应按要求编写技术总结报告，内容包括：

（1）测区范围及位置，自然地理条件，气候特点，交通、通信及供电情况。

（2）任务来源，项目名称，测区已有测量成果情况，施测的目的及基本精度要求。

（3）实测单位，施测起讫时间，技术依据，作业人员的数量及技术状况。

（4）作业的技术依据。

（5）作业仪器的类型、精度、检验及使用情况。

（6）点位观测条件的评价，埋石及重合点情况。

（7）联测方法、完成各级点数与补测、重测情况，以及作业中存在的问题说明。

（8）外业观测数据质量分析与数据检核情况。

2. 内业技术总结内容

（1）数据处理方案、所采用的软件、星历、起算数据、坐标系统、历元，以及无约束平差、约束平差情况。

（2）误差检验及相关参数和平差结果的精度估计。

（3）上交成果尚存问题和需要说明的其他问题、建议或改进意见。

（4）各种附表与附图。

（二）成果验收上缴资料

1. 成果验收

GNSS 测量任务完成以后，按 CH1002 的规定进行成果验收。交送验收的成果，包括观测记录的存储介质及其备份，内容与数量必须齐全、完整无缺，各项注记、整饰应符合要求。验收重点包括下列内容：

（1）实施方案是否符合规范和技术设计要求。

（2）补测、重测和数据剔除是否合理。

（3）数据处理的软件是否符合要求，处理的项目是否齐全，起算数据是否正确。

（4）各项技术指标是否达到要求。

验收完成后，应写出成果验收报告。在验收报告中应该按 CH1003 的规定对成果质量做出评定。

2. 上缴资料

（1）测量任务书（或合同书）、技术设计书。

（2）点之记、环视图、测量标志委托保管书、选点和埋石资料。

（3）接收设备、气象及其他仪器的检验资料。

（4）外业观测记录、测量手簿及其他记录（包括偏心观测）。

（5）数据处理中生成的文件、资料和成果表。

（6）GNSS 网展点图，卫星可见性预报表和观测计划。

（7）技术总结和成果验收报告。

技 能 训 练 题

1. 什么是小区域平面控制网和图根控制网？

2. 导线布设形式有哪几种？导线测量的外业工作是什么？

3. 简述导线测量内业计算步骤，并说明闭合导线与附合导线在计算中的异同点。

4. 根据表 5-16 所列数据，试计算闭合导线各点的坐标（导线点号为逆时针编号）。

5. 根据表 5-17 所列数据，试计算附合导线各点的坐标。

6. 在踏勘测区中，一般要收集哪些资料？

7. GNSS 技术设计书编写要包括哪些主要内容？

8. GNSS 测量选点要注意哪些情况？

表 5 - 16　　　　　　　　　　**闭合导线坐标计算表**

点号	观测角 β/ (° ′ ″)	改正数/ (″)	改正后角值/ (° ′ ″)	坐标方位角/ (° ′ ″)	边长 D /m	纵坐标增量 Δx 计算值 /m	纵坐标增量 Δx 改正数 /cm	纵坐标增量 Δx 改正后 /m	横坐标增量 Δy 计算值 /m	横坐标增量 Δy 改正数 /cm	横坐标增量 Δy 改正后 /m	坐标值 x/m	坐标值 y/m	点号
(1)	(2)	(3)	(4)	(5)	(6)	(7)	(8)	(9)	(10)	(11)	(12)	(13)	(14)	(15)
1				97 58 08	100.29							500.00	500.00	1
2	82 46 29				78.96									2
3	91 08 23				137.22									3
4	60 14 02				78.67									4
1	125 52 04											500.00	500.00	1
2														2
Σ														
辅助计算														

表 5 - 17　　　　　　　　　　**附合导线坐标计算表**

点号	观测值 β/ (° ′ ″)	改正值/ (″)	改正后角值/ (° ′ ″)	坐标方位角/ (° ′ ″)	边长 /m	纵坐标增量 Δx 计算值 /m	纵坐标增量 Δx 改正值 /cm	纵坐标增量 Δx 改正后值/m	横坐标增量 Δy 计算值 /m	横坐标增量 Δy 改正值 /cm	横坐标增量 Δy 改正后值/m	纵坐标 x/m	横坐标 y/m	点号
A				50 00 00										A
B	253 34 54				125.37							1000.00	1000.00	B
1	114 52 36				109.84									1
2	240 18 48				106.26									2
C	227 16 12											936.97	1291.22	C
D				166 02 54										D
Σ														
辅助计算														

第六章 大比例尺地形图测绘

【学习目标】

1. 掌握地形图的基本知识，学习地物地貌的表示方法。
2. 掌握经纬仪大比例尺地形图测绘的方法和步骤。
3. 熟练掌握大比例尺数字测绘的方法和步骤。

第一节 地形图的基本知识

地球表面是由各种各样的地物和地貌组成的。所谓地物是指地面上天然或人工形成的物体，如湖泊、河流、海洋、房屋、道路、桥梁、森林、草地等；地貌是指地表表面高低起伏的形态，如山地、丘陵和平原等，地物和地貌总称为地形。地形图是通过实地测量，将地面上各种地物、地貌的平面位置和高程，按一定的比例尺，用《地形图图式》统一规定的符号和注记，缩绘在图纸上的图形。地形图既表示地物的平面位置，又表示地貌的起伏形态。只表示地物的平面位置，不表示地貌起伏形态的正射投影图称为平面图。将地球上的自然、社会、经济等若干现象，按一定的数学法则，采用制图的原则和比例缩绘所成的图叫作地图。

一、地形图的比例尺

图上任一直线段长度与地面上相应线段的水平距离之比，称为地形图的比例尺。地形图比例尺常用的有数字比例尺和图示比例尺两种。

1. 数字比例尺

用分子为1，分母为整数的分数表示的比例尺称为数字比例尺，即

$$\frac{d}{D} = \frac{1}{M} \tag{6-1}$$

式中 d——图上长度；

$\quad D$——实地长度；

$\quad M$——比例尺的分母，表示缩小的倍数。

按制图的原则和比例缩绘所成的图。通常把 1：500、1：1000、1：2000、1：5000 比例尺的地形图，称为大比例尺地形图，1：10000、1：25000、1：50000、1：100000 比例尺的地形图，称为中比例尺地形图，小于 1：100000 比例尺的地形图称为小比例尺地形图。根据数字比例尺，可以由图上线段长度求出相应的实地线段水平距离；同样由实地水平距离可求出其在图上的相应长度。

【例 6-1】 在 1：1000 的地形图上，量得某草坪南边界线长 5.5cm，则其实地水平距离为

$$D = M \cdot d = 1000 \times 5.5 (\text{cm}) = 55 (\text{m})$$

【例 6 - 2】 量得某公园一道路水平距离为 480m，绘在 1:2000 的地形图上，其相应长度为

$$d = \frac{D}{M} = \frac{480\text{m}}{2000} = 0.24\text{m} = 24\text{cm}$$

2. 图示比例尺

图示比例尺是直接绘在图纸上的，能直接进行图上长度与相应实地水平距离的换算。

例如，要绘制 1:500 的图示比例尺，先在图上绘制两条平行线，再把它分成若干相等的线段，称为比例尺的基本单位，一般为 2cm；再将最左边的一段基本单位分成 10 等份，每等份为 0.2cm，相当于实地长度 1m，如图 6-1 所示。图示比例尺可随着图纸一起伸缩，在测图或用图时可以避免因图纸伸缩引起的误差。

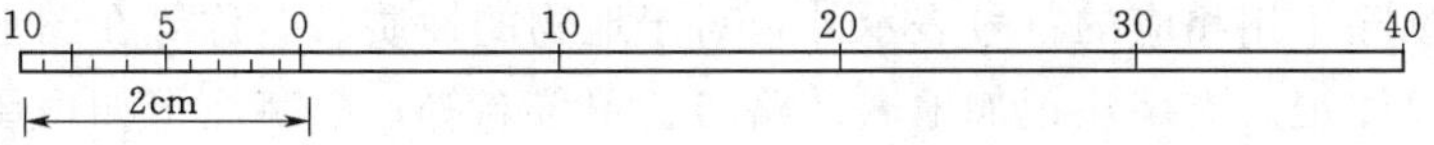

图 6-1 图示比例尺

6-1 地形图的基本知识

3. 比例尺精度

通常情况下，人们用肉眼能分辨的图上最短长度为 0.1mm，即在图纸上当两点的长度小于 0.1mm 时，人眼就无法分辨。因此，把相当于图纸上 0.1mm 的实地水平距离称为比例尺精度。几种常用的工程图的比例尺精度见表 6-1。

表 6-1 比 例 尺 精 度

比例尺	1:500	1:1000	1:2000	1:5000
比例尺精度/m	0.05	0.10	0.20	0.50

比例尺精度的概念对测图和用图都具有十分重要的意义。一方面，比例尺精度越高，比例尺就越大，利用比例尺精度，根据比例尺可以推算出测图时量距应准确到什么程度。例如，1:1000 地形图的比例尺精度为 0.1m，测图时量距的精度只需 0.1m，小于 0.1m 的距离在图上表示不出来。反之，根据图上表示实地的最短长度，可以推算测图比例尺。例如，欲表示实地最短线段长度 0.5m，则测图比例尺不得小于 1:5000。另一方面，根据甲方要求确定比例尺大小和精度要求。比例尺越大，采集的数据信息越详细，精度要求就越高，测图工作量和投资往往成倍增加，因此使用何种比例尺测图，应从实际需要出发，不应盲目追求更大比例尺的地形图。

二、地物、地貌的表示方法

(一) 地物的表示方法

地物是用地物符号和注记来表示的。一般将地物符号分为比例符号、非比例符号、线状符号。常见的地物符号的表示方法见表 6-2。

1. 比例符号

当地物较大时，如房屋、运动场、湖泊、森林、田地等，其形状、大小和位置按

测图比例尺大小，用规定符号画出的地物符号称为比例符号，这类符号能表示地物的轮廓特征。

2. 非比例符号

当地物轮廓较小，或无法将其形状和大小按比例画到图上的地物，如三角点、水准点、独立树、里程碑、水井和钻孔等，就采用一种统一规格、概括形象特征的象征性符号表示，这种符号称为非比例符号，只表示地物的中心位置，不表示地物的形状和大小。

3. 半比例符号

对于一些线状而延伸的地物，如河流、道路、通信线、管道、垣栅等，其长度能按比例缩绘，但其宽度不能按比例缩绘，这种符号称为半比例符号。这种符号一般表示地物的中心位置，但是城墙和垣栅等，其准确位置在其符号的底线上。

4. 地物注记

有些地物除了用相应的符号表示外，对于地物的性质、名称等在图上还需要用文字和数字加以注记。文字注记如地名、路名、单位名等，数字注记如房屋层数、等高线高程、河流的水深、流速等。

地物符号随着地形图采用的比例尺不同而有所变化，比例符号可能变成非比例符号，线状符号可能变成比例符号。如蒙古包、水塔、烟囱等在1∶500的地形图中为比例符号，在1∶2000的地形图中为非比例符号；铁路、传输带、小路等在1∶2000地形图中为线状符号，在1∶500的地形图中为比例符号。常见的1∶500～1∶2000的地形图图式见表6-2（GB/T 20257.1—2007）。

表6-2 　　　　　　　　　地 形 图 图 式 （摘录）

序号	符号名称	图　例	序号	符号名称	图　例
1	坚固房屋 4—房屋层数	坚4　　　1.5	6	草地	1.5 II 0.8 10.0 II II 10.0
2	普通房屋 2—房屋层数	2　　　1.5	7	经济作物地	0.8 3.0 蔗 10.0 10.0
3	窑洞 1—住人的； 2—不住人的； 3—地面下的	1 2.5 2 3	8	水生经济 作物地	3.0 藕 0.5
4	台阶	0.5 0.5 0.5	9	水稻田	0.2 2.0 10.0 10.0
5	花圃	1.5 1.5 10.0 10.0			

130

续表

序号	符号名称	图 例	序号	符号名称	图 例
10	旱地	10.0　　　山 　2.0　　　10.0 山　　　山 10.0	22	沟渠 1—有堤岸的； 2——一般的； 3—有沟堑的	1 2　　0.3 3
11	灌木林	0.5 1.0	23	公路	0.3 0.3　沥　砾
12	菜地	2.0 2.0　　10.0 10.0	24	简易公路	8.0　　2.0
13	高压线	4.0	25	大车路	0.15　碎石 0.3
14	低压线	4.0	26	小路	4.0　1.0 0.3
15	电杆	1.0 ⚬	27	三角点 凤凰山—点名 394.468—高程	△ 凤凰山 394.468 3.0
16	电线架	◄○►	28	图根点 1—埋石的； 2—不埋石的	1 2.0 □ N16 84.46 2 1.5 ⊙ 25 62.74 1.5
17 —— 18	砖、石及混 凝土围墙 土围墙	10.0 　　0.5 　　0.3 10.0　10.0 0.5	29	水准点	2.0 ⊗ Ⅱ京石 5 32.804
19	栅栏、栏杆	1.0 ⚬　　⚬ 10.0	30	旗杆	1.5 4.0 □ 1.0 1.0
20	篱笆	1.0 ►　►　► 10.0	31	水塔	2.0 3.0 ⊕ 1.0 1.2
21	活树篱笆	3.5　0.5　10.0 -o-o-o- ○ ○ ○ 1.0　0.8	32	烟囱	3.5 1.0

续表

序号	符号名称	图例	序号	符号名称	图例
33	气象站（台）	3.0 4.0 1.2	39	独立树 1—阔叶； 2—针叶	1.5 1 3.0 0.7 2 3.0 0.7
34	消火栓	1.5 1.5 2.0	40	岗亭、岗楼	90° 3.0 1.5
35	阀门	1.5 1.5 2.0	41	等高线 1—首曲线； 2—计曲线； 3—间曲线	0.15 87 1 0.3 85 2 0.15 6.0 3 1.0
36	水龙头	3.5 2.0 1.2			
37	钻孔	3.0 1.0			
38	路灯	1.5 1.0			

（二）地貌的表示方法——等高线

1. 等高线原理

地面上高程相等的各相邻点所连成的闭合曲线，称为等高线。

如图 6-2 所示，设想平静的湖水中有一座山头，当水面的高程为 90m 时，水面与山头相交得一条高程为 90m 的等高线；当水面上涨到 95m 时，水面与山头相交又得一条高程为 95m 的等高线；当水面继续上涨到 100m 时，水面与山头相交又得一条高程为 100m 的等高线。将这三条等高线垂直投影到水平面上，并注上高程，则这三条等高线的形状就显示出该山头的形状。因此，根据等高线表示地貌的原理，各种不同形状的等高线表示各种不同形状的地貌。

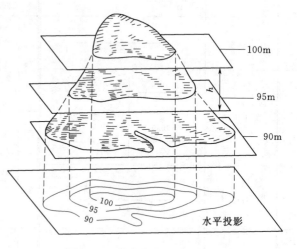

图 6-2　等高线表示地貌原理

2. 等高距和等高线平距

地形图上相邻等高线之间的高差 h，称为等高距，上图中的等高距为 5m。同一幅地形图的等高距是相同的，因此地形图的等高距也称为基本等高距。相邻等高线间

的水平距离 d，称为等高线平距。坡度与平距成反比，d 越大，表示地面坡度越缓，反之越陡。

用等高线表示地貌，等高距越小，用等高线表示的地貌细部越详尽；等高距越大，地貌细部表示得越粗略。但是，当等高距过小时，等高线过于密集，将会影响图面的清晰度。因此，应根据地形图比例尺、地形类别参照表 6-3 选用等高距。

表 6-3　　　　　　　　　地形图的基本等高距

地形类别	比例尺/基本等高距			
	1:500	1:1000	1:2000	1:5000
平地	0.5m	0.5m	1.0m	2.0m
丘陵	0.5m	1.0m	2.0m	5.0m
山地	1.0m	1.0m	2.0m	5.0m
高山地	1.0m	2.0m	2.0m	5.0m

3. 等高线的种类

（1）首曲线。根据基本等高距测绘的等高线称为首曲线，又称基本等高线。故首曲线的高程必须是等高距的整倍数。在图上，首曲线用细实线描绘，如图 6-3 所示。

（2）计曲线。为了读图方便，每隔 4 根等高线加粗描绘一根等高线，并在该等高线上的适当部位注记高程，该等高线称为计曲线，也称为加粗等高线。

（3）间曲线。为了显示首曲线不能表示的详细地貌特征，可按 1/2 基本等高距描绘等高线，这种等高线称为间曲线，又称半距等高线，在地形图上用长虚线描绘。

（4）助曲线。按 1/4 基本等高距描绘的等高线称为助曲线，在图上用短虚线描绘。间曲线和助曲线都是用于表示平缓的山头、鞍部等局部地

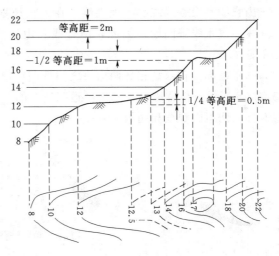

图 6-3　等高线的种类

貌，或者在一幅图内坡度变化很大时，也常用来表示平坦地区的地貌。间曲线和助曲线都是辅助性曲线，在图幅中何处加绘没有硬性规定，在图幅中也不需自行闭合。

4. 典型地貌及其等高线

地球表面高低起伏的形态千变万化，但经过仔细研究分析就会发现它们都是由几种典型的地貌综合而成的。典型地貌主要有山头和洼地、山脊和山谷、鞍部、陡崖和悬崖等。

（1）山头和洼地（盆地）。隆起而高于四周的高地称为山，图 6-4（a）为表示山头的等高线；四周高而中间低的地形称为洼地，图 6-4（b）则为表示洼地的等高线。

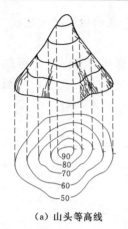

（a）山头等高线

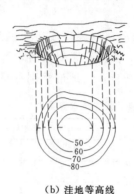

（b）洼地等高线

图 6-4　山头和洼地

山头和洼地的等高线均表现为一组闭合曲线。区别在于：山头的等高线由外圈向内圈高程逐渐增加；洼地的等高线外圈向内圈高程逐渐减少，这样就可以根据高程注记区分山头和洼地。也可用示坡线来表示，示坡线是从等高线起向下坡方向垂直于等高线的短截线。示坡线从内圈指向外圈，为山头或山丘；示坡线从外圈指向内圈，为洼地或盆地，如图 6-4 所示。

（2）山脊和山谷。山坡的坡度和走向发生改变时，在转折处就会出现山脊或山谷地貌。山脊的等高线均向下坡方向凸出，两侧基本对称，山脊线是山体延伸的最高棱线，又称分水线，如图 6-5（a）所示；山谷的等高线均凸向高处，两侧也基本对称，山谷线是谷底点的连线，又称集水线，如图 6-5（b）所示。

山脊线和山谷线统称为地性线，在工程规划及设计中，要考虑地面的水流方向、分水线、集水线等问题，因此，山脊线和山谷线在地形图测绘及应用中具有重要的作用。

（3）鞍部。鞍部是相邻两山头之间低凹部位且呈马鞍形的地貌，如图 6-6 所示。鞍部（S 点处）俗称垭口，是山区道路选线的重要位置。鞍部左右两侧的等高线是近似对称的两组山脊线和两组山谷线。

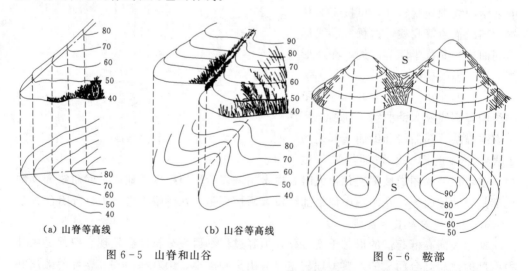

（a）山脊等高线　　　　　（b）山谷等高线

图 6-5　山脊和山谷　　　　　　　　　　　图 6-6　鞍部

（4）陡崖和悬崖。陡崖是坡度在 70°以上的陡峭崖壁，有石质和土质之分。如果用等高线表示，将非常密集或重合为一条线，因此采用陡崖符号来表示，如图 6-7 是石质陡崖的表示符号。悬崖是上部突出中间凹进的陡崖，悬崖上部的等高线投影到水平面时，与下部的等高线相交，下部凹进的等高线部分用虚线表示，如图6-8所示。

（5）其他。地面上由于各种自然和人为的原因而形成的形态还有雨裂、冲沟、陡坎等，这些形态用等高线难以表示，可参照《地形图图式》规定的符号配合使用。

熟悉了典型地貌的等高线特征，就容易识别各种地貌，图6-9是某地区综合地貌示意图及其对应的等高线图，可仔细对照阅读。

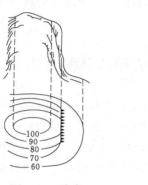
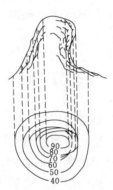

图6-7 陡崖　　　　　　　　　图6-8 悬崖

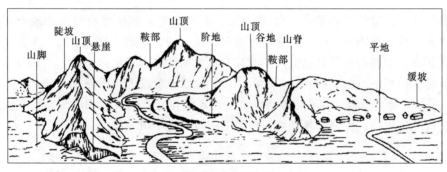

（a）综合地貌示意图

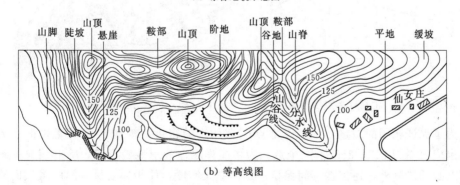

（b）等高线图

图6-9 某地区综合地貌及其等高线图

5. 等高线的特性

根据等高线的原理和典型地貌的等高线，可概括出等高线的特性如下：

（1）同一条等高线上的点，其高程必相等；但一幅图中高程相等的点，并非一定在同一条等高线上。

（2）等高线均是闭合曲线，如不在本图幅内闭合，则必在图外闭合，故等高线必须延伸到图幅边缘。

（3）除在悬崖或峭壁处以外，等高线在图上不能相交或重合。

（4）等高线与山脊线、山谷线呈正交。

（5）一幅图中，等高线的平距小，表示坡度陡，平距大则坡度缓，即平距与坡度成反比。

第二节　碎部点的选择及其测量方法

6-2 碎部点的选择及其测量方法

测站点是碎部测量过程中安置仪器的点位，应尽量利用各级控制点作为测站点，并注意与周围待测绘地物地貌的通视情况。当测区地物密集或地形复杂，原有的控制点不能满足碎部测量的需要时，可用支导线法、交会法等加密控制点。测站点选好后，应先观察测站周围地物、地貌的分布情况，决定如何选择并测量碎部点。

一、碎部点选择

在大比例尺地形图测量中，碎部点选择的好坏优劣直接影响到所测地形图的质量。因此测绘地形图时，碎部点应选择地物、地貌的特征点。如房屋的 4 个角点、围墙的转折点、道路的转弯点或交叉点等都是地物的特征点；山顶、鞍部、山脊、山谷等都是地貌的特征点。如图 6-10 所示，所有池塘轮廓线的转折点都是碎部点。如图 6-11 所示，所有地貌方向变化点或坡度变化点都是碎部点。如山脊线、山谷线是地貌形态变化的棱线，称之为地性线，地形测图时，绝不可漏测。

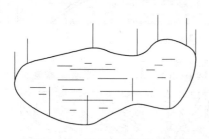

图 6-10　池塘碎部点示意图　　　　图 6-11　地貌碎部点示意图

为了保证测图的质量，图上碎部点应有一定的密度，地貌在坡度变化很小的地方，也应每隔图上 2～3cm 有一个点。为了能详尽地表示地貌形态，除对明显的地貌特征点必须选测外，还需在其间保持一定的立尺密度，使相邻立尺点间的最大间距不超过表 6-4 的规定。

在碎部测量中，跑尺是一项很重要的工作。立尺点和跑尺路线的选择对地形图的质量和测图的速度都有直接影响。立尺时要注意按照一定的线路，这样可以减少立尺的路线长度，提高工作效率。一般地物点的跑尺最好沿地物轮廓逐点立尺，测完一个

测图比例尺	立尺点最大间隔/m	测图比例尺	立尺点最大间隔/m
1：500	15	1：2000	50
1：1000	30	1：5000	100

表 6-4   地 貌 点 间 距 表

地物后再转向另一个地物，以方便绘图。地貌的测绘，在地性线明显的地区，可沿地性线跑尺，如沿山脊线从山顶到山脚，再沿山谷线从谷口到鞍部；在平坦地区，一般常用环形法和迂回路线法来跑尺。

应合理、适当地掌握碎部点的密度，其原则是少而精。应以最少的碎部点，全面、准确、真实地确定出地物、等高线的位置。

地形测图时，碎部点太多，不仅测图效率不高，还影响图面清晰，不便用图；而碎部点过稀，则不能保证测图质量。

对于地物测绘来说，碎部点的数量取决于地物的数量及其形状的繁简程度。对于地貌测绘来说，碎部点的数量取决于地貌的复杂程度、等高距的大小及测图比例尺等因素。一般在地面坡度平缓处，碎部点可酌量减少，而在地面坡度变化较大、转折较多时，就应适量增多立尺点。在地形破碎地区应适当增加高程注记点，力求在图上分布均匀。

二、碎部点测定的基本方法

碎部测量的主要内容是测定地形特征点的平面位置和高程，平面位置的测定方法有极坐标法、直角坐标法、距离交会法和角度交会法，大比例尺地形图一般采用极坐标法测定地形特征点的位置。

1. 极坐标法

极坐标法是将仪器安置在控制点上（测站点）测定已知边和碎部点方向的水平夹角，测定测站点至碎部点的距离和高程，即可确定点的位置。如图 6-12 所示，A、B、C、D 是导线点，1、2、3、4 是房屋的特征点，安置仪器于 A 点，在 2 点竖立标尺，测水平角 $\angle 2AB$ 即 β_1，测 $A2$ 水平距离 D_1，根据 β_1 和 D_1 即可确定 2 点。若需要高程，则测定 $A2$ 的高差，根据 A 点已知高程推算出 2 点的高程。同法，在其他导线点分别测出 1、3、4 点。根据距离和角度将各点绘在图上，就可勾绘出房屋的平面位置图。

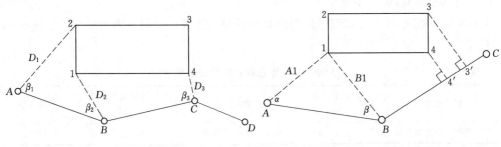

图 6-12 极坐标法   图 6-13 直角坐标法

2. 直角坐标法

碎部点的平面位置可以用碎部点到导线的垂距和该垂足到导线点的距离确定。如图6-13所示，以 B、C 两个图根点的连线为基线，选 C 为起点，量取房屋角点3、4至垂足3′、4′的横距，再量取起点到各垂足的纵距。以测图比例尺用小三角板按纵横距绘出点的位置。此方法适用于测量狭窄的街道两侧的地物。

3. 角度交会法

如图 6-13 所示，角度交会法是分别在两个导线点 A、B 安置仪器，测出导线边和碎部点的水平夹角 α、β。利用图解法得碎部点的位置。此方法适用于目标较远或不能到达的碎部点。

4. 距离交会法

如图 6-13 所示，分别从导线点 A 和 B 量至碎部点的水平距离A1、B1，按比例尺在图上用圆规即可交出碎部点的位置，称为距离交会法。此方法适用于距离控制点较近的碎部点，距离不超过一整尺。

5. 全站仪直接测量法

全站仪可以直接测量碎部点的三维坐标。这种方法具有速度快、精度高的优点，对于需要采集的碎部点，应尽量用此方法测量。目前，全站仪已广泛用于地形测量、施工放样、及变形观测等方面的测量工作中。其测量原理如下：

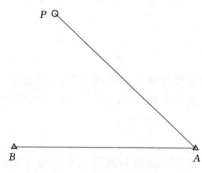

图 6-14　全站仪坐标测量原理

如图 6-14 所示，A 为测站点，B 为定向点，P 为待求点。在 A 点安置仪器，量取仪器高 i，照准 B 点，配置定向点 B 的方向值 $α_{AB}$（即 AB 方位角），然后照准待求点 P，量取觇标高（反射镜高）v，读取方向值 $α_{AP}$（方位角），仪器自动测量出 A 至 P 点间的水平距离 D_{AP} 和竖直角 α，则待定点 P 的三维坐标可由下式求得：

$$
\left.
\begin{aligned}
X_P &= X_A + D_{AP} \cdot \cos α_{AP} \\
Y_P &= Y_A + D_{AP} \cdot \sin α_{AP} \\
H_P &= H_A + D_{AP} \cdot \tan α + i - v
\end{aligned}
\right\}
$$

6. GNSS-RTK 测量法

GNSS-RTK 技术可以用于地形测量中碎部点测量，主要技术要求应符合表6-5的规定。

表 6-5　　　　　　　　　　　　GNSS-RTK 地形测量主要技术要求

起算点等级	点位中误差/mm	高程中误差	与基准站的距离/km	观测次数
平面图根、高程五等以上	≤±0.3	相应比例尺成图要求	≤10	1

注　1. 点位中误差指碎部点相对于起算点的误差。
　　2. 采用网络 RTK 测量可不受移动站到基准站间距离的限制，但宜在网络覆盖的有效服务范围内。

RTK 碎部点测量时，地心坐标系与地方坐标系的转换关系的获取方法参照参数计算相关知识，也可以在测区现场通过点校正的方法获取。当测区面积较大，采用分区求解转换参数时，相邻分区应不少于 2 个重合点。

RTK 碎部点测量平面坐标转换残差应不大于图上 ±0.1mm。RTK 碎部点测量高程拟合残差应不大于 1/10 等高距。RTK 碎部点测量移动站观测时可采用固定高度对中杆对中、整平，每次观测历元数应大于 5 个。连续采集一组地形碎部点数据超过 50 点，应重新进行初始化，并检核一个重合点。当检核点位坐标较差不大于图上 0.30mm 时，方可继续测量。具体步骤如下：

（1）新建测量任务。架设基准站和移动站仪器，打开手簿软件。新建任务，启动基准站和移动站，进行点校正。当进入"固定"状况，可以进入碎部测量阶段。

（2）碎部点测量。在手簿软件主菜单上选择"点测量"，即进入点测量界面。

（3）查看点位信息。进入"点管理"界面，可以查看当前工程中各点的状态和坐标，包括该点的点名、坐标、高程和编码信息。在测量、放样等界面下，进入点管理界面可以查看测量点和已知点信息，如点的 WGS-84 坐标、天线类型、天线高、参与解算的卫星数、解状态等信息。

测量工作一贯遵循"先整体后局部""先控制后碎部""由高级到低级"的基本原则，GNSS-RTK 数字测图也要依据这个原则。因此 GNSS-RTK 碎部点测量必须在启动基准站与移动站、数据点采集与点校正两个步骤之后进行。如果没有连续操作，则下次必须重新重复上述步骤。

第三节　经纬仪大比例尺地形图的测绘

6-3 经纬仪大比例尺地形图的测绘

地面的控制测量完成之后，测区内所有的控制点均为已知点。地形图测绘时，首先要把控制点展绘在图纸上，然后根据已知的控制点的实地位置和图上位置，测定控制点周围的所有地物、地貌的特征点的位置。所谓的地物特征点，就是地物形状轮廓线的转折点，或地物的中心点；所谓的地貌特征点，就是地貌方向变化点或坡度变化点。地形图测绘的主要工作就是根据控制点测定地物、地貌特征点在图上的位置，再根据地物、地貌特征点，用地物符号对地物进行描绘，用等高线对地貌进行勾绘，并对描绘和勾绘的对象进行检查、整饰、注记，使之符合地形图图式标准。国家基本比例尺地形图包括 1:500、1:1000、1:2000、1:5000、1:1 万、1:2.5 万、1:5 万、1:10 万、1:25 万、1:50 万和 1:100 万共 11 种。按比例尺分为大比例尺地形图、中比例尺地形图、小比例尺地形图三类。在城市建设和工程建筑部门，大比例尺地形图包括 1:500、1:1000、1:2000、1:5000 和 1:1 万的地图；中比例尺地形图包括 1:2.5 万、1:5 万、1:10 万的地图；小比例尺地形图包括 1:25 万、1:50 万、1:100 万的地形图。本节主要介绍大比例尺地形图测绘工作的全过程。

一、测图前的准备工作

为了顺利完成地形测图工作，测图前应收集整理测区内可利用的已知控制点成果，明确测区范围，实地踏勘，拟定实测方案并确定技术要求，准备仪器工具、图纸，展绘控制点等。

（一）图纸准备

目前聚酯薄膜图纸已广泛取代了绘图纸，它具有伸缩性小、透明度好、不怕潮湿等优点，可直接着墨晒图和制版。图纸出厂时已经印刷坐标格网，可将图纸用透明胶带纸固定在图板上直接使用。若选用白纸测图，为保证测图的质量，应选用优质白纸，并绘制坐标格网。

（二）坐标格网的绘制

为了准确地展绘图根控制点，首先要在图纸上绘制 10cm×10cm 的平面坐标格网。

绘制方格网的常用方法是直尺对角线法，用直尺在图纸上绘出两条对角线，从交点 O 为圆心沿对角线量取等长（大于 70.711/2）线段，得 A、B、C、D 点，并连接得矩形 $ABCD$。再从 A、B 两点起各沿 AD、BC 方向每隔 10cm 定一点，从 A、D 两点起各沿 AB、DC 方向每隔 10cm 定一点，连接矩形对边上的相应点，即得坐标格网，如图 6-15 所示。

绘好坐标格网后，要进行格网边长和垂直度的检查。每一个小方格的边长检查，可用比例尺量取，各方格线交点应在一条直线上，其值与 10cm 的误差不应超过 0.2mm；每一个小方格对角线长度与 14.14cm 的误差不应超过 0.3mm。检查方格网的垂直度，可用直尺检查格网的交点是否在同一直线上，其偏离值不应超过 0.2mm。如检查值超限，应重新绘制方格网。

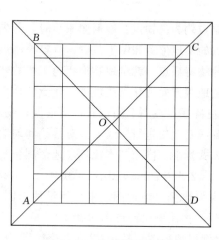

图 6-15 坐标格网的绘制

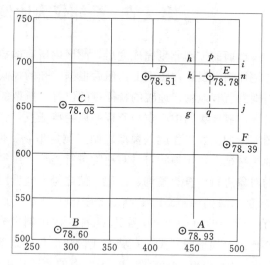

图 6-16 展绘图根点

（三）展绘控制点

1. 标注坐标格网线的坐标值

根据控制点的最大和最小坐标值来确定坐标格网线的坐标值，使控制点位于图纸上的适当位置，坐标值要注在相应格网边线的外侧，如图 6-16 所示。

2. 展绘控制点

根据控制点的坐标，确定控制点所在的方格，展绘其位置。如 E（683.20，465.80）应在方格 $ghij$ 中，分别从 g、j 往上用比例尺截取 33.20m（683.20－650＝33.20），得 k、n 两点；分别由 g、h 往右用比例尺截取 15.80m（465.80－450＝15.80），得 p、q 两点；分别连接 kn、pq 得一交点，即控制点 E 在图纸上的位置。同法可展绘其他图根点的位置。

3. 展绘控制点的检查

用比例尺量取各相邻图根控制点间的距离是否与成果表上或与控制点坐标反算的距离相符，其差值在图上不得超过 0.3mm，否则重新展点。然后对控制点注记点名和高程。图纸上的控制点要注记点名和高程，可在控制点的右侧以分数形式注明，分子为点名，分母为高程，如图 6-16 中 B 点注记为 $\dfrac{B}{78.60}$。

二、经纬仪大比例尺地形图的测绘方法与要求

（一）测绘方法及步骤

经纬仪测图是将经纬仪安置在测站上，测定测站到碎部点与导线边的夹角及其距离和高差，绘图板安置在旁边，边测边绘，方法简单灵活，不受地形限制，适用于各类测区。具体操作方法如下。

1. 安置仪器

如图 6-17 所示，经纬仪安置在测站（控制点）A 上，量取仪器高 i，记入碎部表 6-5。绘图板安置在旁边。

图 6-17　经纬仪测图

2. 定向

经纬仪瞄准另一控制点 B，调整水平度盘读数为 $0°00'00''$，作为起始方向即零方向。

3. 跑尺

在地形特征点（碎部点）上立尺的工作统称为跑尺。跑尺点的位置、密度、远近及跑尺的方法影响着成图的质量和功效。跑尺前，跑尺员应弄清实测范围和实地情况，并与观测员、绘图员共同商定跑尺路线，依次将视距尺立置于地物、地貌特征点上。

4. 观测

转到照准部，瞄准碎部点上的视距尺，读取上、中、下三丝的读数，转动竖盘指标水准管微动螺旋，使竖盘指标水准管气泡居中，读取竖盘读数，最后读取水平度盘读数，分别记入碎部测量记录手簿（表6-5）。对于有特殊作用的碎部点，如房角、山头、鞍部等，应在备注中加以说明。

5. 计算

根据上、下丝读数算得视距间隔 l，由竖盘读数算得竖直角 α，利用视距公式计算水平距距 D 和高差 h，并根据测站的高程算出碎部点的高程，分别记入表6-6。

$$D=D'\cos\alpha=Kl\cos^2\alpha$$

$$H_{测点}=H_{测站}+D\tan\alpha+i-v$$

表 6-6 碎 部 测 量 记 录 手 簿

仪器号：＿＿＿＿　班组：＿＿＿＿　天气：＿＿＿＿　日期：＿＿＿＿　观测者：＿＿＿＿　记录者：＿＿＿＿

仪器高：　1.41m　定向点：　B　测站高程：　78.93

测站	碎部点	视距尺读数/m			竖盘读数	竖直角	高差/m	水平角	水平距离/m	高程/m	备注
		中丝	下丝	上丝							
A	1	1.35	1.768	0.932	90°24′	−0°24′	−0.52	45°23′	83.60	78.41	
	2	1.52	1.627	1.413	89°39′	+0°21′	+0.01	47°34′	19.70	78.94	
	3	1.55	1.810	1.490	90°01′	−0°01′	−0.15	56°25′	32.00	78.78	

6. 展绘碎部点

用细针将量角器的圆心插在图上测站点 A 处，转动量角器（图6-18），将量角器上等于水平角值的刻划线对准起始方向线，此时量角器的底边便是碎部点方向，然后用测图比例尺按测得的水平距离在该方向上定出碎部点的位置。当水平角值小于 180°时，应沿量角器底边右面定点；当水平角大于 180°时，应沿量角器底边左面定点，并在点的右侧注明其高程，字头朝北。

同法，测出其余各碎部点的平面位置与高程，展绘于图上，并随测随绘。为了检查测图质量，仪器搬到下一测站时，应先观测前站所测的某些明显碎部点，以检查由两个测站测得的该点平面位置和高程是否相同，如相差较大，则应纠正错误，再继续进行测绘。

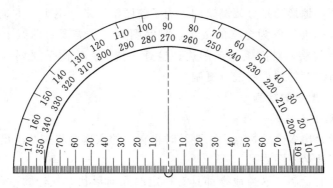

图 6-18　半圆形量角器

（二）大比例尺地形图的精度要求

无论采用何种方法成图，城市大比例尺地形图的精度应执行以下要求。

1. 图根点、测站点精度

图根点相对于图根起算点的点位中误差，不得大于图上 0.1mm；高程中误差，不得大于测图基本等高距的 1/10。

测站点相对于邻近图根点的点位中误差，不得大于图上 0.3mm；高程中误差：平地不得大于基本等高距的 1/10，丘陵地不得大于基本等高距的 1/8，山地、高山地不得大于基本等高距的 1/6。

2. 地形图平面精度

地形图平面精度应符合表 6-7 的规定。

表 6-7　　　　　　　　**图上地物点点位中误差与间距中误差**　　　　　　单位：mm

地　区　分　类	点位中误差	邻近地物点间距中误差
城市建筑区和平地、丘陵地	≤0.5	≤0.4
山地、高山地和设站施测困难的旧街坊内部	≤0.75	≤0.6

3. 地形图高程精度

城市建筑区和基本等高距为 0.5m 的平坦地区，其高程注记点相对于邻近图根点的高程中误差：1：500 地形图不得大于 ±0.15m，1：1000 地形图不得大于 ±0.20m，1：500 地形图不得大于 ±0.30m。

其他地区地形图高程精度以等高线插求点的高程中误差来衡量，等高线插求点相对于邻近图根点的高程中误差应符合表 6-8 的规定。

表 6-8　　　　　　　　　　**等高线插求点的高程中误差**

地形类别	平地	丘陵地	山地	高山地
高程中误差（等距）	≤1/3	≤1/2	≤2/3	≤1

三、地形图的绘制与整饰

地形测图的外业完成之后，图纸上显示的地物、地貌只是按比例缩小的草图。在较大的测区测图，地形图是分幅测绘的。为了使图纸清晰、美观、准确、无误，符合国家规定的图式标准，成为合格的成果，测完图后，还需要对图纸上的地物进行描绘，对地貌进行勾绘，对图纸拼接图边、检查、整饰。为便于规划设计、工程施工等，还需要对所绘制的地形图进行复制。

(一) 地物、地貌的绘制

1. 地物的测绘

当图纸上展绘出多个地物点后，要及时将有关的点连接起来，绘出地物图形。绘制时，要依据《地形图图式》。

（1）居民点的绘制。这类地物都具有一定的几何形状，外轮廓一般都呈折线型，应根据测定点和地物特性勾绘出地物轮廓，并由图式样式进行填充或标注。

（2）道路、水系、管线的绘制。当宽度大于 $0.4M$ mm 时，应绘制出轮廓形状；小于 $0.4M$ mm 时，连接成线状图式，并适当测注高程。

（3）独立地物的绘制。如水塔、烟囱、纪念碑等，它们是判定方位、确定位置、指出目标的重要标志，必须准确测绘其位置；凡地物轮廓图上大于符号尺寸的均依比例尺表示，加绘符号；小于符号尺寸的用非比例符号表示，并测注高程；有的独立地物应加注其性质，如油井应加注"油"字样。

（4）植被的测绘。如森林、果园、草地等，它们是地面各类植物的总称，主要是测绘各种植被的边界，并在其范围内配置相应的符号；对耕地的轮廓测绘，还应区别是旱田还是水田等。

2. 地貌的勾绘

碎部测量中，当图纸上有足够数量的地貌特点时，要及时将山脊线、山谷线勾绘出来，用细实线表示山脊线，用细虚线表示山谷线。但地貌点的高程必须是等高距的整数倍，所以勾绘等高线时，首先必须根据这些标注高程的地貌点位，按内插法求出符合等高线高程的点位，最后再将高程相等的相邻点用平滑的曲线连接起来。内插等高线高程的点位有以下三种方法：

（1）解析法。如图 6-19 所示，已知几个地貌点的平面位置和高程，要在图上绘出等高距为 1m 的等高线，首先用解析法确定各相邻两地貌点间的等高线通过点。

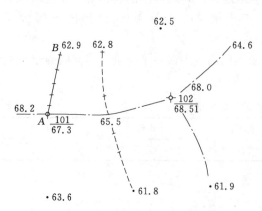

图 6-19　已知地貌点的平面位置和高程

例如 A、B 两点，根据 A 点和 B 点的高程可知，在 AB 连线上有 67m、66m、65m、64m 和 63m 的等高线通过，求出 A、B 两点的高差为 4.4m（67.3－62.9＝4.4），在图上量出 AB 两点间的长度为 30.8mm；然后计算出相邻两条等高线间的平距为 7mm（30.8/4.4＝7），那么 A、B 两点间的等高线通过点分别距离 A 点为 2.1mm、9.1mm、16.1mm、23.1mm 和 30.1mm，用直尺自 A 点沿 AB 方向量出这些长度，即得相应高程的等高线通过点。同法解析内插出其他相邻两地貌点间的等高线通过点。最后根据实际地貌情况，把高程相同的相邻点用圆滑的曲线连接起来，勾绘成等高线图，如图 6-20 所示。

（2）图解法。如图 6-21 所示，在一张透明纸上绘出等间隔若干条平行线，覆盖在等待勾绘等高线的图上，转动透明纸，使 A、B 两点分别位于平行线间的 0.3 和 0.1 的位置上，则直线和 5 条平行线的交点，便是高程为 67m、66m、65m、64m 和 63m 的等高线位置。

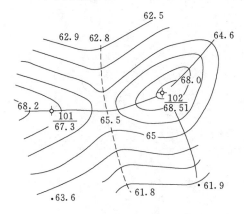

图 6-20　解析法勾绘等高线

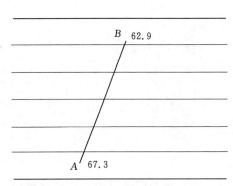

图 6-21　图解法内插等高线

（3）目估法。由于解析法计算繁琐，所以实际采用目估法勾绘等高线。目估法勾绘等高线的基本方法是定两头、分中间。即先确定碎部点两头等高线通过的点，再等分碎部点中间等高线通过的点。如图 6-22（a）所示，高程仍然为 72.7m、77.4m 的图上 A、B 两点，仍然用 1m 的等高距勾绘等高线，欲定 A、B 之间通过的 73m、74m、75m、76m 和 77m 五条等高线的点，具体的方法如下：

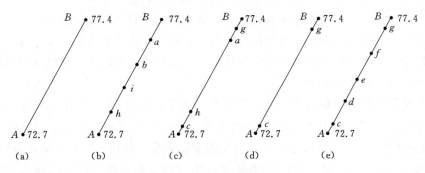

图 6-22　目估法定高程点

用铅笔轻轻画出 A、B 连线，如图 6-22（a）所示。计算出 B 点高程的整数与 A 点高程的整数差为 5m。将 AB 连线目估五等分得 a、b、i、h 四点（实际上仅取首和尾的两个点，如 a、h 点），如图 6-22（b）所示，则每相邻等分点的高差约小于 1m。自 B 点沿 BA 方向，取 Ba 线段的 4/10 略多一些为 g 点，则 B 与 g 的高差约为 0.4m，g 点高程为 77m；自 A 向 B 取 Ah 线段的 3/10 略多一些为 c 点，则 A 与 c 的高差约为 0.3m，c 点高程为 73m，如图 6-22（c）所示。擦掉 a、h 两点，

目估四等分 cg，得 d、e、f 点，则 d 点高程为 74m，e 点高程为 75m，f 点高程为 76m，如图 6-22（d）、图 6-22（e）所示。如果感觉两头的线段与中间等分的线段比例不协调，可进行适当的调整。用同样的目估方法定出图 6-23（a）中各相邻碎部点间高程为规定等高距的整数倍的点，用光滑的曲线把其中高程相等的各相邻点依次相连，形成一条条的等高线，如图 6-23（b）所示。

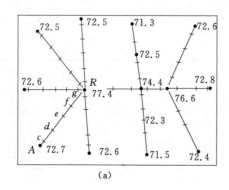
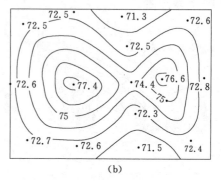

（a）　　　　　　　　　　　　　　　　　　（b）

图 6-23　目估法勾绘等高线

（二）地形图的拼接、检查与整饰

1. 地形图的拼接

（1）聚酯薄膜测图的拼接。当采用聚酯薄膜测图时，利用薄膜的透明性，可将相邻图幅直接叠合起来进行拼接。首先按图廓点和坐标网，使公共图廓线严格地重合，两图幅同值坐标线严密对齐；然后仔细观察拼接线上两边各地物轮廓线是否相接，地形的总貌和等高线的走向是否一致，等高线是否接合，各种符号、注记名称、高程注记是否一致，有无遗漏，取舍是否一致等。当接边误差不大于表 6-6 和表 6-7 规定值的 $2\sqrt{2}$ 倍时，可将接边误差平均配赋在相邻两幅图内，即两图幅各改正一半。改正直线地物时，应将相邻图幅中直线的转折点或直线两端的地物点以直线连接。改正等高线位置时，应顾及连接后的平滑性和协调性，这样才能使地物轮廓线或等高线合乎实地形状，自然流畅地接合。

（2）裱糊图纸的拼接。当测图用的是裱糊图纸，则须用一条宽 4～5cm，长度与图边相等的透明纸条，如图 6-24 所示，先蒙在西图幅的东拼接边上，用铅笔把坐标网线、地物、等高线描在透明纸上，然后把透明纸条按网格对准蒙在东图幅的西拼接边上，并将其地物和等高线也描绘上去，就可看出相应地物和等高线的偏差情况。如遇图纸伸缩，应按比例改正，一般可按图廓格网线逐格地进行拼接，然后同聚酯薄膜测图拼接方法一样进行拼接，若接边误差不超限，在接图边上进行误差配赋，再依其改正原图。接图时，若接合误差超限，则应分析原因并到超限处实地进行检查和重测。

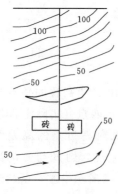

图 6-24　图边拼接

为了保证相邻图幅的拼接，每一幅图的各边均应测出图廓线外 5mm。线状地物若图幅外附近有转弯点（或交叉点），则应测至图外的转弯点（或交叉点）。图边上具有轮廓的地物，若范围不太大，则应完整地测绘出其轮廓。

2. 地形图的检查

（1）室内检查。观测和计算手簿的记载是否齐全、清楚和正确，各项限差是否符合规定；图上地物、地貌的真实性、清晰性和易读性，各种符号的运用、名称注记等是否正确，等高线与地貌特征点的高程是否符合，有无矛盾或可疑的地方，相邻图幅的接边有无问题等。如发现错误或疑点，做好记录，然后到野外进行实地检查修改。

（2）外业检查。首先进行巡视检查，以室内检查为依据，按预定的巡视路线，进行实地对照查看；然后再进行仪器设站检查。巡视检查主要查看原图的地物、地貌有无遗漏，勾绘的等高线是否合理，符号、注记是否正确等。如果发现错误太多，应进行补测或重测。

3. 地形图的整饰

原图经过拼接和检查后，要进行整饰，使图面更加合理、清晰、美观。整饰应遵循先图内后图外，先地物后地貌，先注记后符号的原则进行。

（1）用橡皮擦掉不必要的点、线、符号、文字和数字注记，对地物、地貌按规定符号描绘。

（2）文字注记应该在适当位置，既能说明注记的地物和地貌，又不能遮盖符号。一般要求字头朝北，河流名称、等高线高程等注记可随线状弯曲的方向排列，高程的注记应注于点的右方，字体要端正清楚。一般居民地名用宋体或等线体，山名用长等线体，河流、湖泊用左斜体。

（3）画图廓边框，注记图名、图号，标注比例尺、坐标系统及高程系统、测绘单位、测绘日期等。图上地物以及等高线的线条粗细、注记字体大小均按规定的图式进行绘制。

4. 地形图的清绘

在整饰好的铅笔原图上用绘图笔进行清绘。一般清绘的次序为图廓、注记、控制点、独立地物、居民地、道路、水系、建筑物、植被、地类界、地貌等。

如用聚酯薄膜测图，在清绘前先把图面冲洗干净，晾干后才可清绘。清绘时，线划接头处一定要等先画好的线划干后再连接，以免弄脏图面。绘图笔移动的速度要均匀，使划线粗细一致。若清绘有误，可用刀片刮去，用沙橡皮轻轻擦毛后再清绘。

5. 地形图的复制

经过清绘的地形图原图，通过缩放、描图、晒蓝图或静电复印等，可制作成各种地形图，以利于规划设计、工程施工等使用，为生产和建设提供依据。

第四节　大比例尺数字测图

数字化测图是以计算机为核心，外加输入、输出设备，通过数据接口将采集的地物、地貌信息传输给计算机进行处理，转化为数字形式，得到内容丰富的电子地图。在实际工作中，大比例尺数字测图主要指野外实地测量，即地面数字测图，也称野外数字化测图。

一、数字测图概述

6-4 大比例尺数字测图

随着计算机制图技术的发展，各种高科技测绘仪器的应用，以及数字成图软件的开发完善，一种采用以数字坐标表示地物、地貌的空间位置，以数字代码表示地形图符号（地物符号、地貌符号、注记符号）的测图方法应运而生，这种方法称为数字化测图，以数字的形式表示的地形图称为数字地形图。数字地形图的精度，根据坐标数据采集所采用的仪器的精度不同而不同。在同等仪器设备下，数字地形图比手工绘图精度高、速度快、图形美观、易于更新、便于保存，且可根据用户的不同需要，将同一幅分层储存的数字地形图输出为不同比例尺、不同图幅大小的各种用图，如地籍图、管线图、断面图等。

数字化测图是地形测图的发展方向。本节主要介绍大比例尺数字化测图的作业方法和大比例尺数字化测图的作业过程。

（一）大比例尺数字化测图的作业方法

根据采集碎部点的坐标数据的方法不同，大比例尺数字化测图的作业方法有如下几种。

1. 经纬仪视距测量数据采集

该方法与地形图测绘中所采用的经纬仪测绘法相同，只是要把观测的数据人工一个一个地输入到某种便携式或掌式电脑（如 RD－EB1 电子手簿、MG2001 测图精灵），或台式计算机，或某种记录器中，由电脑或记录器的内部程序处理，生成数字成图软件能够识别的三维坐标数据文件。这种方法人工输入工作量大、较繁琐，容易发生错误。

2. 电子经纬仪＋红外测距仪＋便携式电脑联合数据采集

该方法与经纬仪视距测量数据采集的方法基本相同，只是测站点到碎部点棱镜的斜距由红外测距仪测定，也是通过人工输入，由电脑内部程序生成三维坐标数据文件。在测距方面，这种方法比经纬仪视距测量数据采集精度更高一些。

3. 航测数据采集

该方法根据航空摄影的像片，利用解析测图仪或自动记数的立体坐标量测仪记录像片上地物、地貌的像点坐标，经计算机处理，获取地面三维坐标数据文件。该方法自动化水平高，但价格昂贵。

4. 全站仪数据采集

该方法可利用各种系列的全站仪，采用与经纬仪测绘法基本相同的方法，在一图根控制点上安置全站仪，输入有关数据，照准后视点定向后，瞄准碎部点上的棱镜，启用坐标测量功能，获取碎部点三维坐标，并按一定的通信参数设置，输出数字成图软件能够识别的三维坐标数据文件。这种方法是目前最常用的数字化测图作业方法。

5. GNSS RTK 数据采集

GNSS RTK 是 NAVSTAR/GNSS RTK 的简称，全称为 Navigation System Timing and Ranging/ Global Navigation Satellite System Real Time Kinematic Survey,

它的含义是授时与测距导航系统/全球定位系统、实时动态测量，简称全球定位系统、实时动态测量。它的作业方法是：选择一已知控制点作为基准站，在其上安置 GNSS 接收机，流动站在欲测的碎部点上与基准站同时跟踪 5 颗以上的卫星，基准站借助电台将其观测所得数据不断地发送给流动站接收机，流动站接收机将自己采集的 GNSS 数据和来自基准站的数据组成差分观测值，进行实时处理，求得碎部点的三维坐标，经处理后成为三维坐标数据文件。这种方法速度快，一个碎部点仅需 1～2s，国产 GNSS 接收机价格约 2 万～4 万元人民币。

6. 数字化仪数据采集和扫描矢量化数据采集

这两种方法都是在已有的地形图上，利用数字化仪获取碎部点的三维坐标，或用扫描仪配合矢量化软件操作，将老图化为数字地形图。

按照采集碎部点三维坐标数据时是否输入操作码，大比例尺数字化测图的作业方法又可分为草图法作业和简码法作业。所谓的操作码，是采集坐标数据时成图软件默认的地物的简单代码，以及自动绘图时地物点之间连接的点号和线型的代码。操作码均由字母和数字等简易符号组成，如 CASS 成图软件中的 22（U0）表示曲线型未加固陡坎第 22 点，23（十）表示 22 点连接 23 点，29（5十）表示 23 点连接 29 点。而在 RDMS 成图软件中，未加固陡坎代码是 810。

（1）草图法作业。该方法要求采集数据时专门安排一名绘图员，将测区的地物、地貌画成一张草图。当仪器测量每一个碎部点时，绘图员在草图上相应点的位置标注与仪器内存记录相同的点号，并注明碎部点的属性信息（如测量某点 5 层混合结构房角时，全站仪屏幕上显示点号为 24，绘图员在草图相应房角处标注"24"，并在该房子中央注明"混 5"）。草图法内业工作时，以三维坐标数据文件为基础，在数字化成图软件中，展测点点号、高程点，根据草图移动鼠标，选择相应的地形图图式符号（数字化成图软件按图式标准已制作好），将所有的地物绘制出来。进而建立数字地面模型（DTM），追踪等高线，编辑平面图。最后还可以启动三维图形漫游功能和着色功能，将地形图变为立体的自然景观图，从不同的角度查看自己所测绘的地物、地貌与测区的真实情况是否吻合。

（2）简码法作业。简码法作业与草图法作业不同的是，在采集每一个碎部点数据时，都要在记录器或电脑或全站仪上输入地物点的操作码。简码法作业绘图时，通过数字化成图软件中"简码识别"菜单，将带简码格式的坐标数据文件转换成数字化成图软件能够识别的内部码（绘图码）。再通过"绘平面图"菜单，自动绘出地物平面图。最后建立数字地面模型，追踪等高线，编辑平面图。

由于简码法作业在数据采集时，每观测一个碎部点都要输入操作码，采集花费的时间比草图法更多，再加上野外数据采集须在白天进行，为了抢时间，野外进行数据采集时，通常采用草图法。

（二）大比例尺数字化测图的作业过程

大比例尺数字化测图的作业过程分为数据采集、数据处理、数据输出三个步骤：

（1）数据采集。采用不同的作业方法，采集、储存碎部点三维坐标，生成数字化成图软件能够识别的坐标格式文件，或带简码格式的坐标数据文件。

（2）数据处理。设置通信参数，采用通信电缆和命令，将坐标数据文件输入电脑，启动数字化成图软件，编辑地物、地貌，注记文字，图幅整饰，加载图框，生成地形图文件。

（3）数据输出。与绘图仪连接，启动打印命令，将地形图文件输出，打印成地形原图。

大比例尺数字化测图的作业流程如图 6-25 所示。

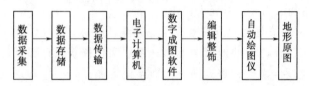

图 6-25　大比例尺数字化测图作业流程示意图

二、全野外大比例尺数字测图

全野外数字测图法需要的生产设备有 GNSS-RTK、全站仪、掌上电脑或笔记本电脑、计算机和数字化测图软件等。

根据所使用的设备不同，全野外数字测图主要有"草图法""电子平板法""简码法""数字仪录入法"等多种成图作业方式。考虑实用性和篇幅限制，本书只介绍"草图法"，其他几种方法读者可参阅有关书籍。

（一）测图前的准备工作

接受上级下达任务或签订数字测图任务合同后，为了保证数据采集的顺利进行，要求在数字测图之前做好详细周密的准备工作。

1. 仪器、器材准备

仪器、器材主要包括全站仪或 GNSS 接收机、三脚架、对讲机、备用电池、数据线、棱镜、草图本、测伞等。仪器必须经过严格的检校且保证有充足电量方可投入工作。在测量前，必须根据实际测区情况、仪器设备的性能、型号精度、数量与测量的精度、测区的范围、采用的作业模式等认真准备。

2. 控制点成果和技术资料准备

（1）各类图件。具体包括：

1）测区及测区附近已有的各类图件资料，内容包括施测单位、施测年代、等级、精度、比例尺、规范依据、范围、平面和高程坐标系统、投影带号等。

2）野外采集数据时采用的工作底图，包括旧地形图、晒蓝图或航片放大影像图。

（2）已有控制点资料。已有控制点资料包括已有控制点的数量、分布，各点的名称、等级、施测单位、保存情况等。最好提前将测区的全部控制成果输入电子手簿、全站仪等测绘设备，以方便调用。

（3）其他资料。具体包括：

1）测图前应收集有关测区的自然地理、风俗民情和交通情况资料。

2）测图前还应取得有关测量规范、图式等。

（二）草图法工作流程

草图法是在野外利用全站仪采集并记录观测数据或坐标，同时勾绘现场地物属性关系草图。回到室内，再自动或手动连线成图。其流程如图 6 - 26 所示。

具体过程如下：

（1）在野外，利用 GNSS - RTK 或全站仪采集并记录观测数据或坐标，同时勾绘现场地物连接关系草图。

（2）回到室内，记录数据下载到电脑，得到观测数据文件或坐标数据文件。

（3）将数据预处理为".dat"格式。

（4）直接展绘点位。

（5）编辑修改，最终出图。

草图法是一种十分实用、快速

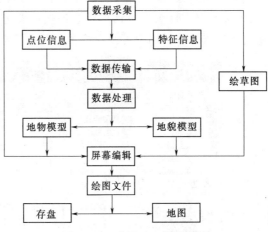

图 6 - 26 草图法工作流程图

的测图方法。其优点是：在野外作业时间短，大大降低了外业劳动强度，提高了作业效率。由于免去了外业人员记忆图形编码的麻烦，因而这种作业方法更易让一般用户接受。其缺点为：不直观，容易出错，当草图有错误时，可能还需要到实地查错。

（三）将野外采集数据传输到计算机并转换数据格式

打开传输软件 CASS，设置与全站仪一致的通信参数，包括"通信口""波特率""数据位"和"校验位"。单击"下载"，将 GNSS - RTK 或全站仪采集的数据导入计算机。在传输软件上单击"转换"，在"打开位置"输入下载下来的路径和文件夹，指定坐标转换的格式（CASS）和保存路径，单击"转换"按钮，将野外采集的数据自动转换成扩展名为".dat"的数据文件。

（四）绘图处理

绘图处理分"定显示区"和"展野外测点点号"两步进行。

1. 定显示区

定显示区的作用是根据要输入的 CASS 坐标数据文件中的坐标值定义绘图区域的大小，以保证所有点都可见。

例如，执行菜单"绘图处理\定显示区"命令，在弹出的如图 6 - 27 所示的"输入坐标数据文件名"对话框，选择 CASS 自带的坐标数据文件"YMSJ.dat"，单击"打开"按钮完成定显示区的操作。同时在命令行给出了下列提示：

最小坐标（米）：$X=31067.315$，$Y=54075.471$

最大坐标（米）：$X=31241.270$，$Y=54220.000$

2. 展野外测点点号

展野外测点点号是将 CASS 坐标数据文件中点的三维坐标展绘在绘图区，并在点位的右边注记点号，以方便用户结合野外绘制的草图绘制地物。该命令位于下拉菜单

"绘图处理 \ 展野外测点点号",其创建的点位和点号对象位于"zdh"(意为展点号)图层,其中点位对象是 AutoCAD 的 Point 对象,用户可以执行 AutoCAD 的 Ddptype 命令修改点样式。

例如,执行菜单"绘图处理 \ 展野外测点点号"命令,在弹出图 6-27 所示的"输入坐标数据文件名"对话框中,仍然可以选择"YMSJ.dat"文件,单击"打开"按钮完成展点操作。用户可以在绘图区看见展绘好的碎部点点位和点号。

图 6-27 "输入坐标数据文件名"对话框

要说明的是,虽然没有注记点的高程值,但点位本身是包含高程坐标的三维空间点。用户可以执行菜单"工程应用/查询指定点坐标"命令,来拾取任一碎部点坐标。如 40 号点的坐标和高程在命令行显示为

指定点:$X=54106.1300$,$Y=31206.4300$,$Z=494.7000$。

(五)绘平面图

根据野外作业的草图,内业绘制平面图。单击屏幕菜单中的"定位方式"中的"坐标定位"。选择相应的地形图图式符号,然后在屏幕中将所有的地物绘制出来。系统中所有地形图图式符号都是按照图层来划分的,例如所有表示测量控制点的符号都放在"KZD"这一层,所有表示独立地物的符号都放在"DLDW"这一层,所有表示植被的符号都放在"ZBTZ"这一层,所有的居民地符号都放在"JMD"这一层。

根据外业草图,选择相应的地图图式符号在屏幕上将平面图绘出来,如图 6-28 所示。

1. 绘制居民地

由 33、34、35 号点连成一间普通房屋。这时便可点击屏幕菜单"居民地",系统便弹出如图 6-29 所示的对话框。选择"四点房屋",这时命令区提示:

已知三点 \ 2. 已知两点及宽度 \ 3. 已知四点〈1〉:按回车键单击 33、34、35 号点(插入点)完成。

将 27、28、29 号点绘成四点房屋;37、38、41 号点绘成四点棚房;60、58、59 号点绘成四点破坏房子;12、14、15 号点绘成四点建筑中房屋。

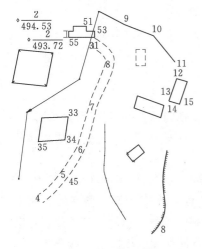

图 6-28 外业作业草图

图 6-29 居民地和垣栅

注意：

（1）已知三点是指测矩形房子时测了三个点；已知两点及宽度则是指测矩形房子时测了两个点及房子的一条边；已知四点则是测了房子的四个角点。

（2）当房子是不规则的图形时，可用"实线多点房屋"或"虚线多点房屋"来绘。

（3）绘房子时，点号必须按顺序单击，上例的点号如按 34、33、35 或 35、33、34 的顺序，绘出来房子就不对。

依草图绘制多点一般房屋，如图 6-30 所示，测量了 50、51、53、55 四个点和丈量了一边长为 3.18m。绘制多点一般房屋的步骤为：

点击屏幕菜单的居民地选择多点一般房屋，单击 50、51 号点，这时在命令行提示：

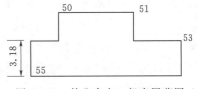

图 6-30 外业多点一般房屋草图

曲线 Q 图边长交会 B \ 隔一点 J \ 微导线 A \ 延伸 E \ 插点 I \ 回退 U \ 换向 H＜指定点＞：

键入 J，按回车键，单击 53 号点；键入 J，按回车键，单击 55 号点；键入 A，按回车键，命令行提示：

微导线-键盘输入角度（K）\ 指定方向点（只确定平行和垂直方向）：

键入 K，按回车键，按提示输入角度（度.分秒）270.0000；按回车键，输入距离（米），键入 3.18 后按回车键，单击 50 号点完成多点一般房屋的绘制。

2. 绘制交通设施

由 4、5、6、7、8、31 连接成平行建筑等外公路。单击屏幕菜单中的"交通设施"，弹出"交通及附属设施类"对话框，选择"平等建筑等外公路"并单击"确定"按钮，根据命令行提示分别捕捉 4、5、6、7、8、31 六个点按回车键结束指定点位操作，命令行提示如下：

拟合线＜N＞？键入 y

一般选择拟合，键入 y 后按回车键，命令行提示如下：

　　　　1. 边点式 \ 2. 边宽式 \ （按 Esc 键退出）：<1> 按回车键

用鼠标点取 45 号点完成平行建筑等外公路的绘制。

（六）绘制等高线

1. 展高程点

白纸测图中，等高线是通过对测得的碎部点进行线性内插，手工勾绘而成的，这样勾绘的等高线精度较低。而在数字测图中，等高线是在 CASS 中通过创建数字地面模型 DTM 后自动生成的，生成的等高线精度相当高。

DTM 是指在一定的区域范围内，规则格网或三角形点的平面坐标（X，Y）和其他地形属性的数据集合。如果该地形属性是该点的高程坐标 H，则此数字地面模型又称为数字高程模型 DEM。DTM 从微分角度三维地描述了测区地形的空间分布，应用它可以按用户设定的等高距生成等高线、任意方向的断面图、坡度图、透视图、渲染图，与数字 DOM 复合生成景观图，或者计算对象的体积、覆盖面积等。

展高程点的作用是将 CASS 坐标数据文件中点的三维坐标展绘在绘图区，并根据用户给定的间距注记点位的高程值。该命令位于下拉菜单"绘图处理 \ 展高程点"，其创建的点位对象位于"GCD"（意为高程点）图层，其中点位对象是半径为 0.5 的实心圆。

例如，执行菜单"绘图处理 \ 展高程点"命令，命令行提示如下：

　　　　　　　　绘图比例尺 1：<500>

键入绘图比例尺的分母值后，按回车键，在弹出的"输入坐标数据文件名"对话框中，选择"DGX.dat"，单击"打开"按钮，命令行提示如下：

　　　　　　　　注记高程点的距离（米）：

键入了注记高程点的距离后，按回车键完成展高程点操作。此时点位和高程注记对象与前面绘制的点位和点号对象重叠。为了方便绘制地物，用户可以先关闭"GCD"图层。

2. 建立 DTM

执行菜单"等高线 \ 建立 DTM"命令，弹出如图 6-31 所示的"建立 DTM"对话框。在该对话框中有两种建立 DTM 的方式：一种是"由数据文件生成"，另一种是"由图面高程点生成"，默认是"由数据文件生成"。在建模过程中有两种情况可供我们选择：一种要考虑陡坎，另一种要考虑地性线，不选也可以。在结果显示中有三种供我们选择：第一种是"显示建三角网结果"，第二种是"显示建三角网过程"，第三种是"不显示三角网"，默认是"显示建三角网结果"。在此时选择"DGX.dat"，并单击"确定"按钮后，显示如图 6-32 所示的三角网，在命令行提示：连三角网完成！共 224 个三角形。

3. 修改数字地面模型

由于现实地貌的多样性、复杂性和某些点的高程缺陷（如控制点在楼顶），直接使用外业采集的碎部点很难一次性生成准确的数字地面模型，这就需要对生成的数字地面模型进行修改，它是通过修改三角网来实现的。

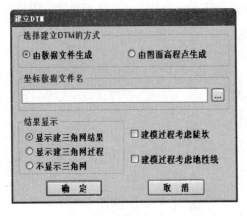

图 6-31 "建立 DTM"对话框

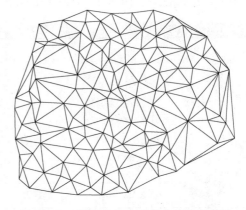

图 6-32 "DGX. dat"文件生成的三角网

（1）删除三角形。如果在某局部内没有等高线通过，则可将其局部内相关的三角形删除。删除三角形的操作方法是：选择"等高线\删除三角形"命令，提示"Select objects："，这时便可选择要删除的三角形，如果误删，可用"U"命令恢复。

（2）过滤三角形。如果 CASS 在建立三角网后无法绘制等高线或生成的等高线不光滑，可用此功能过滤掉部分形状特殊的三角形。这是由于某些三角形的内角过小或边长悬殊过大所致。

（3）增加三角形。如果要增加三角形，可选择菜单"等高线\增加三角形"命令，依照屏幕的提示在要增加三角形的地方用鼠标点取。如果点取的地方没有高程点，CASS 会提示输入高程。

（4）三角形内插点。选择此命令后，可根据提示输入要插入的点：在三角形中指定点（可输入坐标或用鼠标直接点取），提示"高程（米）="时，键入此点高程。通过此功能可将此点与相邻的三角形顶点相连构成三角形，同时原三角形会自动被删除。

（5）删三角形顶点。用此功能可将所有由该点生成的三角形删除。这个功能常用在发现某一点坐标错误，要将它从三角网中剔除的情况下。

（6）重组三角形。指定两相邻三角形的公共边，系统自动将两三角形删除，并将两三角形的另两点连接起来构成两个新的三角形，这样做可以改变不合理的三角形连接。

（7）删三角网。生成等高线后就不再需要三角网了，可以用此功能将整个三角网全部删除。

（8）修改结果存盘。通过以上命令修改了三角网后，选择菜单"等高线\修改结果存盘"命令，把修改后的数字地面模型存盘。要注意的是，修改了三角网后一定要进行此步操作，否则修改无效！当命令区显示"存盘结束！"时，表明操作成功。

4. 绘制等高线

执行菜单"等高线\绘制等高线"命令，弹出如图 6-33 所示的"绘制等值线"对话框。在该对话框中显示最小高程、最大高程和拟合方式。键入等高距值后单击

"确定"按钮，显示如图6-34所示的等高线，它位于"SJW"（意为三角网）图层。

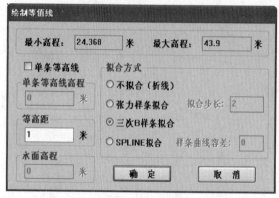

图6-33 "绘制等值线"对话框

图6-34 完成绘制的等高线

5. 三维模型

建立了DTM之后就可以生成三维模型。

执行菜单"等高线\三维模型\绘制三维模型"命令，命令区提示：

最大高程：键入43.90，最小高程：键入24.37

输入高程乘系数<1.0>：键入5

整个区域东西向距离=键入276.96，南北向距离=键入224.77

输入格网间距<8.0>：键入5

是否拟合？（1）是（2）否<1>按回车键

如果用默认值，建成的三维模型与实际情况一致。如果测区内的地势较为平坦，可以输入较大的高程乘系数值，将地形的起伏状态放大。因本例中坡度变化不大，输入高程乘系数值为5将其夸张显示，这时显示的三维模型如图6-35所示，它位于SHOW图层。

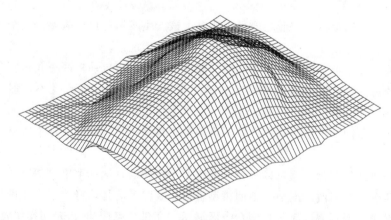

图6-35 "DGX. dat"文件生成的高程系数等于5、格网间距
等于5的三维模型效果图

要说明的是，执行"绘制三维模型"命令后，为了更清晰地观察三维地面模型效

果，CASS自动冻结了除SHOW图层以外的全部图层，并将SHOW图层设置为当前图层。

另外，利用"低级着色方式""高级着色方式"功能还可对三维模型进行渲染等操作，利用"显示＼三维静态显示"功能可以转换角度、视点、坐标轴，利用"显示＼三维动态显示"功能可以绘出更高级的三维动态效果。

限于篇幅，等高线的修饰这里不再介绍，读者可参阅有关书籍或使用说明书。

（七）地形图编辑与图幅整饰

在大比例尺数字测图过程中，由于实际地形、地物的复杂性，漏测、错测是难以避免的，这时必须要有一套功能强大的图形编辑系统，对所测地图进行屏幕显示和人机交互图形编辑，在保证精度的情况下消除相互矛盾的地形、地物，对于漏测或错测的部分，及时进行外业补测或重测。

图形编辑的另一个重要用途是对大比例尺数字化地图的更新，根据实测坐标和实地变化情况，随时对地图的地形、地物进行增加或删除、修改等，以保证地图具有现势性。

对于图形的编辑，CASS提供"编辑"和"地物编辑"两种下拉菜单："编辑"是由AutoCAD提供的编辑功能，即图元编辑、删除、断开、延伸、修剪、移动、旋转、比例缩放、复制、偏移拷贝等；"地物编辑"是对地物进行编辑，即线型换向、植被填充、土质填充、批量删剪、批量缩放、窗口内的图形存盘、多边形内图形存盘等。下面只对"改变比例尺""线型换向""图形分幅"和"图幅整饰"加以说明。

1. 改变比例尺

执行菜单"文件＼打开已有图形"命令，打开"STUDY.DWG"，屏幕上将显示如图6-36所示的"STUDY.DWG"文件图形。

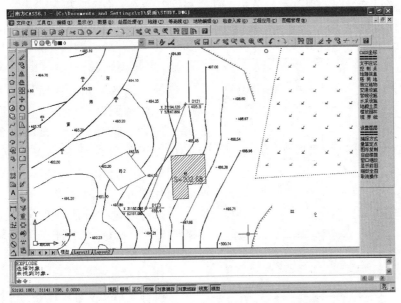

图6-36　"STUDY.DWG"文件图形示意图

执行菜单"绘图处理\改变当前图形比例尺"命令，命令区提示：

当前比例尺为 1：500

输入新比例尺＜1：500＞1：100（键入 100 后按回车键）

是否自动改变符号大小？（1）是（2）否＜1＞按回车键

这时屏幕显示的"STUDY.DWG"图就转变为 1：100 的比例尺，各种地物包括注记、填充符号都已按 1：100 的图示要求进行了转变。

2. 线型换向

通过屏幕菜单绘出未加固陡坎、加固斜坡、不依比例围墙各一个，如图 6-37（a）所示。执行菜单"地物编辑\线型换向"命令，命令区提示：

请选择实体

用鼠标单击需要换向的实体，完成换向，结果如图 6-37（b）所示。

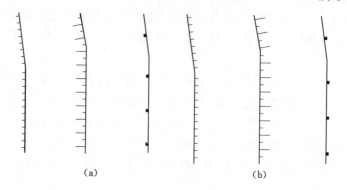

（a）　　　　　　　（b）

图 6-37　线性换向前后示意图

3. 图形分幅

执行菜单"绘图处理\批量分幅\建立格网"命令，命令区提示：

请选择图幅尺寸：（1）50＊50（2）50＊40（3）自定义尺寸＜1＞按回车键

输入测区一角：

输入测区另一角：

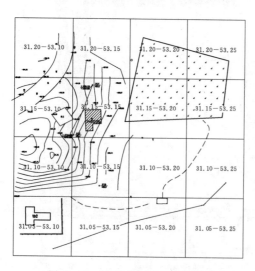

图 6-38　批量分幅建立的格网

输入测区一角：在图形左下角单击左键；输入测区另一角：在图形右上角单击左键。这样 CASS 自动以各个分幅图的左下角的 X 坐标和 Y 坐标来命名，如"31.05－53.10""31.05－53.15"等，如图 6-38 所示。

执行菜单"绘图处理\批量分幅\批量输出"命令，CASS 则自动将各个分幅图保存在用户指定的路径下。

4. 图幅整饰

执行菜单"文件\CASS 参数配置\图框设置"命令，屏幕显示如图 6-39 所示。完成设置后单击"确定"按钮。

打开"31.15—53.15.DWG"文件，图框显示如图 6 - 40 所示。因为 CASS 系统所采用的坐标系统是测量坐标，即 1：1 的真坐标，加入 50cm×50cm 图廓后即可。

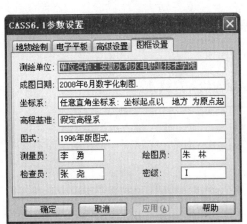

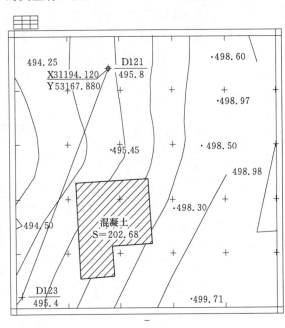

图 6 - 39　CASS 参数设置中的图框设置　　图 6 - 40　加入图廓的"31.15—53.15.DWG"平面图

技 能 训 练 题

1. 何谓比例尺？比例尺有哪几种？

2. 何谓比例尺精度？1：5000 地形图的比例尺精度为多少？

3. 某单位要求测绘一幅图上能反映 0.05m 地面线段精度的地形图，测绘单位至少应选用多大比例尺进行测图？

4. 在 1：2000 图上得 A、B 两点的长度为 0.1646m，则 A、B 两点实地的水平距离为多少？

5. 名词解释：平面图、地形图、比例尺、比例尺精度。

6. 判别下列物体哪些是地物，哪些是地貌：山顶、停车场上公交车、挖渠堆集的土堆、峭壁、滑坡、水准点、河中的捞沙船。

7. 何谓等高线、等高距、等高线平距、首曲线、计曲线？

8. 某幅地形图的等高距为 2m，图上绘有 38m、40m、42m、44m、46m、48m、50m、52m 等 8 条等高线，其中哪几条为计曲线？

9. 测图前的准备工作包括哪几项内容？

10. 用对角线法绘制一幅 10cm×10cm 坐标方格网，其中每小方格的边长为 2cm。

11. 已知导线点 A、B、C，其坐标 $X_A = 647.4$，$Y_A = 425.8$；$X_B = 690.2$，

$Y_B=538.4$；$X_C=725.6$，$Y_C=442.6$。在题 10 绘制的方格网中用 1∶2000 的比例展绘出来。

12. 确定碎部点平面位置的方法有哪些？各方法适用哪些地方？

13. 什么叫作碎部点？测绘地形图时，如何选择碎部点？

14. 如图 6-41 所示控制点 A、B，仪器安置在 A 点上，后视 B 点（$0°00'00''$瞄准 B 点）后进行碎部测量，测得 1 点的平距为 12.0m，水平角为 $60°03'$，$H_1=103.4$m；测得 2 点的平距为 15.6m，水平角为 $181°00'$；$H_2=100.4$m，将 1、2 点展绘出来。

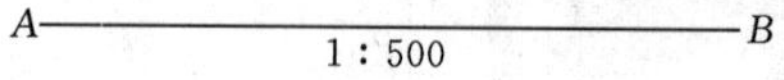

$$A \underline{\hspace{4cm} \atop 1∶500} B$$

图 6-41　题 14 图

15. 根据图 6-42 所示地形点用 1m 的等高距勾绘等高线。

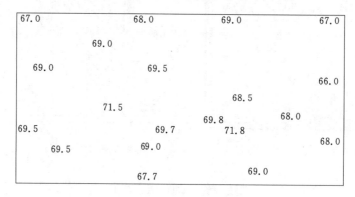

图 6-42　题 15 图

第七章 大比例尺地形图的识读与应用

【学习目标】

1. 掌握地形图识读的基本知识。

2. 了解地形图的分幅与编号。

3. 掌握在地形图上确定地面点位的坐标、量算线段长度、量算某直线的坐标方位角。

4. 掌握求算某点的高程、按一定方向绘制断面图、量算面积。

5. 掌握 CASS 软件绘制的地形图的应用。

第一节 大比例尺地形图的分幅与编号

7-1 大比例尺地形图的分幅与编号

为了便于测绘、拼接、储存和保管以及检索和使用系列地形图，需将各种比例尺地形图统一分幅和编号。地形图分幅方法分为两类：一类是按经纬线分幅的梯形分幅法（又称为国际分幅）；另一类是按坐标格网分幅的矩形分幅法。在城市建设和工程建筑中采用的大比例尺地形图，适用矩形分幅。本节主要介绍大比例尺地形图的矩形分幅与编号。

一、分幅方法

大比例尺地形图通常采用平面直角坐标的纵、横坐标线为界限来分幅，图幅的大小通常为 50cm×50cm，40cm×50cm，40cm×40cm，每幅图中以 10cm×10cm 为基本方格。一般规定，对 1∶5000 的地形图，采用纵、横各 40cm 的图幅；对 1∶2000、1∶1000 和 1∶500 的地形图，采用纵、横各 50cm 的图幅；以上分幅称为正方形分幅，且最为常用。也可以采用纵距 40cm、横距 50cm 的分幅，称为矩形分幅。正方形分幅是以 1∶5000 比例尺图为基础，表 7-1 是正方形及矩形分幅的图廓规格。

表 7-1　　　　　　　　　正方形及矩形分幅的图廓规格

比例尺	矩形分幅		正方形分幅		
	图符大小 /(cm×cm)	实地面积 /km²	图符大小 /(cm×cm)	实地面积 /km²	一幅 1∶5000 图所含幅数
1∶5000	50×40	5	40×40	4	1
1∶2000	50×40	0.8	50×50	1	4
1∶1000	50×40	0.2	50×50	0.25	16
1∶500	50×40	0.05	50×50	0.0625	64

如图 7-1 所示，一幅 1∶5000 的地形图包括四幅 1∶2000 的地形图；一幅 1∶

2000 的地形图包括四幅 1∶1000 的地形图；一幅 1∶1000 的地形图包括四幅 1∶500 的地形图。

二、图幅的编号

矩形图幅编号方法常见有以下几种。

1. 坐标编号法

坐标编号法有两种情况，具体如下：

（1）中央经线的经度-西南角纵横坐标编号法。当测区与国家控制网联测时的图幅编号。编号方法采用"图幅所在投影带中央经线的经度-西南角纵坐标-西南角横坐标"，坐标以 km 为单位。编号由下列两项组成：①图幅所在投影带的中央子午线经度；②图幅西南角的纵横坐标值（以 km 为单位）。

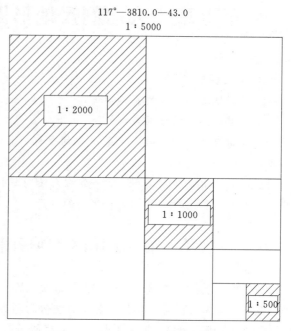

117°—3810.0—43.0
1∶5000

图 7-1　1∶5000 地形图图幅与编号

【例 7-1】　图 7-1 所示为 1∶5000 地形图，其图幅编号为"117°—3810.0—43.0"，即表示该图幅所在投影带的中央子午线经度为 117°，图幅西南角坐标 $x=$ 3810km，$y=$43km。

（2）图幅西南角坐标编号法。以每幅图的图幅西南角坐标值 x、y 的千米数作为图幅编号，1∶1000 比例尺的地形图，按图幅西南角坐标编号法分幅，其中画阴影线的两幅图的编号分别为 3.0—1.5，2.5—2.5，如图 7-2 所示。这种方法的编号和测区的坐标值联系在一起，便于按坐标查找。

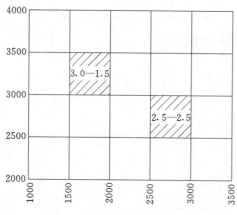

图 7-2　图幅西南角坐标编号法

2. 数字顺序编号法

有些独立地区的测图，与国家或城市控制网没有关系，或者由于工程本身保密的需要，或者小面积测图，也可以采用按数字顺序等方法进行编号。图 7-3 中虚线表示××规划区范围；数字表示图号，其数字排列一般从左到右，从上到下。

3. 基本图号逐次编号法

1∶5000～1∶500 比例尺地形图采用正方形分幅时，1∶5000 图幅大小为 40cm×40cm，其他比例尺图幅大小则为 50cm×50cm。其编号方法如下：

（1）以 1∶5000 比例尺图的图幅西南角的坐标数字（用阿拉伯数字，以 km 为单位）作为它的图号，并且作为包括于本图幅中 1∶2000～1∶500 比例尺图的基本图号。

（2）在 1∶5000 比例尺图的基本图号的末尾，附加一个子号数字（用罗马数字）作为 1∶2000 比例尺图的图号。

（3）同样在 1∶2000、1∶1000 比例尺图的图号末尾附加一个子号数字（用罗马数字）作为 1∶1000、1∶500 比例尺图的图号。

这种方法的编号也能将测区的坐标值联系在一起，便于按坐标查找。

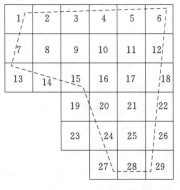

图 7 - 3　数字顺序编号法

【**例 7 - 2**】　图 7 - 4 中，某幅 1∶5000 比例尺地形图西南角 P 的坐标为：$x_P = 20\text{km}$、$y_P = 30\text{km}$，则基本图号逐次编号法的具体表示方法现举例说明，图中有阴影线的图幅编号如下：

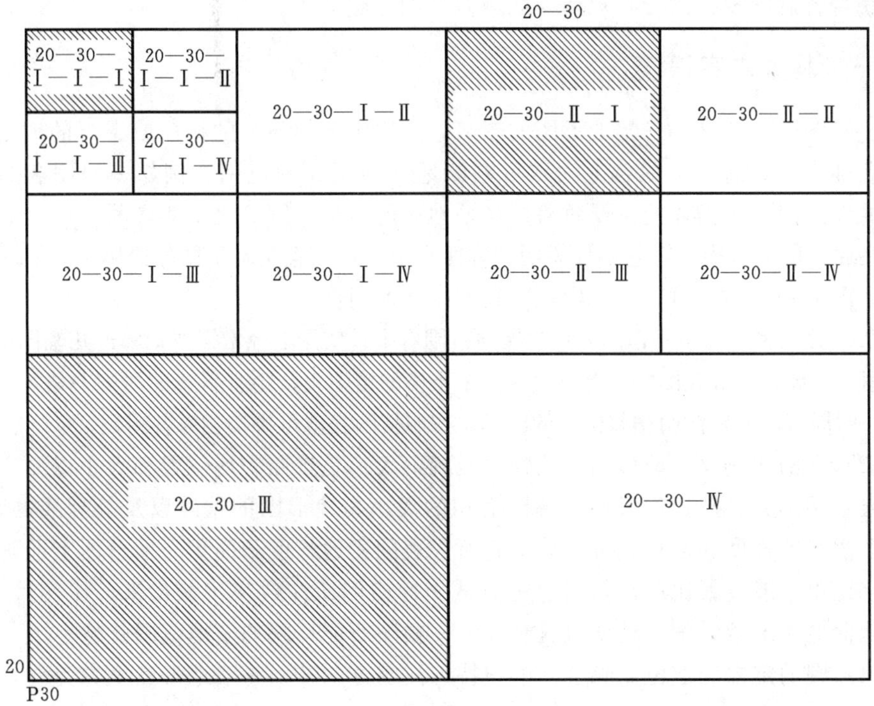

图 7 - 4　基本图号逐次编号法

1∶5000 比例尺图的图幅号为 20—30。

1∶2000 比例尺图的图幅号为 20—30—Ⅲ。

1∶1000 比例尺图的图幅号为 20—30—Ⅱ—1。

1∶500 比例尺图的图幅号为 20—30—Ⅰ—Ⅰ—Ⅰ。

矩形分幅的地形图编号应以方便管理和使用为目的，不必强求统一。

第二节 地形图的识读

7-2 大比例尺地形图的识读

地形图是以相对均衡的详细程度表示制图区域各种地貌和地物等要素的基本特征、分布规律及其相互联系，正确地反映地域分布规律和如实地表达区域地理特征。地形图上表示的内容非常丰富，既有地物，又有地貌；既有高山、盆地，又有丘陵、平原；既有村庄、道路，又有水库、池塘。如何正确认识如此复杂的地形，了解一幅图内所表示的全部内容，正确使用地形图，对工程建设、经济建设、水利工程的维护都有至关重要的作用。

地形图的识读是对地形图上所表现的地貌和地物等要素，通过阅读、联想性推理或系统组合的分析，判断地物质量特征及其分布成因规律的方法。地形图的识读是读图的分析、判断过程，是利用地形图提供的信息，进行分析和引伸，得出新的概念和结论。一般采用先单项后综合、先局部后整体的步骤，先按顺序逐项阅读分析各制图现象的分布范围和规律，再按区域分析所有内容的分布特点及相互联系，最后总览全图，获得各制图现象的分布规律与区域差异的完整认识。

一、基本内容识读

（1）图名、图号。一幅地形图的图名，是用本图内最大的村庄或突出的地物、地貌的名称来命名的。从图名上大致可判断地形图所在的范围。例如一幅图名为"黟县"的地形图，所描述的主要对象便是该地区的地形。图名之下为图号。图名和图号注记在北图廓上方中央，它不仅说明图幅所在地区，而且明确了图的比例尺。如图7-5所示，图名是"桔园村"，图号是"21.0—10.0—Ⅲ"。

（2）接图表。由于一幅图表示的实地范围有限，实用上经常需要把邻近几幅图拼接起来使用。因此，一般在图的左上方绘有九个小格的接图表，绘有斜线的居中一格，代表本图幅，四周八格分别注明相邻图幅的图名，按照接图表就可拼接相邻各图幅。

（3）图的比例尺。地形图的地物和地貌，大都是按照实地位置和大小以一定比例尺缩绘在图上的。从比例尺可了解图面积的大小，地形图的精度以及等高线的距离。从图上量得的长度和面积，可以算出它所代表的实地长度和面积。地形图上通常都注有数字比例尺或直线比例尺，但也可以从坐标格网所注数字辨认出来。比例尺越大，表示地面的情况越详细，精度也就越高，一幅图所能反映的实地范围就越小。

（4）图的定向和定位。除了一些图特别注明方向外，一般地形图上方为北，下方为南，右面为东，左面为西。有些地形图标有经纬度则可用经纬度定方向。在地形图原图上，注记的字头规定朝北。但在复制图上，往往根据用图单位的方便自行选定，然后在图上加绘指北方向。对于专业用图人员，可以通过纵横坐标数值辨认出东西南北四个方向。

要确定图上某点的位置，就必须利用图上的坐标格网及其千米注记。在野外认图和用图时，通常利用图上的突出地物、地貌和实地对照，先使图上方向和实地方向一致，从中认出用图者站立点的图上位置，然后才能对照地形图在现场观察分析周围的地形。

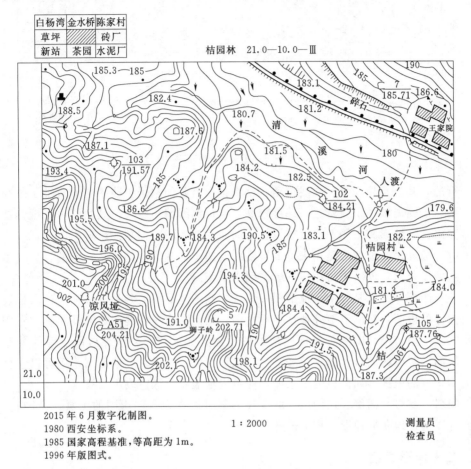

2015 年 6 月数字化制图。
1980 西安坐标系。
1985 国家高程基准，等高距为 1m。
1996 年版图式。

1 : 2000

测量员
检查员

图 7-5　1 : 2000 地形图

（5）图廓和坐标格网。图廓是图幅四周的范围线，如图 7-6 所示，它可分为内、外图廓。内图廓是一幅图的测图边界线，对于梯形图幅，四周边界是由上下两条纬线和左右两条经线所构成，经纬线的长度由经纬差决定。对于正方形分幅，其图廓也是正方形。外图廓线平行于内图廓线。对于通过内图廓的重要地物（如道路、河流、境界等）和跨图幅的村庄，都要在图廓间注明。

平面直角坐标格网由边长 10cm 的正方形组成，其纵横线分别平行于轴子午线和赤道。通常坐标线只在图廓间绘一小段，并注上以 km 为单位的坐标值，因而也称千米格网。每个图幅都应标注它所采用的坐标系统和高程系统。

（6）磁偏角和坐标纵线偏角。磁偏角是磁北方向与真北方向的夹角，它在不同的地点有不同的大小和偏向，即使在同一地点，也有一定的变化。图幅的磁偏角值一般在测图过程中测定，取图幅内各埋石点的平均磁偏角。

在一个投影带内，平面直角坐标的纵线都互相平行，且均平行于轴子午线。但因各图幅在带内的位置不同，每个图幅有它本身的子午线平均值，它和坐标纵线一般是

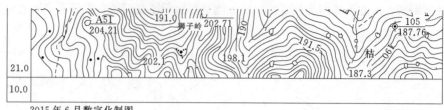

2015 年 6 月数字化制图。
1980 西安坐标系。
1985 国家高程基准,等高距为1m。
1996 年版图式。

1 : 2000

测量员
检查员

图 7-6　图廓和坐标格网

不平行的,其夹角称为坐标纵线偏角。这个偏角就是图幅子午线平均值对轴子午线的收敛角。图幅离轴子午线越远,纬度越高,坐标纵线偏角越大。其角值可根据纬度与经差算出。在地形图上用罗盘仪或罗针定向时,要考虑磁偏角的影响。

(7)坡度尺。坡度尺是用来量取坡度的。图上的基本等高距是一定的,只要给出一系列坡度角值,就可求得相应的一系列水平距离。

(8)图例。图例是集中于地形图一角或一侧的地形图上各种符号和颜色所代表内容与指标的说明,有助于更好地认识地形图。图例通常在标准图幅的外图廓的右侧或者图的左下角。结合图例了解该区地物的位置,如河流、湖泊、居民点等的分布情况,从而了解该区的自然地理及经济、文化等情况。对于多色地形图,还可以颜色作为地物识读的依据,如蓝色表示水体,棕色表示地貌,绿色表示植被等。

图名、图号、图例、比例尺、坡度尺等都可以作为我们识图的工具,借助它们,我们可以迅速地获取地形图相关信息。

二、地形识读

1. 地物识读

地物在地形图上主要是用地物符号和注记符号来表示的,要想正确识读地物,要做到以下几点:

(1)熟悉国家测绘总局颁布的相应比例尺的地形图图式。

(2)熟悉一些常用的地物符号。

(3)要懂得注记的含义。在进行地物识读时要注意区别比例符号、半比例符号和非比例符号,对于半比例符号要注意其定位线,对于非比例符号要注意其定位点。

(4)应注意有些地物在不同比例尺图上所用符号可能不同。

对于室内识读不了的地物,应在实地根据相关位置进行对照识读。

图 7-5 中北至南有王家院和桔园村两个居民地,中间以清溪河相隔,有人渡相连。河的北边有铁路和简易公路,两者在王家院东南部相交。路旁有路堑和路堤。河的南边有四条小溪汇入清溪河。从桔园村往东、西、南三方向各有小路通往邻幅图。在桔园村的西北面有小桥、坟地、石碑,图的西南部有一庙宇及 A51 号小三角点,其高程为 204.21m,正南和东北部分别有 5 号、7 号埋石的图根点。在桔园村西北及

东南方向、图的西部有 102 号、105 号、103 号图根点。图中 10mm 长的十字线中心为坐标格网交点。

2. 地貌识读

地貌的高低起伏与走向在一定程度上决定着热量、水分的再分配，影响水系的发育与形态，制约植被和土壤的形成，对居民地、道路也有较大的影响，在国防建设和军事行动上更有重要的意义。在地形图上，地貌不仅可以作为地物点位的平面与高程控制，而且还可以为悉知某地的地理环境特征、发展经济有利与不利条件，揭示地理规律等，提供依据。

地貌在地形图上主要是用等高线表示的，因此想要正确识读地貌，要熟悉等高线的特性、各种典型地貌的等高线形态、特殊地貌的表示方法。尤其注意山头、盆地、示坡线、山脊、山谷（集水线、分水线）、鞍部等一般地貌以及冲沟、悬崖、峭壁等特殊地貌的识读。结合等高线的特征读图幅内山脉、丘陵、平原、山顶、山谷、陡坡、缓坡、悬崖等地形的分布及其特征。等高线的疏密程度反映了坡度的陡缓程度，等高线越密说明坡度越陡，越疏说明坡度越缓；从高程值也可以判断出地形特征，高程值从里到外递增则表示该地区是洼地，递减则表示该地区是山地。另外从等高线的形状可以识读出它是山脊还是山谷。

图 7-5 的西、南两方是秀逸起伏的山地，其中南面的狮子岭往北是山脊，其两侧是谷地，西北角小溪的谷源附近有两处冲沟地段，西南部有鞍部，名为凉风垭，东北角是起伏不大的山丘，清溪河水由西北流向东南，其沿岸是平坦地带。在图幅内还均匀地注记了一些高程点。

3. 水系识读

水系是自然地理环境中最重要的要素之一，对自然环境和人类社会经济活动有很大的影响。它是地形图的主要内容之一，用以控制地形图上其他内容要素，与制图网和控制点同为地形图的"骨架"或控制系统。

水系在地形图上表示的主要要求包括，显示出各种水系要素的基本形状及其特征；河网、海岸和湖泊的基本类型；主流和支流的从属关系；水网密度的差异；以及水系与地貌要素之间的统一协调关系等。在水系的识读中，通过水系要素的轮廓特征可以阅读其他地理要素，特别是地貌要素。例如根据水系类型与流向，可判断地表起伏与地貌类型，识别河谷及地面的倾斜方向。

4. 土质植被识读

土质是泛指地表覆盖层的表面性质，植被则是指地表植物覆盖的简称。土质和植被是一种面状分布的物体。地形图上常用地类界、底色、说明符号和说明注记相配合来表示。只要熟悉它的表示方法，这一部分的识读还是比较容易的。图 7-5 的西、南方及东北角山丘上都是疏林和灌木丛，清溪河沿岸是稻田，桔园村东面是旱地，南面是果树林。王家院与桔园村周围都有零星散树和竹丛。

三、社会人文要素识读

地形图上社会人文要素包括居民地、交通网和境界等内容。

1．居民地的识读

居民地主要是对"法定"标志——行政等级的识读。我国行政等级分为：①首都；②省、自治区、直辖市人民政府驻地；③自治州、省辖市人民政府及地区行政公署、盟行政公署驻地；④县（市）、自治县、旗、自治旗人民政府驻地；⑤区、乡、镇人民政府驻地。

地形图上表示行政驻地的方法主要包括：①用地名注记的字体、字号来表示；②用居民地圈形符号的图形和尺寸的变化来区分；③用地名注记下方加绘"辅助线"的方法来表示。有时为了反映居民地的规模大小及经济发展状况，地形图要求表示出居民地的人口数，人口分级多用圈形符号和大小变化，并同时配合字号来表示。

2．交通网的识读

交通网是各种运输的总称。它包括陆地交通、水陆交通、空中交通和管线运输等几类。在地形图上要正确表示其类型和等级、位置和形状、通行程度和运输能力以及与其他要素的关系等。

3．境界的识读

境界是地区政治行政管辖的界线，是社会政治行政标志的重要内容之一，具有很强的政治和行政管理意义。地形图上，境界可分为政区界和其他境界两大类。政区境界包括省、自治区、中央直辖市界，自治州、盟、省辖市界，县、自治县、旗界等。其他境界包括地区界、停火限界、禁区界等。地形图上所有境界线皆是用不同结构、不同粗细和不同颜色的点线符号来表示的。

主要境界线还可以加色带强调表示。色带的颜色和宽度根据地形图内容、用途、幅面和区域大小来决定。

第三节　纸质地形图的应用

7-3　纸质地形图的应用

地形图是国家各个部门、各项工程建设中必需的基础资料，在地形图上可以获取多种、大量的所需信息。并且从地形图上确定地物的位置和相互关系及地貌的起伏形态等情况，比实地更全面、更方便、更迅速。

一、地形图应用的基本内容

（一）求算点的平面位置

1．求图上一点的平面直角坐标

如图 7-7 所示，平面直角坐标格网的边长为 100m，P 点位于 a、b、c、d 所组成的坐标格网中，欲求 P 点的直角坐标，可以通过 P 点作平行于直角坐标格网的直线，交格网线于 e、f、g、h 点。用比例尺（或直尺）量出 ae 和 ag

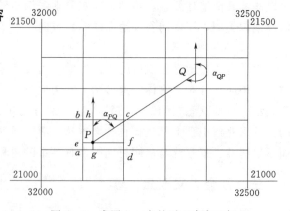

图 7-7　求图上一点的平面直角坐标

两段长度分别为 27m、29m，则 P 点的直角坐标为

$$x_P = x_a + ae = 21100 + 27 = 21127 (\text{m}) \tag{7-1}$$

$$y_P = y_a + ag = 32100 + 29 = 32129 (\text{m}) \tag{7-2}$$

若图纸伸缩变形后坐标格网的边长为 99.9m，为了消除误差，可以采用下列公式计算 P 点的直角坐标：

$$x_P = x_a + \frac{ae}{ab} \cdot l = 21100 + \frac{27}{99.9} \times 100 = 21127.03 (\text{m}) \tag{7-3}$$

$$y_P = y_a + \frac{ag}{ad} \cdot l = 32100 + \frac{29}{99.9} \times 100 = 32129.03 (\text{m}) \tag{7-4}$$

式中　l——相邻格网线的间距。

2. 求图上一点的地理坐标

在求某点的地理坐标时，首先根据地形图内、外图廓中的分度带，绘出经纬度格网，接着作平行于该格网的纵、横直线，交于地理坐标格网，然后按照求算直角坐标的方法即可计算出点的地理坐标，具体计算可参考前面例题。

（二）求算两点间的距离及方向

1. 求算两点间的距离

（1）根据两点的平面直角坐标计算。欲求图 7-7 中 P、Q 两点间的水平距离，可先求算出 P、Q 的平面直角坐标 (x_P, y_P) 和 (x_Q, y_Q)，然后再利用下式计算：

$$D_{PQ} = \sqrt{(x_Q - x_P)^2 + (y_Q - y_P)^2} \tag{7-5}$$

（2）根据数字比例尺计算。当精度要求不高时，可使用直尺在图 7-7 上直接量取 PQ 两点的长度，再乘以地形图比例尺的分母，即得两点的水平距离。

（3）根据测图比例尺直接量取。为了消除图纸的伸缩变形给计算距离带来的误差，可以在图 7-7 上用两脚规量取 PQ 的长度，然后与该图的直线比例尺进行比较，也可得出两点间的水平距离。

（4）量取折线和曲线的长度。地形图上的通信线、电力线、上下水管线等都为折线，它们的总长度可分段量取，各线段的长度相加便可求得；分段量测较费事且精度不高，可用比例规逐段累加，截取最后累加得到的直线段，在比例尺上读出它的长度即可。曲线长度量取时，可将曲线近似地看作折线，用量测折线长度的方法量取曲线；或先用伸缩变形很小的细线与曲线重合，然后拉直该细线，用直尺量取长度并计算出其实际距离；使用曲线仪也可方便量出曲线长度，但精度较低。

2. 求图上两点间的方位角

（1）根据两点的平面直角坐标计算。欲求图 7-7 中直线 PQ 的坐标方位角 α_{PQ}，可由 P、Q 的平面直角坐标 (x_P, y_P) 和 (x_Q, y_Q) 得

$$\alpha_{PQ} = \arctan \frac{y_Q - y_P}{x_Q - x_P} \tag{7-6}$$

求得的 α_{PQ} 在平面直角坐标系中的象限位置，将由 $(x_Q - x_P)$ 和 $(y_Q - y_P)$ 的正、

负符号确定。

（2）用量角器直接量取。如图7-7所示，若求直线 PQ 的坐标方位角 α_{PQ}，当精度要求不高时，可以先过 P 点作一条平行于坐标纵线的直线，然后用量角器直接量取坐标方位角 α_{PQ}。

（三）求算点的高程

根据地形图上的等高线，可确定任一地面点的高程。如果地面点恰好位于某一等高线上，则根据等高线的高程注记或基本等高距，便可直接确定该点高程。如图7-8所示，p 点的高程为20m。

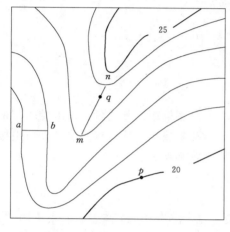

图7-8 求图上一点的高程

在图7-8中，当确定位于相邻两等高线之间的地面点 q 的高程时，可以采用目估的方法确定。更精确的方法是，先过 q 点作一条直线，与相邻两等高线相交于 m、n 两点，再依高差和平距成比例的关系求解。若图7-8中的等高线基本等高距为1m，mn、mq 的长度分别为20mm和16mm，则 q 点高程 H_q 为

$$H_q = H_m + \frac{mq}{mn} \cdot h = 23 + \frac{16}{20} \times 1 = 23.8 (\text{m})$$

(7-7)

如果要确定图上任意两点间的高差，则采用该方法确定两点的高程后相减即得。

（四）求算地面坡度

1. 计算法

如图7-8所示，欲求 a、b 两点之间的地面坡度，可先求出两点的高程 H_a、H_b，计算出高差 $h_{ab} = H_b - H_a$，然后再求出 a、b 两点的水平距离 D_{ab}，按下式可计算地面坡度：

$$i = \frac{h_{ab}}{D_{ab}} \times 100\%$$

(7-8)

或

$$\alpha_{ab} = \arctan \frac{h_{ab}}{D_{ab}}$$

(7-9)

2. 坡度尺法

使用坡度尺可在地形图上分别测定2～6条相邻等高线间任意方向线的坡度。量测时，先用两脚规量取图上2～6条等高线间的宽度，然后到坡度尺上比量，在相应垂线下面就可读出它的坡度值。此时要注意，量测几条等高线就要在坡度尺上相应比对几条。如图7-9所示，所量两条等高线处地面的坡度为2°。

当地面两点间穿过的等高线平距不等时，等高线间的坡度则为地面两点的平均坡度。

二、地形图在工程规划与建设中的应用

（一）按一定方向绘制断面图

7－4 绘制
断面图

断面图对于路线、管线、隧道、涵洞、桥梁等的规划设计有着重要的意义和作用，如进行填挖土方量的概算及合理地确定线路的纵坡，都需要详细地了解线路方向上的地面高低起伏情况，因此，可以根据地形图上的等高线来绘制地面的断面图。

如图 7－10 所示，现要绘制 MN 方向的断面图。先将直线 MN 与图上等高线的交点标出，如 a，b，c，…绘制断面图时，以 $M'N'$ 为横轴，代表水平距离，MM' 为纵轴，代表高程。然后在地形图上，沿 MN 方向量取 a，b，…，h，…，各点至 M 点的水平距离，将这些距离按比例尺展绘在 $M'N'$ 线上，得 M'，a'，b'，…，h'，…，N' 各点；通过这些点作 $M'N'$ 的垂线，在垂线上，按高程比例尺分别截取 M，a，b，…，h，…，N 各点的高程。将各垂线上的高程点连接起来，就得到直线 MN 方向上的断面图。为了明显地表示地面的起伏状况，高程比例尺一般都是水平比例尺的 10 倍或 20 倍。

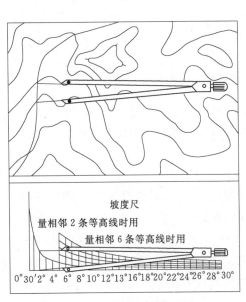

图 7－9 坡度尺法量测坡度

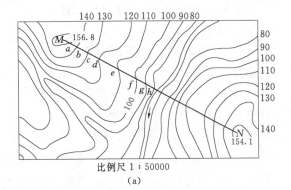

比例尺 1∶50000

（a）

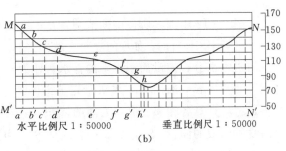

水平比例尺 1∶50000　　　垂直比例尺 1∶50000

（b）

图 7－10 绘制断面图

（二）按限制坡度选择最短路线

道路、渠道、管线等的设计，均有坡度限制，我们可以根据工程项目的技术要求，在地形图上规划设计路线的位置、走向和坡度，选定一条最短路线。

如图 7－11 所示，地形的等高距为 1m，设其比例尺为 1∶2000。现根据园林道路工程规划，需在该地形图上选出一条由车站 A 至某工地 D 的最短线路，并且要求

在该线路任何处的坡度都不超 5%，操作步骤为：

（1）将两脚规在坡度尺上截取坡度为 5% 时相邻两等高线间的平距，也可以按下式计算相邻等高线间的图上最小平距：

$$d=\frac{h}{iM}=\frac{1}{0.05\times2000}=0.01(\text{m})=1\text{cm} \tag{7-10}$$

（2）用两脚规以 A 为圆心，以 1cm 为半径画弧，与 39m 等高线交于 1 点；再以 1 为圆心，以 1cm 为半径画弧，与 40m 等高线交于 2 点；依此做法，直到 D 点为止。将各点连接即得限制坡度的路线 $A—1—2—3—4—5—6—7—8—D$。

这里还会得到另一条路线，即在 3 点之后，将 2—3 直线延长，与 42m 等高线交于 $4'$ 点，3、$4'$ 两点距离大于 1cm，故其坡度不会大于规定坡度 5%，再从 $4'$ 点开始按上述方法选出 $A—1—2—3—4'—5'—6'—7'—D$ 的路线。

（3）图 7-11 中，设最后选择 $A—1—2—3—4'—5'—6'—7'—D$ 为设计线路，按线路设计要求，将其去弯取直后，设计出图上线路导线 $A—B—C—D$。

（三）确定汇水面积的边界线及蓄水量的计算

在水库、涵洞、排水管等工程设计中，都需要确定汇水面积。地面上某区域内雨水注入同一山谷和河流，

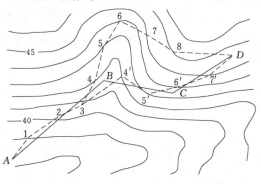

图 7-11　按规定坡度在图上选线

并通过某一断面，这个区域的面积成为汇水面积。确定汇水面积首先要确定出汇水面积的边界线，即汇水范围。汇水面积的边界线是由一系列山脊线（分水线）连接而成。

图 7-12 中虚线所包围的范围就是汇水面积。

进行水库设计时，如坝的溢洪道高程已定，就可以确定水库的淹没面积，如图 7-12 中的阴影部分，淹没面积以下的蓄水量即为水库的库容。

计算库容一般用等高线法。先求出图 7-12 中阴影部分各条等高线所围成的面积，然后计算各相邻等高线之间的体积，其总和即为库容。设 S_1 为淹没线高程的等高线所围成的面积，S_2，S_3，…，S_n，S_{n+1} 为淹没线以下各等高线所围成的面积，其中 S_{n+1} 为最低一根等高线所围成的面积，h 为等距，h' 为最低一根等高线与库底的高差，则相邻等高线之间的体积及最低一根等高线与库底之间的体积分别为

$$V_1=\frac{1}{2}(S_1+S_2)h$$

$$V_2=\frac{1}{2}(S_2+S_3)h$$

$$\vdots$$

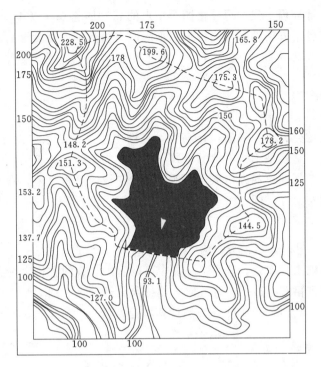

图 7-12　汇水面积的计算

$$V_n = \frac{1}{2}(S_n + S_{n+1})h$$

$$V'_n = \frac{1}{3}S_{n+1} \cdot h' \text{（库底体积）}$$

因此，水库的库容为

$$V = V_1 + V_2 + \cdots + V_n + V'_n = \left(\frac{S_1}{2} + S_2 + S_3 + \cdots + \frac{S_{n+1}}{2}\right)h + \frac{1}{3}S_{n+1}h' \quad (7-11)$$

如溢洪道高程不等于地形图上某一根等高线的高程，就要根据溢洪道高程用内插法求出水库淹没线，然后计算库容。这时水库淹没线与下一条等高线之间的高差不等于等高距。上面的公式要作相应的改动。

（四）地形图在平整土地中的应用及土石方量的计算

平整场地是指按照工程需要，将施工场地自然地表整理成符合一定高程的水平面或一定坡度的均匀地面。在建筑、水利、农田等基本建设中，均需要进行土地平整工作。平整场地中常用的方法有方格网法、断面法和等高线法等。

1. 方格网法

该法适用于地形起伏不大或地形变化比较规律的地区。一般要求在满足填挖方平衡的条件下把划定范围平整为同一高程的平地。

（1）在地形图上绘制方格网。在拟平整的范围打上方格，方格边长取决于地形变化和土方估算的精度要求，如取 10m、20m、50m 等，然后根据等高线内插求出各方格顶点的地面高程，注于相应点右上方。

（2）计算设计高程。先把每一格四个顶点的高程加起来除以 4，得到每一方格的平均高程，再把各个方格的平均高程加起来除以方格数，即得设计高程：

$$H_{设} = \frac{1}{n}(H_1 + H_2 + \cdots + H_n) \tag{7-12}$$

式中　n——方格数；

　　　H_n——第 n 方格的平均高程。

（3）绘出填挖分界线。根据设计高程，在图上用内插法绘出设计高程的等高线，即为填挖分界线，它就是不挖不填的位置，通常称为零线。

（4）计算填挖深度。各方格顶点的地面高程与设计高程之差，即为填挖高度，并注在相应顶点的左上方，即

$$h = H_{地} - H_{设} \tag{7-13}$$

式中，h 为"＋"号时表示挖方，为"－"号时表示填方。

（5）计算填挖土石方量。从图 7-13 中可以看出，有的方格全为挖土，有的方格全为填土，有的方格有填有挖。计算时，填挖要分开计算，图 7-13 中计算得到设计高程为 64.84m，以方格 2、10、6 为例计算填挖方量。

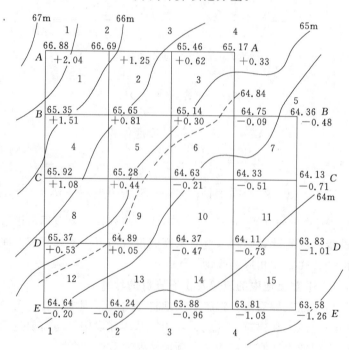

图 7-13　方格网法估算土石方量

方格 2 为全挖方，方量为

$$V_{2挖} = \frac{1}{4} \times (1.25 + 0.62 + 0.81 + 0.30)S_2 = 0.75S_2 \text{ m}^3$$

方格 10 为全填方，方量为

$$V_{10填} = \frac{1}{4} \times (-0.21 - 0.51 - 0.47 - 0.73)S_{10} = -0.48S_{10} \, \mathrm{m}^3$$

方格 6 既有挖方，又有填方：

$$V_{6挖} = \frac{1}{3} \times (0.3 + 0 + 0)S_{6挖} = 0.1S_{6挖}$$

$$V_{6填} = \frac{1}{5} \times (0 - 0.09 - 0.51 - 0.21 - 0)S_{6填} = -0.16S_{6填}$$

式中　S_2——方格 2 的面积；

　　　S_{10}——方格 10 的面积；

　　　$S_{6挖}$——方格 6 中挖方部分的面积；

　　　$S_{6填}$——方格 6 中填方部分的面积。

最后将各方格填、挖土方量各自累加，即得填挖的总土方量。

2. 断面法

在地形变化较大的山区，可用断面法来估算土方。在图 7-14 中 ABCD 是在山梁上计划拟平整场地的边线。设计要求：平整后场地的高程为 67m，估算挖方和填方的土方量。

结合这个例子，把场地分为两部分来讨论。

根据 ABCD 场地边线内的地形图，每隔一定间距（本例采用的是 10m）画一幅垂直于左右边线的断面图，图 7-14 即为 A—B 的断面图（其他断面省略）。断面图的起算高程定为 67m，这样一来，在每个断面图上，凡是高于 67m

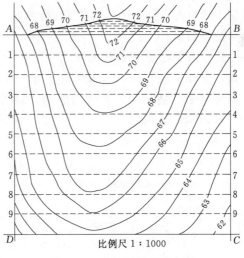

图 7-14　断面法计算土方量

的地面和 67m 高程起算线所围成的面积即为该断面处的填方面积。

在分别求出每一断面处的挖方面积和填方面积后，即可计算相邻断面间的挖方和填方，例如，A—B 断面和 1—1 断面间的挖方为

$$V_{A-B} = \frac{A_{A-B} + A_{1-1}}{2} \cdot l \tag{7-14}$$

填方为

$$V'_{A-B} = \frac{A'_{A-B} + A'_{1-1}}{2} \cdot l \tag{7-15}$$

式中　A——断面处的挖方面积；

　　　A'——断面处的填方面积；

　　　l——两相邻横断面间的间距。

同法可计算其他相邻断面的土方量。最后求出 ABCD 场地部分的总挖方量和总填方量。

3. 等高线法

当地面高低起伏较大且变化较多时，可以采用等高线法。此法是先在地形图上求出各条等高线所围成的面积，然后计算相邻等高线所围面积的平均值，乘上此两等高线间的高差，得各等高线间的土方量，再求总和。等高线法类似于计算库容的方法，这里不再赘述。

（五）面积量算

1. 图解法

（1）几何图形法。如图 7-15 所示，当欲求面积的边界为直线时，可以把该图形分解为若干个规则的几何图形，如三角形、梯形或平行四边形等，然后量出这些图形的边长，就可以利用几何公式计算出每个图形的面积。将所有图形的面积之和乘以该地形图比例尺分母的平方，即为其实地面积。

（2）透明方格纸法。对于不规则图形，可以采用透明方格纸法求算图形面积。通常使用绘有方格网的透明纸覆盖在待测图形上，统计落在待测图形轮廓线以内的方格数来测算面积。

透明方格法通常是在透明纸上绘出边长为 d（可用 1mm、2mm、5mm）的小方格，如图 7-16 所示，测算图上面积时，将透明方格纸固定在图纸上，先数出图形内完整小方格数 n_1，再数出图形边缘不完整的小方格数 n_2，然后按下式计算整个图形的实际面积：

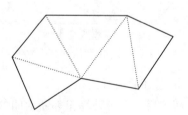

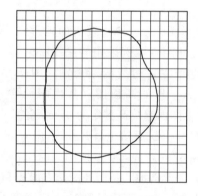

图 7-15 几何图形法测算面积　　　　图 7-16 透明方格纸法测算面积

$$S = \left(n_1 + \frac{n_2}{2}\right) \cdot \frac{(d \cdot M)^2}{10^6} \quad (\mathrm{m}^2) \tag{7-16}$$

式中　M——地形图比例尺分母；

　　　d——方格边长，mm。

（3）网点法。网点法是利用网点板覆盖在待测图形上，统计落在待测图形轮廓线以内的网点数来测算面积。网点法与透明方格纸法不同的是数网点数，计算方法相同。

为了提高测算精度，图形面积要测算 3 次，每次必须改变方格或网点的位置，最后取其平均值作为结果。

（4）平行线法。透明方格纸法和网点法的缺点是数方格和网点困难，为此，可以使用透明平行线法。在透明模片上制作相等间隔的平行线，如图 7-17 所示。测算时把透明模片放在欲量测的图形上，使整个图形被平行线分割成许多等高的梯形，设图中梯形的中线分别为 L_1，L_2，$\cdots$，L_n，量其长度大小，则所测算的面积为

$$S = h(L_1 + L_2 + \cdots + L_n) = h\sum_{i=1}^{n} L_i \qquad (7-17)$$

2. 解析法

如果图形为任意多边形，并且各顶点的坐标已知，则可以利用坐标计算法精确求算该图形的面积。如图 7-18 所示，各顶点按照逆时针方向编号，则面积为

$$S = \frac{1}{2}\sum_{i=1}^{n} x_i(y_{i-1} - y_{i+1}) \qquad (7-18)$$

其中，当 $i=1$ 时，y_{i-1} 用 y_n 代替；当 $i=n$ 时，y_{i+1} 用 y_1 代替。

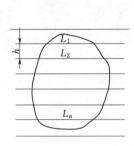

图 7-17 平行线法测算面积

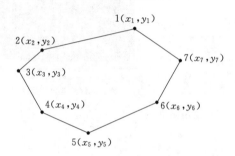

图 7-18 解析法测算面积

第四节 数字地形图的应用

7-5 数字地形图的应用

随着计算机技术和数字化测绘技术的迅速发展，数字地形图广泛地应用于国民经济建设、国防建设和科学研究等各个方面。

在数字化成图软件环境下，利用数字地形图可以非常方便地获取各种地形信息，如量测各个点的坐标，量测点与点之间的水平距离，量测直线的方位角等。而且查询速度快，精度高。

本章主要以南方测绘 CASS7.0 成图软件中工程应用（图 7-19）部分为例介绍数字地形图的应用。打开南方 CASS7.0，执行菜单"绘图处理＼定显示区＼点号定位＼展野外测点点号（dgx.dat）"命令，如图 7-20 所示。

一、基本几何要素的量测

1. 求图上一点的平面直角坐标

（1）执行菜单"工程应用＼查询指定点坐标"命令，采用点号定位模式，可在状态栏直接键入 40，按回车键，40 点坐标如下：

图 7 - 19 工程应用菜单

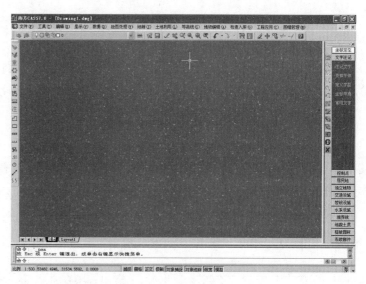

图 7 - 20 展野外测点点号

命令：CXZB
指定查询点：
鼠标定点P/〈点号〉40
测量坐标：X=31432.820米　Y=53479.130米　H=42.341米

（2）执行菜单"工程应用＼查询指定点坐标"命令，启用对象捕捉（节点），采用坐标定位模式，从图上直接选取某点，得到任意一点坐标。40点坐标如下：

命令：CXZB
指定查询点：
测量坐标：X=31432.820米　Y=53479.130米　H=42.341米

2. 求算两点间的距离及方向

执行菜单"工程应用＼查询两点距离及方位"命令，第一点键入 52，第二点键入 53，即可得两点之间的距离及方位角，结果如下：

命令：distuser
第一点:52
第二点:53
两点间实地距离=53.000米，图上距离=106.000毫米，方位角=59度31分58.82秒

也可直接在图上用鼠标选取两点。

3. 求算点的高程

执行菜单"工程应用＼查询指定点坐标"命令，在状态栏直接键入 67，按回车

178

键，结果如下，可知 67 点高程为 43.509m。

```
命令：CXZB
指定查询点：
鼠标定点P/<点号>67
测量坐标：X=31438.860米   Y=53446.920米   H=43.509米
```

二、在工程建设中的应用

（一）土石方量的计算

1. 方格网法

由方格网来计算土方量是根据实地测定的地面点坐标（X，Y，Z）和设计高程，通过生成方格网来计算每一个方格内的填挖方量，最后累计得到指定范围内填方和挖方的土方量，并绘出填挖方分界线。计算步骤如下：

（1）用 pl 命令绘制四边形（连接点 78，119，111，15）作为边界线，如图 7-21 所示。

（2）执行菜单"工程应用 \ 方格网法土方计算"命令，选取四边形，弹出对话框如图 7-22 所示，选取高程点坐标数据文件，设置平面目标高程 35m，方格宽度设为 20m，单击"确定"按钮，方格网法计算土方量的结果如图 7-23 所示。

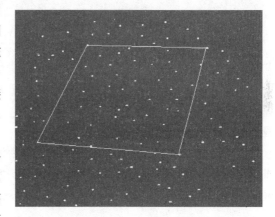

图 7-21 方格网土方计算的边界线

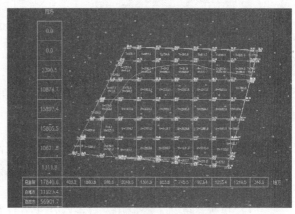

图 7-22 方格网土方计算的对话框　　　图 7-23 方格网土方计算的结果

2. DTM 法土方计算

由 DTM 模型计算土方量也是根据实地测定的地面点坐标（X，Y，H）和设计高程，通过生成三角网，计算每一个三棱锥的填、挖量，最后累计得到指定范围内填方和挖方的土方量，并绘出填、挖方分界线。计算步骤如下：

（1）根据坐标文件为例，选择计算区域边界线（用 pl 命令连接点 77，94，108，115，26，3，绘制边界线如图 7-24 所示）。

（2）执行菜单"工程应用\DTM 法土方计算"命令，输入高程点数据文件 dgx.dat，设置参数，如图 7-25 所示，平场标高 35m，边界采样间距 15m，单击"确定"按钮，显示结果如图 7-26 所示。

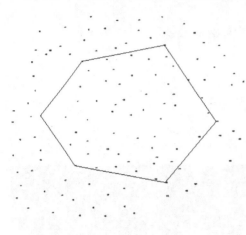

图 7-24 土方计算区域边界线

（3）指定表格左下角位置，则绘出土方量计算的表格如图 7-27 所示，若直接按回车键则不绘制表格。此时可打开 dtmtf.log 查看，如图 7-28 所示，执行菜单"编辑\编辑文本文件"命令，选择文件 cass70/system/dtmtf。

图 7-25 DTM 土方计算参数设置　　　　图 7-26 土方量计算结果

3. 等高线法土方计算

等高线法土方计算原理是计算由两条封闭等高线围成的墩台形的土方体积。若选取多条等高线则先算出相邻两条封闭等高线围成的墩台形的土方量再累加。计算步骤如下：

（1）执行菜单"工程应用\等高线法土方计算"命令，选择参与计算的封闭等高线，例如从中心处选取 6 条，单击"确定"按钮，如图 7-29 所示。

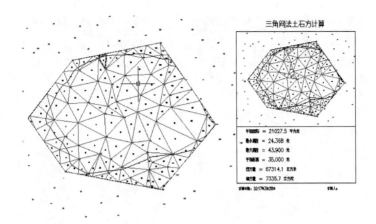

图 7-27 土方量计算表格

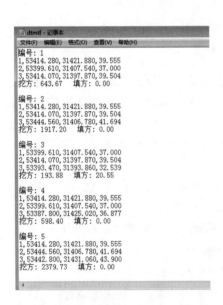

图 7-28 查看 dtmtf.log 文件

图 7-29 绘制等高线

（2）状态栏要求输入最高点高程，直接按回车键不考虑最高点，此时弹出总方量信息，如图 7-30 所示。

（3）单击"确定"按钮，指定表格左上角位置，绘制表格如图 7-31 所示。

南方测绘 CASS 成图软件中工程应用中还有断面法和区域土方平衡法计算土方量的方法，这些方法也很有用。根据软件的应用功能可以很方便地完成土方量的计算。

图 7-30 显示总方量

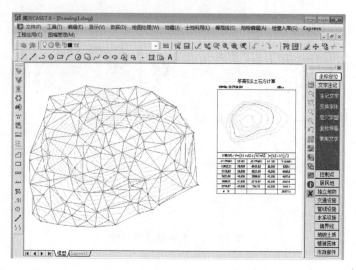

图 7-31　等高线法土方量计算结果

（二）断面图的绘制

绘制断面图的方法有四种：①根据已知坐标，坐标文件指野外观测得的包含高程点文件；②根据里程文件；③根据等高线；④根据三角网。这里以①根据已知坐标为例，方法步骤如下：

（1）用复合线生成断面线，如图 7-32 连接点 4、点 60 构成断面线。执行菜单"工程应用＼绘断面图＼根据已知坐标"命令。

（2）命令行提示：选择断面线，用鼠标点取上步所绘断面线。屏幕上弹出"断面线上取值"的对话框，如图 7-33 所示，如果"坐标获取方式"栏中选择"由数据文件生成"，则在"坐标数据文件名"栏中选择高程点数据文件，如图 7-33 所示。

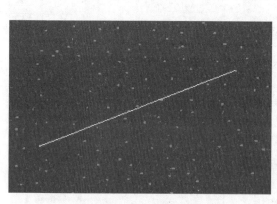

图 7-32　断面线　　　　　　　　　图 7-33　根据已知坐标绘断面图

（3）输入采样点间距：输入采样点的间距，系统的默认值为 20m。采样点的间距的含义是复合线上两顶点之间若大于此间距，则每隔此间距内插一个点。

（4）输入起始里程＜0.0＞系统默认起始里程为 0。

（5）单击"确定"按钮之后，屏幕弹出"绘制纵断面图"对话框，如图7-34所示，输入相关参数，如：

横向比例为1：<500>输入横向比例，系统的默认值为1：500；

纵向比例为1：<100>输入纵向比例，系统的默认值为1：100。

断面图位置：可以手工输入，亦可在图面上拾取。

可以选择是否绘制平面图、标尺、标注，还有一些关于注记的设置。

（6）单击"确定"按钮之后，在屏幕上出现所选断面线的断面图，如图7-35所示。

（三）面积量算

面积量算是数字地图在工程建设中应用

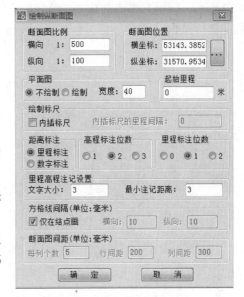

图7-34 "绘制纵断面图"对话框

的一个重要内容，应用范围非常广泛。CASS7.0软件中提供了三种面积的计算方法：①计算指定范围的面积；②统计指定区域的面积；③指定点所围成的面积。这里以方法①计算指定范围的面积为例，方法步骤如下：

（1）用复合线连接54、46、111点作为边界线，如图7-36所示黑色线围成的三角形。

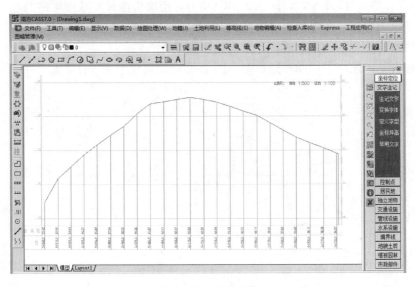

图7-35 纵断面图

（2）执行菜单"工程应用\计算指定范围的面积"命令，默认1选择目标，单击三角形，按回车键，是否在统计区域内加青色阴影线，默认Y，直接按回车键，结果如图 7 - 37 所示，围成的面积为 2408m² 。统计指定区域的面积，指定点所围成的面积可自行操作。

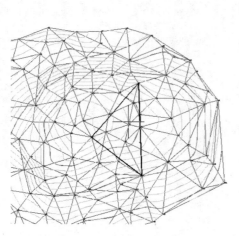

图 7 - 36　面积计算的边界线

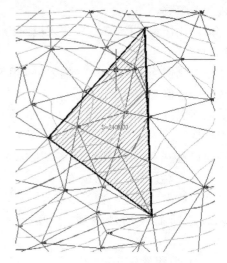

图 7 - 37　指定范围面积计算的结果

技　能　训　练　题

1. 大比例尺地形图一般采用哪种分幅与编号方法？怎样进行具体的分幅与编号？

2. 面积计算常用的方法有哪些？

3. 已知多边形顶点坐标 P1 （443.51，652.31），P2 （402.30，620.38），P3 （528.75，584.45），P4 （356.00，434.34），用解析法计算该图形的面积。

4. 地形图应用的基本内容有哪些？

5. 方格网法将场地平整成设计平面的步骤是什么？

6. 现有某区域的 1：2000 地形图（图 7 - 38），完成下列工作：

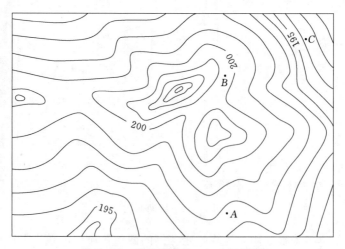

图 7 - 38　某区域的 1：2000 地形图

（1）在地形图上用圆括号符号绘出山顶（△），鞍部的最低点（×），山脊线（—·—·—），山谷线（……）。

（2）B 点高程是多少？AB 水平距离是多少？

（3）A、B 两点间，B、C 两点间是否通视？

（4）由 A 选一条既短、坡度又不大于 3% 的线路到 B 点。

（5）绘 AB 断面图，平距比例尺为 1∶2000，高程比例尺为 1∶200。

7. 欲在图 7 - 39（比例尺为 1∶2000）中汪家凹村北进行土地平整，其设计要求如下：①平整后要求成为高程为 44m 的水平面；②平整场地的位置：以 533 导线点为起点向东 60m，向北 50m。根据设计要求绘出边长为 10m 的方格网，求出填、挖土方量。

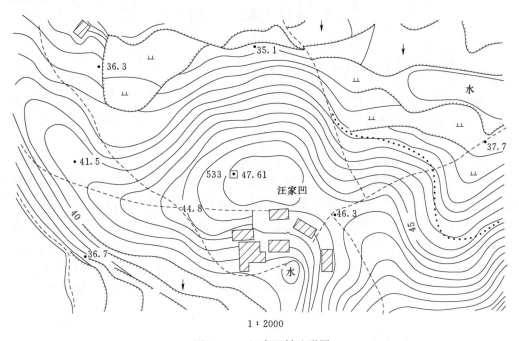

1∶2000

图 7 - 39　汪家凹村地形图

第八章　施工放样的基本方法

【学习目标】

1. 了解施工放样的重要性。
2. 理解角度放样、距离放样、点位放样及高程放样的精度分析。
3. 掌握角度放样、距离放样、点位放样、高程放样的方法。

第一节　概　　述

一、施工放样的目的与内容

8-1 施工测量概述

施工放样（测设或放样）的目的是将图纸上设计的建筑物的平面位置、形状和高程标定在施工现场的地面上，并在施工过程中指导施工，使工程严格按照设计的要求进行建设。

测图工作是利用控制点测定地面上的地形特征点，按一定比例尺缩绘到图纸上，而施工放样则与此相反，是根据建筑物的设计尺寸，找出建筑物各部分特征点与控制点之间的几何关系，计算出距离、角度、高程（或高差）等放样数据，然后利用控制点，在实地上定出建筑物的特征点、线，作为施工的依据。施工放样与地形图测绘都是研究和确定地面上点位的相互关系。测图是地面上先有一些点，然后测出它们之间的关系，而放样是先从设计图纸上算得点位之间的距离、方向和高差，再通过测量工作把点位放样到地面上。因此，距离测量、角度测量、高程测量同样是施工放样的基本内容。

二、施工放样的特点

施工放样与地形图测绘比较，除测量过程相反、工作程序不同以外，还有如下两大特点：

（1）施工放样的精度要求较测图高。测图的精度取决于测图比例尺大小，而施工放样的精度则与建筑物的大小、结构形式、建筑材料以及放样点的位置有关。例如，高层建筑放样的精度要求高于低层建筑；钢筋混凝土结构的工程放样精度高于砖混结构工程；钢架结构的放样精度要求更高。再如，建筑物本身的细部点放样精度比建筑物主轴线点的放样精度要求高。这是因为，建筑物主轴线放样误差只影响到建筑物的微小偏移，而建筑物各部分之间的位置和尺寸，设计上有严格要求，破坏了相对位置和尺寸就会造成工程事故。

（2）施工放样与施工密不可分。施工放样是设计与施工之间的桥梁，贯穿于整个施工过程中，是施工的重要组成部分。放样的结果是实地上的标桩，它们是施工的依

186

据，标桩定在哪里，庞大的施工队伍就在哪里进行挖土、浇捣混凝土、吊装构件等一系列工作，如果放样出错并没有及时发现、纠正，将会造成极大的损失。当工地上有好几个工作面同时开工时，正确的放样是保证它们衔接成整体的重要条件。施工放样的进度与精度直接影响着施工的进度和施工质量。这就要求施工放样人员在放样前应熟悉建筑物总体布置和各个建筑物的结构设计图，并要检查和校核设计图上轴线间的距离和各部位高程注记。在施工过程中对主要部位的放样一定要进行校核，检查无误后方可施工。多数工程建成后，为便于管理、维修以及续扩建，还必须编绘竣工总平面图。有些高大和特殊建筑物，如高层楼房、水库大坝等，在施工期间和建成以后还要进行变形观测，以便控制施工进度，积累资料，掌握规律，为工程严格按设计要求施工、维护和使用提供保障。

三、施工放样的原则

由于施工放样的要求精度较高，施工现场各种建筑物的分布面广，且往往同时开工兴建。所以，为了保证各建筑物放样的平面位置和高程都有相同的精度并且符合设计要求，施工放样和测绘地形图一样，也必须遵循"由整体到局部、先高级后低级、先控制后碎部"的原则组织实施。对于大中型工程的施工放样，要先在施工区域内布设施工控制网，而且要求布设成两级——首级控制网和加密控制网。首级控制点相对固定，布设在施工场地周围不受施工干扰、地质条件良好的地方。加密控制点直接用于放样建筑物的轴线和细部点。不论是平面控制还是高程控制，在放样细部点时要求一站到位，减少误差的累积。

四、施工放样的精度要求

施工放样的精度随建筑材料、施工方法等因素而改变。建筑材料按精度要求的高低排列为：钢结构、钢筋混凝土结构、毛石混凝土结构、土石方工程。按施工方法比较，预制件装配式的方法较现场浇灌的精度要求高一些，钢结构用高强度螺栓连接的比用电焊连接的精度要求高。

现在多数建筑工程是以水泥为主要建筑材料。混凝土柱、梁、墙的施工总允许误差为 10～30mm。高层建筑物轴线的倾斜度要求为 1/2000～1/1000。钢结构施工的总误差随施工方法不同，允许误差为 1～8mm。土石方的施工允许误差达 10cm。

测量仪器与方法已发展得相当成熟，一般来说，它能提供相当高的精度为建筑施工服务。但测量工作的时间和成本会随精度要求提高而增加。在多数工地上，测量工作的成本很低，所以恰当地规定精度要求的目的不是为了降低测量工作的成本，而是为了提高工作速度。

关于具体工程的具体精度要求，如施工规范中有规定，则参照执行，如果没有规定则由设计、测量、施工以及构件制作几方人员合作共同协商决定误差分配。

必须指出，各工种虽有分工，但都是为了保证工程最终质量而工作的，因此，必须注意相互支持、相互配合。在保证工程的几何尺寸及位置的精度方面，测量人员能够发挥较大的作用。测量人员应该尽量为施工人员创造顺利的施工条件，并及时提供验收测量的数据，使施工人员及时了解施工误差的大小及其位置，从而有助于他们改进施工方法、提高施工质量。随着其他工种误差的减少，测量工作的允许误差可以适当放宽，或者使整个工程的质量提高些，原则上只要各方面误差的联合影响不超限就行了。

第二节 已知水平角的放样

一、任务

在地面上测量水平角时，角度的两个方向已经固定在地面上。而已知水平角的放样就是在已知角顶点根据已知角度的一个方向标定出另一个方向，使两方向的水平夹角等于已知角值。

8-2 已知水平角的放样

二、放样方法

（一）直接法

如图 8-1 所示，设在地面上已有一方向线 OA，欲在 O 点放样另一方向线 OB，使 $\angle AOB = \beta$。其具体步骤如下：

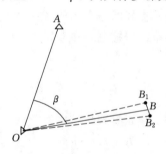

图 8-1 直接法测设水平角

（1）将经纬仪安置在 O 点上，在盘左位置，用望远镜瞄准 A 点，使度盘读数为 $0°00'00''$。

（2）然后顺时针转动照准部，使度盘读数为 β，在视线方向上距 O 点 D（大小可根据实际情况确定）处定出 B_1 点。

（3）再倒转望远镜变为盘右位置，用望远镜瞄准 A 点，使度盘读数为 $180°00'00''$。顺时针转动照准部，使度盘读数为 $\beta+180°$，在视线方向上距 O 点 D 处定出 B_2 点。

（4）B_1 与 B_2 往往不相重合，取两点连线的中点 B，则 OB 即为所放样的方向，$\angle AOB$ 就是要放样的水平角 β。

（二）归化法

当放样精度要求较高时，可采用归化法来提高放样精度。其方法与步骤如下：

（1）如图 8-2 所示，在 O 点根据已知方向线 OA，精确地放样 $\angle AOB$，使它等于设计角 β，可先用经纬仪按直接法放出方向线 OB'。

（2）用测回法对 $\angle AOB'$ 做多测回观测（测回数由放样精度或有关测量规范确定），取其平均值 β'。

（3）计算观测的平均角值 β' 与设计角值 β 之差：

$$\Delta\beta = \beta' - \beta$$

若 $\Delta\beta < 0$，表明角度放小了；若 $\Delta\beta > 0$，表明角度放大了。这两种情况需分别向外、向内归化该角。由于 $\Delta\beta$ 很小，直接归化该角受仪器精度、操作过程的影响较大，因此，采用线量改正法。

（4）令 ΔD 为线量改正值，设 OB' 的水平距离为 D，则线量改正值为

$$\Delta D = \frac{\Delta \beta}{\rho''} \cdot D \tag{8-1}$$

（5）过 B' 点作 OB' 的垂线并截取 $B'B = \Delta D$（当 $\Delta \beta > 0$ 时向内截，反之向外截），端点为 B，则 $\angle AOB$ 就是要放样的水平角 β。

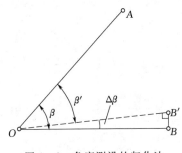

图 8-2 角度测设的归化法

【例 8-1】 如图 8-2 所示，已知直线 OA，需放样角值 $\beta = 79°30'24''$，初步放样得点 B'。对 $\angle AOB'$ 做 6 个测回观测，其平均值为 $79°30'12''$。$D = 100\text{m}$，如何确定 B 点？

解： 角度改正值

$$\Delta \beta = 79°30'12'' - 79°30'24'' = -12''$$

按式（8-1）得

$$\Delta D = \frac{-12''}{206265} \times 100 - 0.006(\text{m})$$

由于 $\Delta \beta < 0$，过 B' 点向角外作 OB' 的垂线 $B'B = 6\text{mm}$，则 B 点即为所要放样的点。

第三节　已知水平距离的放样

一、任务

根据给定的直线起点和水平距离，沿已知方向确定出直线另一端点的测量工作，称为已知水平距离的放样。如图 8-3 所示，设 A 为地面上已知点，要在地面上给定 AB 方向上放样出设计水平距离 D，定出线段的另一端点 B。

二、放样方法

（一）直接法

当放样要求精度不高时，可以采用直接法。其步骤如下：

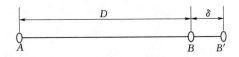

图 8-3 已知水平距离的放样

（1）从已知点开始，沿给定的方向量出设计给定的水平距离，在终点处打一木桩，并在桩顶标出放样的方向线。

（2）仔细量出给定的水平距离，对准读数在桩顶画一垂直放样方向的短线，两线相交即为要放的点位。

（3）为了校核和提高放样精度，以放样的点位为起点向已知点返测水平距离，若返测的距离与给定的距离有误差，当其超过允许值时，须重新放样。若相对误差在允许范围内，可取两者的平均值，用设计距离与平均值差值的一半作为改正数，改正放样点位的位置（当改正数为正，短线向外平移；反之短线向内平移），即得到正确的点位。

【例 8-2】 如图 8-4 所示，已知 A 点，欲放样 B 点。AB 设计距离为 28.50m，放样精度要求达到 1/2000。放样方法与步骤如下：

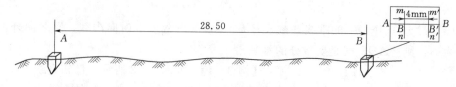

图 8-4 已知水平距离的放样

（1）以 A 为准在放样的方向（$A—B$）上量 28.50m，打一木桩，并在桩顶标出方向线 AB。

（2）甲把钢尺零点对准 A 点，乙拉直并放平尺子对准 28.50m 处，在桩上画出与方向线垂直的短线 $m'n'$，交 AB 方向线于 B' 点。

（3）返测 $B'A$ 得距离为 28.508m，则 $\Delta D = 28.500 - 28.508 = -0.008$（m）。

$$相对误差 = \frac{0.008}{28.5} \approx \frac{1}{3560} < \frac{1}{2000}，放样精度符合要求。$$

$$改正数 = \frac{\Delta D}{2} = -0.004m。$$

（4）$m'n'$ 垂直向内平移 4mm 得 mn 短线，其与方向线的交点即为欲放样的 B 点。

（二）归化法

当放样距离要求精度较高时，可以采用归化法放样长度，还必须考虑尺长、温度、倾斜等对距离放样的影响。放样时，要进行尺长、温度和倾斜改正。

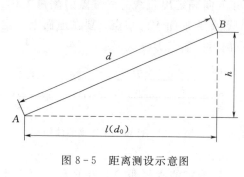

图 8-5 距离测设示意图

如图 8-5 所示，设 d_0 为欲放样的设计长度（水平距离），在放样之前必须根据所使用钢尺的尺长方程式计算尺长改正、温度改正。该尺应量水平长度为

$$l = d_0 - \Delta l_d - \Delta l_t$$

式中　Δl_d——尺长改正数；

　　　Δl_t——温度改正数。

顾及高差改正可得实地应量距离为

$$d = \sqrt{l^2 + h^2} \qquad (8-2)$$

具体步骤如下：

（1）按照直接法放样定出 B' 点，精密丈量各个尺段的长度（要进行尺长、温度和倾斜改正），$AB' = S'$。

（2）计算 $\Delta S = S - S'$，得到差值。若 $\Delta S > 0$，表明放样短了，应延长；若 $\Delta S < 0$，表明放样长了，应缩短。

（3）在 AB 方向上，由 B′ 点起，按步骤（2）的计算将 B′ 点归化到 B 点，则 B 点即为 AB 方向上待定长度 S 的终点，即 AB＝S。因 ΔS 很小，可以不考虑归化 ΔS 的尺长、温度和倾斜改正。

【例 8-3】 如图 8-5 所示，假如欲测的设计长度 d_0＝25.530m，所使用钢尺的尺长方程式为 l_t＝30m＋0.005m＋1.25×10^{-5}(t−20℃)×30m，量距时的温度为 15℃，a、b 两点的高差 h_{ab}＝＋0.530m，试求放样时应量的实地长度 d。

计算尺长改正数 Δl_d：Δl_d＝0.005×25.530/30＝＋4(mm)

计算温度改正数 Δl_t：Δl_t＝1.25×10^{-5}×(15−20)×25.530＝−8(mm)

计算应量的水平长度 l：l＝25.530m−4mm＋8mm＝25.534(m)

计算应量的实地长度 d：d＝$\sqrt{25.534^2＋0.530^2}$＝25.539(m)

（三）全站仪放样法

目前已知水平距离的放样，尤其是长距离的放样多采用全站仪。如图 8-6 所示，安置全站仪于 A 点，瞄准 AB 方向，指挥棱镜左右位于视线上，测量 A 点至棱镜的水平距离 $D′$，若 $D′$ 大于已知水平距离 D，则棱镜沿视线往 A 方向移动距离

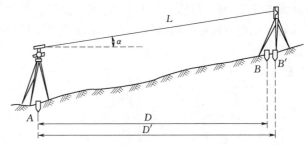

图 8-6　全站仪放样已知水平距离

ΔD＝$D′$−D，然后重新进行测量，直至符合规定限差为止。

第四节　已知高程的放样

一、任务

在施工放样中，经常要把设计的室内地坪（±0）高程及房屋其他各部位的设计高程（在工地上常将高程称为标高）在地面上标定出来，作为施工的依据，这项工作称为高程放样（又称标高放样）。

二、放样方法

（一）点的高程放样

如图 8-7 所示，安置水准仪于水准点 R 与待放样高程点 A 之间，得后视读数 a，则视线高程 $H_视$＝H_R＋a；前视应读数 $b_应$＝$H_视$−$H_设$（$H_设$ 为待放样点的高程）。此时，在 A 点木桩侧面，上下移动标尺，直至水准仪在尺上截取的读数恰好等于 $b_应$ 时，紧靠尺底在木桩侧面画一横线，此横线即为设计高程位置。为求醒目，再在横线下用红油漆画一“▼”符号，若 A 点为室内地坪，则在横线上注明“±0”。

【例 8-4】 如图 8-7 所示，已知水准点 R 的高程为 H_R＝362.768m，需放样的 A 点高程为 H_A＝363.450m。先将水准仪架在 R 与 A 之间，后视 R 点尺，读数为

$a=1.352$。要使 A 点高程等于 H_A，则前视尺读数应该是：

$$b_{应}=(H_R+a)-H_A=(362.768+1.352)-363.450=0.670(\text{m})$$

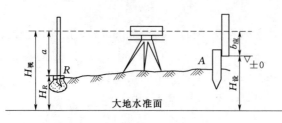

放样时，将水准尺贴靠在 A 点木桩一侧，水准仪照准 A 点处的水准尺。当水准管气泡居中时，将 A 点水准尺上下移动，当十字丝中丝读数为 0.670 时，此时水准尺的底部就是所要放样的 A 点，其高程为 363.450m。

图 8-7　高程测设的一般方法

（二）高程传递放样

若待放样高程点的设计高程与水准点的高程相差很大，如放样较深的基坑标高或放样高层建筑物的标高，只用标尺已无法放样，此时可借助钢尺将地面水准点的高程传递到在坑底或高楼上所设置的临时水准点上，然后再根据临时水准点放样其他各点的设计高程。

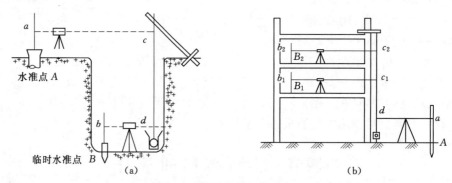

图 8-8　高程放样的传递方法

如图 8-8（a）所示，是将地面水准点 A 的高程传递到基坑临时水准点 B 上。在坑边的杆上悬挂经过检定的钢尺，零点在下端并挂 10kg 的重锤。为减少摆动，重锤放入盛废机油或水的桶内，在地面上和坑内分别安置水准仪，瞄准水准尺和钢尺读数〔见图 8-8（a）中 a、b、c、d〕，则

$$H_B=H_A+a-(c-d)-b \tag{8-3}$$

H_B 求出后，即可以临时水准点 B 为后视点，放样坑底其他各待放样高程点的设计高程。

如图 8-8（b）所示，是将地面水准点 A 的高程传递到高层建筑物上，方法与上述相似，任一层上临时水准点 B_i 的高程为

$$H_{Bi}=H_A+a+(c_i-d)-b_i \tag{8-4}$$

H_{Bi} 求出后，即可以临时水准点 B_i 为后视点，放样第 i 层楼上其他各待放样高程点的设计高程。

（三）倒尺法高程传递放样

当桥梁墩台或隧洞洞顶高出地面较多时，放样高程位置往往高于水准仪的视线

高，这时可采用"倒尺"的方法。

如图 8-9 所示，A 为已知点，其高程为 H_A，欲在 B 点墩身或墩身模板上定出高程为 H_B 的位置。欲定放样点的高程 H_B 高于仪器视线高程，但不超出水准尺工作长度时，可用倒尺法放样。

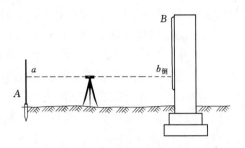

图 8-9　高墩台的高程放样

在已知高程点 A 与墩身之间安置水准仪，在 A 点立水准尺，后视 A 尺并读数 a，在 B 处靠墩身倒立水准尺，放样点高程 H_B 对应的水准尺读 $b_{倒}$ 为

$$b_{倒}=H_B-(H_A+a) \tag{8-5}$$

靠 B 点墩身竖立水准尺，上下移动水准尺，当水准仪在尺上的读数恰好为 $b_{倒}$ 时，沿水准尺尺底（零端）划一横线即为高程为 H_B 的位置。

倒尺法在施工测量中应用广泛，其具有以下优势：

（1）测量精度高。倒尺法高程传递由于可以直接使用高精度电子水准仪，测量方法与常规水准测量基本相同，精度较高，安全可以达到二等水准测量精度。

（2）便于操作。在水准测量中可以直接使用电子水准仪一套仪器完成，不用再借助其他仪器，方便了测量工作。

（3）受外界干扰较小。倒尺法高程传递基本与普通水准测量方法一样，受外界因素影响较小。

（四）直线坡度的放样

在场地平整、管道敷设和道路整修等工程中，常需要将已知坡度放样到地面上，称为直线坡度的放样。

如图 8-10 所示，A 点的设计高程为 H_A，AB 两点间水平距离为 D，设计坡度为 -1%。为便于施工，需在 AB 中心线上每隔一定距离打一木桩，并在木桩上标出该点设计高程。具体作法如下：

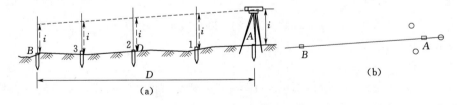

图 8-10　已知坡度的测设示意图

（1）计算 B 点设计高程。计算公式为

$$H_{B设}=H_A+D\times(-1\%) \tag{8-6}$$

（2）然后通过附近水准点，用前述已知高程的放样方法，把 A 点和 B 点的设计高程放样到地面上。

（3）用水准仪放样时，在 A 点安置水准仪（图 8-10），使一个脚螺旋在 AB 方向线上，而另两个脚螺旋的连线垂直于 AB 方向线，量取仪高 i。用望远镜瞄准 B 点上的水准尺，旋转 AB 方向线上的脚螺旋，让视线倾斜，使水准尺上读数为仪器高 i 值，此时仪器的视线即平行于设计的坡度线。

（4）在 AB 间的 1，2，3，…木桩处立尺，上下移动水准尺，使水准仪的中丝读数均为 i，此时水准尺底部即为该点的设计高程，沿尺子底面在木桩侧面画一标志线。各木桩标志线的连线即为已知坡度线。如果条件允许，采用激光经纬仪及激光水准仪代替普通经纬仪和水准仪，则放样坡度线的中间点更为方便，因为中间点上可根据光斑在尺上的位置，上下调整尺子的高低。

以上所述方法仅适合于设计坡度为 0 或设计坡度较小的情况。如果设计坡度较大，可以用经纬仪进行放样，其方法与上述方法基本相同。

第五节　平面点位的放样

放样点的平面位置的基本方法有直角坐标法、极坐标法、角度交会法、距离交会法等几种。

一、直角坐标法

8-5　平面点位的放样

当施工控制网为方格网或主轴线彼此垂直时采用此法较为方便。

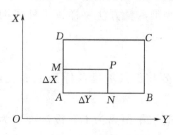

图 8-11　直角坐标法测设点

如图 8-11 所示，A、B、C、D 为方格网的四个控制点，P 为欲放样点。放样的方法与步骤如下。

1. 计算放样参数

计算出 P 点相对控制点 A 的坐标增量：
$$\Delta x_{AP} = AM = x_P - x_A$$
$$\Delta y_{AP} = AN = y_P - y_A$$

2. 外业放样

（1）A 点架经纬仪，瞄准 B 点，在此方向上放水平距离 $AN = \Delta X$ 得 N 点。

（2）N 点上架经纬仪，瞄准 B 点，仪器左转 90°确定方向，在此方向上丈量 $NP = \Delta X$，即得出 P 点。

3. 校核

沿 AD 方向先放样 ΔX 得 M 点，在 M 点上架经纬仪，瞄准 A 点，左转一直角再放样 ΔY，也可以得到 P 点位置。

4. 注意事项

放 90°角的起始方向要尽量照准远距离的点，因为对于同样的对中和照准误差，照准远处点比照准近处点放样的点位精度高。

二、极坐标法

当施工控制网为导线时，常采用极坐标法进行放样。特别是当控制点与测站点距离较远时，用经纬仪进行极坐标法放样非常方便。

如图 8-12 所示，A、B 为地面上已有的控制点，其坐标分别为 $A(x_A，y_A)$ 和 B（$x_B，y_B$），P 为一待放样点，其设计坐标为 P（$x_P，y_P$），用极坐标法放样的工作步骤如下。

1. 计算放样元素

先根据 A、B 和 P 点坐标，计算出 AB、AP 边的方位角和 AP 的距离。

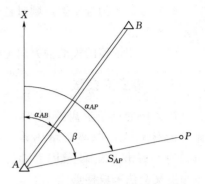

图 8-12 经纬仪极坐标法放样点

$$\left.\begin{array}{l} \alpha_{AB}=\arctan^{-1}\dfrac{\Delta y_{AB}}{\Delta x_{AB}}=\dfrac{y_B-y_A}{x_B-x_A} \\[4mm] \alpha_{AP}=\arctan^{-1}\dfrac{\Delta y_{AP}}{\Delta x_{AP}}=\dfrac{y_P-y_A}{x_P-x_A} \end{array}\right\} \quad (8-7)$$

$$D_{AP}=\sqrt{\Delta x_{AP}^2+\Delta y_{AP}^2} \tag{8-8}$$

再计算出 $\angle BAP$ 的水平角 β：

$$\beta=\alpha_{AP}-\alpha_{AB} \tag{8-9}$$

2. 外业放样

（1）安置经纬仪于 A 点上，对中、整平。

（2）以 AB 为起始边，顺时针转动望远镜，放样水平角 β，然后固定照准部。

（3）在望远镜的视准轴方向上放样距离 D_{AP} 即得 P 点。

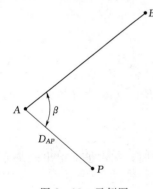

图 8-13 示例图

【例 8-5】 如图 8-13 所示，已知控制点 A 的坐标为（$X_A=200.00$m，$Y_A=400.00$m），控制点 B 的坐标为（$X_B=460.68$m，$Y_B=660.68$m），待放样点 P 的设计坐标（$X_P=19.54$m，$Y_P=580.46$m），求将经纬仪安置于 A 点用极坐标法放样 P 点的放样数据。

解：1. 计算放样元素

（1）先根据 A、B 和 P 点坐标，计算出 AB、AP 边的方位角和 AP 的距离。

$$\alpha_{AB}=\arctan\dfrac{Y_B-Y_A}{X_B-X_A}=45°$$

$$R_{AP}=\arctan\left|\dfrac{Y_P-Y_A}{X_P-X_A}\right|=45°$$

$$\alpha_{AP}=180°-R_{AP}=135°$$

$$D_{AP}=\sqrt{\Delta X_{AP}^2-\Delta Y_{AP}^2}\approx255\text{m}$$

（2）计算出 $\angle BAP$ 的水平角 β：

$$\beta=\alpha_{AP}-\alpha_{AB}$$

$$\beta=\alpha_{AP}-\alpha_{AB}=90°$$

2. 外业放样

（1）安置经纬仪于 A 点上，对中、整平。

（2）以 AB 为起始边，顺时针转动望远镜，放样水平角 $\beta=\alpha_{AP}-\alpha_{AB}=90°$，然后固定照准部。

（3）在望远镜的视准轴方向上放样距离 $D_{AP}=225\text{m}$，即得 P 点。

三、角度交会法

欲放样的点位远离控制点，地形起伏较大，距离丈量困难且没有全站仪时，可采用经纬仪角度交会法来放样点位。

如图 8-14 所示，A、B、C 为已知控制点，P 为某码头上一点，需要放样它的位置。P 点的坐标由设计人员给出或从图上量得。用角度前方交会法放样的步骤如下。

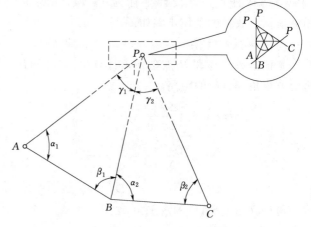

图 8-14　角度交会法示意图

1．计算放样参数

（1）用坐标反算 AB、AP、BP、CP 和 CB 边的方位角 α_{AB}、α_{AP}、β_{BP}、α_{CP} 和 α_{CB}。

（2）根据各边的方位角计算 α_1、β_1 和 β_2 的角值。

$$\alpha_1=\alpha_{AB}-\alpha_{AP}$$
$$\beta_1=\alpha_{BP}-\alpha_{BA}$$
$$\beta_2=\alpha_{CP}-\alpha_{CB}$$

2．外业放样

（1）分别在 A、B、C 三点上架经纬仪，依次以 AB、BA、CB 为起始方向，分别放样水平角 α_1、β_1 和 β_2。

（2）通过交会概略定出 P 点位置，打一大木桩。

（3）在桩顶平面上精确放样，具体方法是：由观测者指挥，在木桩上定出三条方向线即 AP、BP 和 CP。

（4）理论上三条线应交于一点，由于放样存在误差，形成了一个误差三角形（图8-14）。当误差三角形内切圆的半径在允许误差范围内时，取内切圆的圆心作为 P 点的位置。

3．注意事项

为了保证 P 点的放样精度，交会角一般不得小于 30° 和大于 150°，最理想的交会角范围是 70°～110°。

四、距离交会法

当施工场地平坦、易于量距，且放样点与控制点距离不长（小于一整尺长）时，常用距离交会法放样点位。

如图 8-15 所示，A、B 为控制点，P 为要放样的点位，放样方法如下：

（1）计算放样参数。根据 A、B 的坐标和 P 点坐标，用坐标反算方法计算出 d_{AP}、d_{BP}。

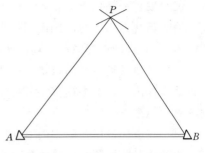

（2）外业放样。分别以控制点 A、B 为圆心，分别以距离 d_{AP} 和 d_{BP} 为半径在地面上画圆弧，两圆弧的交点，即为欲放样的 P 点的平面位置。

（3）实地校核。如果待放点有两个以上，可根据各待放点的坐标，反算各待放点之间的水平距离。对已经放样出的各点，再实测出它们之间的距离，并与相应的反算距离比较进行校核。

图 8-15　距离交会法示意图

五、方向线交会法

方向线交会法是利用两条相互垂直的方向线相交来放样点位，常用于矩形厂房柱列中心的确定，一般是在厂房矩形控制线上设置了矩形指示桩的条件下采用此法。

如图 8-16 所示，1，2，3，…，1′，2′，3′，…和 Ⅰ，Ⅱ，…，Ⅰ′，Ⅱ′，…为厂房矩形控制网上的距离指示桩。k 点为设定的柱子中心点。

（1）先在 1、Ⅰ 点安置经纬仪，在 1′ 和 Ⅰ′ 方向视线上找到其交点 k，确定出柱子中心。

（2）在 k 点周围的 1—1′ 和 Ⅰ—Ⅰ′ 线上，确定 e、f、m、h 四点，钉木桩确定控制桩位置，以恢复 k 点处挖基础时破坏的 k 点位置。其他矩形网内的桩基基础点也可用此方法定位。

六、全站仪坐标放样法

用全站仪放样点位，其原理也是极坐标法。由于全站仪具有计算和存储数据的功能，所以放样非常方便、准确。其方法如下（图 8-17）：

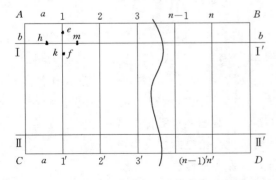

图 8-16　方向线交会法放样点位示意图

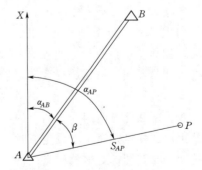

图 8-17　全站仪坐标法放样点

（1）输入已知点 A、B 和需放样点 P 的坐标（若存储文件中有这些点的数据也可直接调出），仪器自动计算出放样的参数（水平距离、起始方位角和放样方位角以及放样水平角）。

（2）安置全站仪于测站点 A 上，进入放样状态。按仪器要求输入测站点 A，确定。输入后视点 B，精确瞄准后视点 B，确定。这时仪器自动计算出 AB 方向（坐标方位角），并自动设置 AB 方向的水平盘读数为 AB 的坐标方位角。

（3）按要求输入方向点 P，仪器显示 P 点坐标，检查无误后，确定。这时，仪器自动计算出 AP 的方向（坐标方位角）和水平距离。水平转动望远镜，使仪器视准轴方向为 AP 方向。

（4）在望远镜视线的方向上立反射棱镜，显示屏显示的距离差是测量距离与放样距离的差值，即棱镜的位置与待放样点位的水平距离之差。若为正值，表示已超过放样标定位置；若为负值则相反。

（5）反射棱镜沿望远镜的视线方向移动，当距离差值读数为 0.000m 时，棱镜所在的点即为待放样点 P 的位置。

七、GNSS - RTK 放样法

RTK 是 Real - Time - Kinematic 的缩写，即实时动态测量，它属于 GNSS 动态测量的范畴，测量结果能快速实时显示给测量用户。RTK 是一种差分 GNSS 测量技术，即实时载波相位差分技术。它通过载波相位原理进行测量，通过差分技术消除减弱基准站和移动站间共有误差，有效提高了 GNSS 测量结果的精度，同时将测量结果实时显示给用户，极大提高了测量工作的效率。

1. 利用 RTK 进行常规点放样

建筑物、构筑物的形状和大小是通过其特征点在实地上表示出来的。如建筑物的中心、四个角点、转折点等。因此点放样是建筑物和构筑物放样的基础。用 RTK 进行点位放样前要进行点校正，把 GNSS 坐标转换成待放样点所用坐标系统。传统的方法是通过距离或方向来放样定点，而 RTK 是在电磁波通视的条件下进行点位的放样。

在利用 RTK 进行放样之前，根据需要要把待放样的点坐标导入 RTK 移动站手簿内，一般可以直接输入到手簿建立的任务内，如果放样点数量大，可采用电脑将待放样数据文件直接导入手簿内。

利用 LandStart7 测地通软件进行放样时，首先应将基准站进架设与设置，启动基准站和移动站接收机，直至移动站达到"固定解"状态，在 LandStart7 测地通软件进入测量界面，根据放样要求选择点放样、线放样、面放样、线路放样等放样模式，即可进行放样测量作业。在作业时，在手簿上显示箭头及目前位置到放样点在东、西、南和北方向四个方向上的水平距离，观测者只需根据箭头的指示放样。当移动站距离放样点距离小于设定值时，同时软件会给控制器发出声音提示指令。这时可以按"测量"图标对该放样点进行放样，并保存放样值。

利用 LandStar7 测地通软件的导入功能把待放样点导入进点管理，支持导入的文件格式为 *.csv/ *.txt/ *.dat。具体放样步骤如下，进入"点放样"界面（图 8 - 18），单击 打开放样点坐标库（图 8 - 19）。

图 8-18　点放样界面

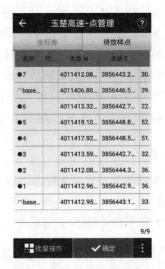

图 8-19　放样点坐标库

进入坐标库选中待放样的点后单击"确定"添加至待放样点库（图 8-20），也可手动输入坐标把点添加至待放样点库。待放样点添加完成后返回点放样界面，按照指示进行点放样。当移动站离待放样点距离小于 5cm 时，则以待放样点为中心出现一个绿色的圆圈。界面上向左/向右代表当前位置距待放样点在左右方向上的距离，当数据小于 5cm 时可根据自己的需求单击 进行放样，如图 8-21 所示。

图 8-20　待放样点库

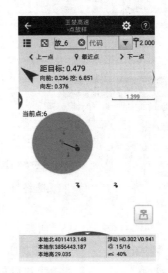

图 8-21　点放样指示界面

2. 利用 RTK 进行线路放样

线路实际上是由空间的直线段和曲线段组合而成。在线路方向发生变化的地段，连接转向处的曲线称为平曲线。平曲线有圆曲线和缓和曲线两种。圆曲线是有一定曲率半径的圆弧。

一般曲线放样方法是，首先放样曲线主要点，即 ZY（直圆点）、QZ（曲中点）、YZ（圆直点）。再根据线路偏角 α，圆曲线半径等要素计算出切线长，曲线长，外矢距及切曲差四项曲线要素。根据曲线要素放样出曲线主点，再用已放样出的主点放样出其他点，由于放样时是依据已放样的主点，容易造成误差的累积。

（1）RTK 线路放样过程。首先我们使用 PC 端软件 CGO2.0 编辑线路要素或者直接使用 LandStart7 测地通软件中的线路放样功能编辑线路要素，包括平曲线、竖曲线、加宽、超高、边坡等要素。线路要素编辑方法有交点法和元素法，交点法是以路线的交点要素和路线的主要要素来求得坐标；元素法是以路线的起点坐标、方位角、起终点桩号等节点元素来计算出要求的坐标。交点法数据录入量较少且计算精度较高，但是不够灵活。元素法组合形式灵活多样不受限制，但是由于误差的累积，计算精度略低于交点法，输入量也远大于交点法。线路数据编辑界面如图 8-22 所示。

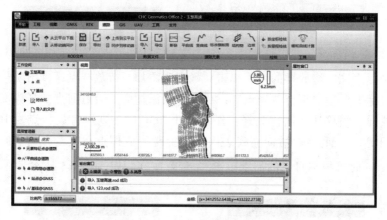

图 8-22　线路数据编辑界面

图 8-23　线路放样

在 PC 端编辑好线路之后，文件格式为 ∗.rod，将线路文件放入手簿中，路径：文件管理器//CHC-NAV//LS7_Projects//roads 文件夹下。接着打开 LandStart7 测地通软件，进入线路放样界面，单击 选择线路管理，选中需放样的线路单击"打开"。线路打开后自动返回到放样界面，我们可选择中边桩、横断面、涵洞、边坡等进行放样，如图 8-23 所示。

（2）曲线放样精度分析。用 RTK 进行测设，曲线的点位误差、横向和纵向偏差完全可以满足工程的要求，由于 RTK 放样不存在误差累计，所以比常规仪器测设的精度高。

如有误差超限的点，可以根据测量的条件，判断出误差的来源，对于放样点在市区的工程，误差多为"信号干扰误差"，对于接近水域的地区，则为"多路径误差"。

技 能 训 练 题

1. 放样工作的实质是什么？放样与测图工作有何区别？放样工作在工程施工中起什么作用？

2. 施工控制网有哪两种？如何布设？

3. 放样的基本工作包括哪些内容？

4. 简述距离、水平角和高程的放样方法及步骤。

5. 试比较几种平面点位放样方法的特点和各自的适用范畴。

6. 在地面上欲放样一段水平距离 AB，其设计长度为 28.000m，所使用的钢尺尺长方程式为：$l_t = [30 + 0.005 + 0.000012(t - 20℃) \times 30]$m。放样时钢尺的温度为 12℃，所施工钢尺的拉力与检定时的拉力相同，概量后测得 A、B 两点间桩顶的高差 $h = +0.400$m，试计算在地面上需要量出的实际长度。

7. 利用高程为 27.531m 的水准点 A，放样高程为 27.831m 的 B 点。设标尺立在水准点 A 上时，按水准仪的水平视线在标尺上画了一条线，再将标尺立于 B 点上，问在该尺上的什么地方再画一条线，才能使视线对准此线时，尺子底部就是 B 点的高程。

8. 用极坐标法放样 P_1、P_2 点，已知点和待设点的坐标见表 8-1，试计算在 A 点置镜，后视 B，放样所需放样数据，绘出放样草图并简述放样方法。

表 8-1   极坐标法放样点位坐标

点　名		X/m	Y/m
控制点	A	1236.310	578.297
	B	1135.476	518.338
待设点	P_1	1217.409	590.173
	P_2	1179.384	546.529

第九章 渠 道 测 量

【学习目标】

    1. 了解渠道测量的选线因素。

    2. 掌握渠道中线测量、渠道纵横断面测量、纵横断面图绘制的方法、步骤。

    3. 掌握渠道土方量计算、渠道施工测量的方法、步骤。

第一节 渠 道 测 量 概 述

9-1 渠道
测量概述

    渠道（channel）是水流的通道，通常指水渠、沟渠。灌溉渠道一般可分为干、支、斗、农四级固定渠道。干、支渠主要起输水作用，称为输水渠道；斗、农渠主要起配水作用，称为配水渠道。

    渠道测量在勘测设计阶段的主要测量内容有踏勘选线、中线测量、纵横断面测量（大型工程必要时应进行带状地形图测量）以及相关的工程调查工作等。其主要目的是计算工作量，优化设计方案，为工程设计提供资料。在施工管理阶段，需进行施工测量。施工测量应按设计和施工的要求，测设中线和高程的位置，以作为工程细部测量的依据。施工测量的精度应以满足设计和施工要求为准。

    渠道的开挖是否经济合理，关键在于中线的选择。中线选择的好坏将直接影响到工程的效益和费用，还牵涉到占用农田、房屋拆迁等问题。为了解决这些问题，提高经济效益，选线时应考虑以下几个方面：

    （1）选线应尽量短而直，力求避开障碍物，以减少工程量。

    （2）灌溉渠道应尽量选在地势较高地带，以便自流灌溉；排水渠应尽量选在排水区地势较低处，以便排除积水。

    （3）中线应选在土质较好、坡度适宜的地带，以防渗漏、冲刷、淤塞或坍塌。

    （4）避免经过大挖方、大填方地段，以便省工省料和少占用耕地。

    在选线的同时还应布设高程和平面控制网。如果工程大而长，一般要先在地形图上选出几条线路，经踏勘比较选出一条既经济又合理的线路，并绘出工程的起点、转点和终点的点位缩略图。在选线的同时还应布设高程和平面控制网（控制点点位应靠近工程但在施工范围以外）。

第二节 渠 道 中 线 测 量

    中线的起点、转折点（交点）和终点在地面上标定后，接着用钢尺或全站仪测定中线的长度，并用一系列的里程桩标定出中线的位置，这一过程称为中线测量。

    中线测量的主要内容有：测设中线交点桩、测定转折角、测设里程桩和加桩。如果中线转弯，且转角大于 $6°$，还应测设曲线的主点及曲线细部点的里程桩等。

一、测设中线交点桩

线路中线的起点、转折点（即交点）、终点是控制线路的三个主要点位，称为线路三主点。测设中线交点桩有两种情况：

（1）当线路的三主点在实地已埋设时，可直接测定三主点的坐标。

（2）当线路的三主点在实地没有埋设，只在图纸上确定了位置，可用极坐标法、直角坐标法、角度交会法、距离交会法等方法测设三主点的位置，做好点之记，而且还要测定三主点的坐标。由于定位条件和现场情况的不同，测设方法应根据具体情况合理选择。

二、转折角测定

渠道中线的转折角大于 $6°$ 的情况下，应在转折点（交点）上架设仪器测设转折角。转折角是线路由一方向偏转为另一方向时，偏转后的方向与原方向延长线的夹角。从路线前进方向看，向右偏为右偏角，向左偏为左偏角。如图 9-1 中 α_1、α_3 为右偏角，α_2 为左偏角。

转折角的测定：如图 9-1 所示，将经纬仪安置于 JD_1 点上，以盘右后视 A 点，度盘置 $0°00'00''$，固定照准部，倒转望远镜成盘左得 AB 的延长线，松开照准部，再照准前视点 $C(JD_2)$。这时水平度盘的读数 L 即为右偏角 α_1。测定左偏角时，则为 $\alpha_1=360°-L$。

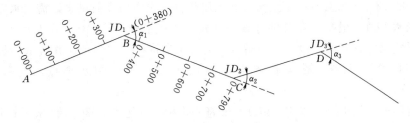

图 9-1　渠道中线示意图

转折角 α 的观测精度要求见表 9-1。

表 9-1　　　　　　　　　　转 折 角 测 量 精 度 表

仪器	转折角测回数	测角中误差	半测回差	测回差
J_2	2 个半测回	$30''$	$18''$	
J_6	2 个测回	$30''$		$24''$

9-2　渠道中线测量

三、测设里程桩和加桩

当渠道路线选定后，首要工作就是在实地标定其中心线的位置，并实地打桩。中心线的标定是利用花杆或经纬仪进行定线的。在定线过程中，一边定线一边沿着所标定的方向进行丈量。为了便于计算渠道线路长度和绘制纵横断面图，沿中线每隔 50m

或 100m 打一木桩标定中线位置，这一木桩称为里程桩。里程桩是由线路起点开始的，在中线上每隔一定距离 L_0 钉一木桩，用于标定线路中线位置及线路长度。

里程桩的桩号都是以起点到该桩的水平距离进行编号的。起点桩的桩号为 0+000，若每隔 100m 打一里程桩，以后的桩号依次为 0+100，0+200，0+300，… "+" 前面的数是公里数，后面的数是米数，如 1+256 表示某桩距路线起点的距离为 1256m。

当相邻两里程桩之间遇有重要地物（桥梁、公路等）或地形坡度突变时，需增打木桩，该桩至起点的距离不是规定距离 L_0 的整数倍，故称为加桩。加桩的桩号亦是以起点到该桩的水平距离进行编号的。如在距起点 352.1m 处遇有道路，其加桩的桩号为 0+352.1。

在中线测量过程中，由于局部改线或分段测量，以及事后发现由于丈量或计算错误等致使线路的里程不连续、桩号与路线长度不一致的情况，这种现象称为断链。这时应加钉断链桩，桩上标明断链等式。

如 3+870.42＝3+800，表示来向里程大于去向里程，即桩号有重合，称为长链；如 3+870.42＝3+900，表示来向里程小于去向里程，即桩号有间断，称为短链。

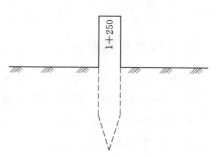

图 9-2　里程桩注记图

所有里程桩和加桩均应打入地下，并露出地面 5～10cm。桩头一侧削平，用红漆注记桩号，并朝向起点。注记形式如图 9-2 所示。

【例 9-1】　××县有一中型水库，为给该县××乡镇灌溉供水，需在水库下游修建一条供水渠道。根据现场踏勘选线，确定该渠道长度为 500m，在渠道中间 250m 处，渠道线路左偏拐弯，设置一转折点，需对渠道进行中线测量，并测量转折角。经与测绘部门联系调查，在渠首和渠尾附近各有一个已知水准点，点名分别为 BM_{II1}、BM_{II2}。

因现场地形较平缓，确定每隔 100m 打一木桩。在距渠首 70m 和 350m 处地形稍有突变，故在这两个地方加桩。在渠道中间 250m 处，渠道线路左偏拐弯，设置一转折点，也需要加桩。因此，该渠道共需要打 9 个木桩，具体如图 9-3 所示。

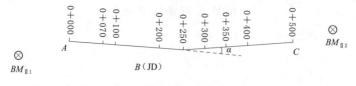

图 9-3　渠道中线测量图

左偏角用全站仪测量，具体测量步骤如下：

（1）如图 9-3 所示，将经纬仪安置于 B（JD）点上。

（2）以盘右后视 A（0+000）点，度盘置 $0°00'00''$。

（3）固定照准部，倒转望远镜成盘左得 AB 的延长线，松开照准部，再照准前视

点 C（0+500），水平度盘的读数 $355°12'36''$。

（4）因线路左偏拐弯，则左偏角为 $360°-355°12'36''=4°47'24''$。

第三节　渠道纵横断面图测绘

中线标定后，即可进行纵横断面测绘。纵横断面测量的目的在于了解渠道沿线一定宽度范围内的地形起伏情况，并为渠道的坡度设计、计算工程量提供依据。

一、纵断面测绘

（一）纵断面测量

纵断面测量是用水准测量方法进行的，高程计算采用了视线高法。它的任务是测出渠道中线上各里程桩及加桩的高程，为绘制断面图、计算渠道上各桩的填挖高度提供依据。

纵断面测量可分段进行，每段的高差闭合差不得大于 $±40\sqrt{L}\ \mathrm{mm}$，若超过则必须返工，若符合要求则不需要进行高差调整。

【例 9-2】　仍以【例 9-1】渠首为例，具体作业方法如下（图 9-4）：

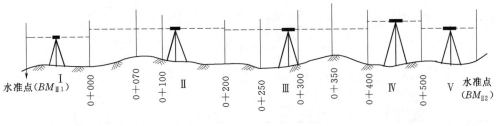

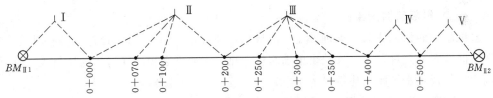

图 9-4　纵断面测量示意图

（1）在已知水准点 BM_{II1} 和路线起点桩 0+000 两点间安置水准仪。

（2）照准后视点（BM_{II1}）标尺，设其读数为 a_1，可得视线高为 $a_1+H_{BM_{II1}}$。

（3）照准前视点（0+000 桩）标尺，设其读数为 b_1，可计算出 0+000 桩高程：
$$H_{0+000}=(a_1+H_{BM_{II1}})-b_1$$

（4）将仪器安置于同时方便观测 0+000 桩、0+070 桩、0+100 桩和 0+200 桩的地方，照准后视点（0+000 桩）标尺，设其读数为 a_2，可得视线高为 a_2+H_{0+000}。

（5）照准间视点（0+070 桩）标尺，设其读数为 b_2，可计算出 0+070 桩高程：
$$H_{0+070}=(a_2+H_{0+000})-b_2$$

（6）分别照准间视点 0+100 桩、0+200 桩标尺，方法同步骤（5），计算出其高程。

（7）依照上述步骤，逐站施测其余各桩。

具体记录计算见表 9-2，其中 BM_{II1} 点的高程为 72.123m，BM_{II2} 点的高程为 73.140m。注：后视读数、前视读数由于需要传递高程，必须读至毫米；0+070、0+100 为中间桩，不传递高程，可读至厘米，又称间视点。

表 9-2　　　　　　　　　　　　渠道纵断面测量记录计算表

测站	测点桩号	水准尺读数/m			视线高/m	高程/m	备注
		后视	前视	间视			
I	BM_{II1}	1.123			73.246	72.123	已知 72.123
II	0+000	2.113	1.201		74.158	72.045	
	0+070			0.98		73.18	
	0+100			1.25		72.91	
	0+200	2.653	1.985		74.826	72.173	
III	0+250			2.70		72.13	
	0+300			2.72		72.11	
	0+350			0.85		73.98	
	0+400	1.424	1.688		74.562	73.138	
IV	0+500	2.103	2.441		74.224	72.121	
V	BM_{II2}		1.087			73.137	已知 73.140
辅助计算	已知点的高差之差 $h=73.140-72.123=1.017$（m） 高差闭合差 $f_h=1.014-1.017=-0.003$（m）$=-3$mm 高差闭合差允许值 $f_{h允}=\pm40\sqrt{L}=\pm28$mm，则 $f_h<f_{h允}$						

（二）纵断面图的绘制

纵断面测量完成后，整理外业观测成果，经检查无误后，即可绘制纵断面图。绘图时既要布局合理，又要反映出地面起伏变化，为此就必须选择适当的比例尺。通常高程比例尺比水平距离比例尺大 10 倍。

【例 9-3】　仍以【例 9-1】渠首为例，具体的绘制方法如下（图 9-5）：

（1）在横轴上按水平距离比例尺定出里程桩和加桩的位置，并在栏内相应位置标注桩号。

（2）将各桩的实测高程填入高程栏，并按高程比例尺在纵轴上相应的位置标定点位，再把这些点连成线，即为纵断面图。

（3）根据设计坡度计算出渠底起点和终点的设计高程。

（4）在纵轴上标定其点位并用直线连接起来，即为渠底设计线；同法可连出渠堤顶线。渠底的坡度就是渠底上两点间的高差与水平距离之比。由渠底起点的设计高程和渠底设计坡度，按式（9-1）可以推算出渠道各里程桩和终点底部的设计高程，并填入图 9-5 中的渠底设计高程栏内。

（5）最后在图表上应绘出渠道路线平面图，注明路线左右的地物、地貌的大概位置等。

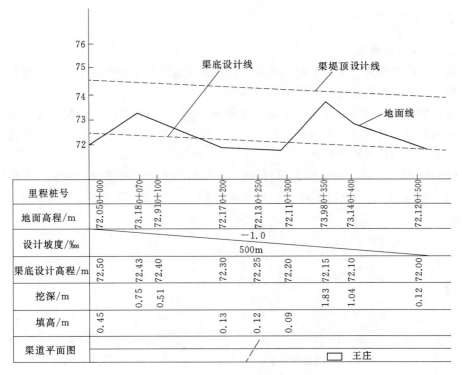

图 9-5 渠道纵断面图

（6）渠底起点高程的计算：

$$H = H_0 - i \cdot D \qquad (9-1)$$

式中　H——待求里程桩的设计高程，m；

　　　H_0——起点桩的设计高程，m；

　　　i——渠底的设计坡度，‰；

　　　D——待求点至起点桩的水平距离，m。

如：设渠底起点（0+000）桩的设计高程为 72.50m，渠道设计坡度为 1‰，则 0+070 桩的设计高程为

$$H = 72.50 - 0.001 \times 70 = 72.43 (\text{m})$$

填挖高度的计算：

$$填挖高度＝地面高程－设计高程$$

若为正数，表示挖深；若为负数，表示填高。

根据起点和终点的渠底设计高程，在图纸上展绘它们的位置，然后连接成线即为渠底设计线。在图纸展绘出渠堤起点和终点的顶点位置连接成线即为渠堤顶设计线（图 9-5）。

地面高程与渠底设计高程之差就是挖深和填高的数量。将各里程桩和加桩的挖深或填高的数量分别填入到挖方深度或填高栏内。

最后在图表上应绘出渠道路线平面图，注明路线左右的地物、地貌的大概情况以及圆曲线位置和转角、半径的大小。

二、横断面测绘

（一）横断面测量

横断面就是垂直于中线方向的断面。横断面测量的任务是测出中线上各里程桩和加桩处两侧的地形起伏情况，绘出横断面图。

进行横断面测量时，首先应确定出横断面的方向，再以中心线为依据向两边施测，根据地形、精度等条件或要求的不同，常用的施测方法有水准仪配合皮尺法、花杆皮尺法、经纬仪视距法等。

【例 9－4】 仍以【例 9－1】渠首 0＋000 横断面为例，水准仪配合皮尺法步骤如下（图 9－6）（此法测量精度高，适于平坦地区）：

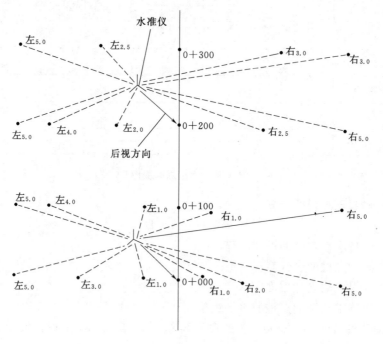

图 9－6 横断面测量示意图

（1）安置水准仪于 0＋000 桩附近，用十字架标定断面的方向（垂直于渠道中线）。

（2）水准仪照准 0＋000 桩（后视点）标尺，将读数填入表 9－3 内，并计算出视线高。

（3）照准断面方向上各特征点（间视点）标尺，将读数填入表 9－3 内，并计算出各特征点的高程。

（4）用皮尺量出各特征点至 0＋000 桩的水平距离。

注意：各立尺点的高程计算采用了视线高法；为了加快测设速度，架设一次仪器可以测 1～4 个断面。水准仪配合皮尺法测量断面，虽说精度较高，但它只局限于平坦地区。

测站	桩号及测点	水准尺读数/m			视线高/m	高程/m	备注
		后视	前视	间视			
1	0+000	1.42			73.465	72.045	已知
	左1.0			1.32		72.14	
	左3.0			1.03		72.44	
	左5.0			1.50		71.96	
	右1.0			1.30		72.16	
	右2.0			1.25		72.22	
	右5.0			1.54		71.92	
2	0+100	1.56			74.47	72.91	已知
	左1.0			1.21		73.26	
	左4.0			1.43		73.04	
	左5.0			0.89		73.58	
	右1.0			1.53		72.94	
	右5.0			1.33		73.14	

表 9 - 3　　　　　　　　　　　　渠道横断面测量记录计算表

左1.0、左3.0、……表示地形点在中心桩左侧，角码表示地形点到中心桩距离。右1.0、右2.0、……表示地形点在中心桩右侧，角码表示地形点到中心桩的距离。左右之分是面向水流前进方向，中心桩左边为"左"，中心桩右边为"右"。

（二）横断面图的绘制

横断面测量完成后，整理外业观测成果，经检查无误后，即可绘制横断面图。

【例 9 - 5】 仍以【例 9 - 1】渠首 0+100 横断面为例，利用该横断面测量数据绘制横断面图，具体的绘制方法如下（图 9 - 7）：

（1）以 0+100 桩为中点，左右两侧距离为横轴，高程为纵轴，比例尺均为 1：100。

（2）展绘出各特征点，连接相邻各特征点即为 0+100 桩横断面图的地面线。

（3）注意：横断面图与纵断面图绘制方法相似，但横断面图的纵、横轴一般采用同一比例尺。绘制横断面图时，应

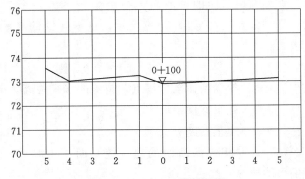

图 9 - 7　0+100 横断面图

使各中心桩在同一幅内的纵列上，自上而下，由左至右布局。

第四节 土 方 计 算

9-4 土方
计算

渠道纵横断面测绘完成后，即可进行土方计算。

计算土方量之前，应绘制标准断面图。标准断面图既可直接绘在横断面图上，也

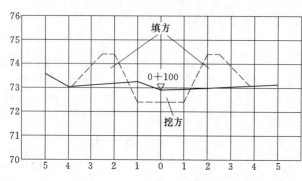

图9-8 0+100套绘标准断面图

可制成模片进行套绘，如图9-8所示。标准模片的制作是根据渠底设计宽度、深度和渠道内外坡比，在透明的聚酯薄膜上绘制成的。标准断面绘成后，即可将标准断面套在横断面图上。套绘方法是：根据纵断面图上各里程桩的设计高程，在横断面图上表示出来，做一标记。然后将标准断面的渠底中点对准该标记，渠底线应与毫米纸的方格网线平行，这样即套绘完毕。地面线与设计断面线（标准断面线）所围成的面积即为挖方或填方面积，在地面线以上的部分为填方，在地面线以下的部分为挖方（图9-8）。

计算填挖面积的方法很多，常用的方法是均值法。均值法计算土方量的步骤如下（表9-4）：

（1）计算填挖深度 h：

$$h = H_{地面} - H_{设计}$$

式中 h——填挖深度，m。若为＋，则为挖深，若为－，则为填高；

$H_{地面}$——原地面高程，m；

$H_{设计}$——设计高程，m。

（2）计算相邻两断面的中心桩不填不挖的"零点"位置。

如相邻两断面的中心桩，一个为挖，另一个为填，则应先找出不填不挖的位置（即"零点"）。如图9-9所示，过零点 O 的水平线为设计线，则"零点"位置计算公式：

$$x/(d-x) = a/b，则 x = a \times d/(a+b)$$

式中 x——挖深断面至"零点"位置的水平距离，m；

a——挖土深度，m；

b——填土高度 m。

（3）计算相邻两断面的填（挖）面积的平均值 A：

$$A = (A_1 + A_2)/2$$

式中：A_1、A_2——相邻两断面的填方或挖方面积，m^2。

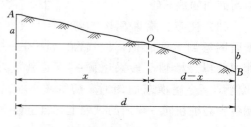

图9-9 确定零点桩位置的方法

（4）计算相邻两断面间的填（挖）土方量 V：

$$V = A \times d$$

式中　d——相邻两断面间的水平距离，m。

【例 9-6】　仍以【例 9-1】渠道为例，0+000 桩填高 b 为 0.45m，0+070 桩挖深 a 为 0.75m，则在 0+000 桩至 0+070 桩有一"零点"，计算该两断面之间的"零点"位置。

利用公式 $x = a \times d / (a+b)$ 计算，$x = 0.75 \times 70 / (0.75 + 0.45) = 43.8$（m），所以零点的桩号为 0+026.2，见表 9-4。该桩号求得后，应到实地补测该桩，并测量该断面，以便将两桩之间的土方分成两部分计算，使计算结果更准确可靠。具体计算见表 9-4。

表 9-4　　　　　　　　　　渠 道 土 方 量 计 算 表

桩号	地面高程 /m	渠底设计高程 /m	填 /m	挖 /m	断面面积 /m²		平均断面面积 /m²		距离 /m	土方量/m³	
					填	挖	填	挖		填	挖
①	②	③	④	⑤	⑥	⑦	⑧	⑨	⑩	⑪	⑫
0+000	72.05	72.50	0.45		13.82	0	7.04	0	26.2	184.3	0.0
0+026.2	72.47	72.47	0	0	0.25	0	1.53	1.0	43.8	67.0	44.0
0+070	73.18	72.43		0.75	2.81	2.01	3.48	1.8	30	104.4	53.9
0+100	72.91	72.40		0.51	4.15	1.58	2.14	0.91	79.7	170.2	72.5
0+179.7	72.32	72.32	0	0	0.12	0.24	6.62	0.12	20.3	134.3	2.4
0+200	72.17	72.30	0.13		13.11		13.08	0	50	654.0	0.0
0+250	72.13	72.25	0.12		13.05	0	12.23	0	50	610.8	0.0
0+300	72.11	72.20	0.09		11.38		5.69	0.03	2.4	13.7	0.1
0+302.4	72.20	72.20	0	0		0.06	2.63	0.66	47.6	125.0	31.2
0+350	73.97	72.15		1.82	5.25	1.25	5.18	1.18	50	258.8	58.8
0+400	73.14	72.10		1.04	5.1	1.1	6.08	1.21	100	608.0	121.0
0+500	72.12	72.00		0.12	7.06	1.32	总计			2930.3	383.8

【例 9-7】　仍以【例 9-1】渠道为例，计算该 500m 渠道的挖填土方量。

挖填土方量计算步骤如下：

（1）根据前面的计算结果把桩号、地面高程、渠底设计高程数据填到表 9-4 的第 1、2、3 列。

（2）计算填挖深度 h，填到表9-4的第4、5列。

（3）根据横断面图量出每个桩号对应的断面面积，填到表9-4的第6、7列。

（4）判断相邻两断面之间是否存在"零点"。根据表中第4、5列判断，该渠道有三处存在"零点"。经计算，三处"零点"桩号分别为0+026.2、0+179.7、0+302.4。

（5）到渠道现场补测这三处"零点"位置的横断面，并绘制横断面图，量出这三个断面的填（挖）断面面积，填到表9-4的第6、7列。

（6）计算相邻两断面的填（挖）面积的平均值，见表9-4的第8、9列。

（7）计算相邻两断面间的填（挖）土方量，见表9-4的第11、12列。

具体计算结果见表9-4。

由于Office办公软件应用非常广泛，在实际具体计算中，通常采用Excel表格软件进行计算。具体见表9-5。

表9-5　　　　　　　　　　渠道土方计算表（Excel表格）

桩号	距离 /m	地面 高程 /m	渠底设 计高程 /m	填 /m	挖 /m	断面面积 /m²		平均断面面积 /m²		距离 /m	土方量/m³	
						填	挖	填	挖		填	挖
0+000	0	72.05	72.50	0.45		13.82	0.00	0.00	0.00	0.0	0.0	0.0
0+026.2	26.2	72.47	72.47			0.25	0.00	7.04	0.00	26.2	184.3	0.0
0+070	70	73.18	72.43		0.75	2.81	2.01	1.53	1.01	43.8	67.0	44.0
0+100	100	72.91	72.40		0.51	4.15	1.58	3.48	1.80	30.0	104.4	53.9
0+179.7	179.7	72.32	72.32	0.00	0.00	0.12	0.24	2.14	0.91	79.7	170.2	72.5
0+200	200	72.17	72.30	0.13		13.11	0.00	6.62	0.12	20.3	134.3	2.4
0+250	250	72.13	72.25	0.12		13.05	0.00	13.08	0.00	50.0	654.0	
0+300	300	72.11	72.20	0.09		11.38	0.00	12.22	0.00	50.0	610.8	0.0
0+302.4	302.4	72.20	72.20	0.00	0.00	0.00	0.06	5.69	0.03	2.4	13.7	0.1
0+350	350	73.97	72.15		1.82	5.25	1.25	2.63	0.66	47.6	125.0	31.2
0+400	400	73.14	72.10		1.04	5.10	1.10	5.18	1.18	50.0	258.8	58.8
0+500	500	72.12	72.00		0.12	7.06	1.32	6.08	1.21	100.0	608.0	121.0
总计											2930.3	383.8

从表中可以看出，计算结果与表9-4基本一致。

第五节　渠 道 边 坡 放 样

从渠道的勘测设计到开始施工，要隔很长一段时间，在此期间会有一部分里程桩、交点桩丢失。因此在边坡放样前，必须将丢失的桩补测出来，这一工作称为恢复路线测量。方法与中线测量方法相同。

为了施工方便，必须将设计断面与地形断面的交点放样到地面上，并用木桩或白灰标定出来。

渠道断面有三种情况：①挖方断面；②填方断面；③半挖半填断面。现介绍一个半挖半填断面的放样方法，如图 9 - 10 所示。

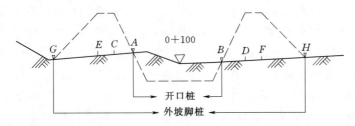

图 9 - 10　0 + 100 边坡放样图

9 - 5　渠道边坡放样

从图 9 - 9 可以看出，需要标定的边坡桩有渠道左、右两边的开口桩 A、B，堤内肩 C、D，堤外肩 E、F，外堤脚桩 G、H，共 8 个桩位，用同样的方法将其他断面的桩位放样出来，最后用白灰粉把相应桩位连成线，便是渠道的开挖或填土线。

为了便于施工，显示渠道的边坡，可在内外堤肩上按填方高度竖立竹竿，竹竿顶部分别系绳，绳的另一端分别扎紧在相应的外坡脚桩和开口桩上，形成一个边坡断面，所立架子称为施工坡架。为了便于放样，事先应根据横断面图编制放样数据表。

【例 9 - 7】　仍以［例 9 - 1］渠道 0 + 100 横断面为例，根据边坡放样图（图 9 - 10）编制放样数据表，见表 9 - 6。

表 9 - 6　　　　　　　　　　　　　　渠道边坡放样数据表

桩号	地面高程	工程量		中心桩至开口桩距离		中心桩至内堤肩桩距离		中心桩至外堤肩桩距离		中心桩至外坡脚桩距离		设计高程
		填高	挖深	左侧	右侧	左侧	右侧	左侧	右侧	左侧	右侧	
0 + 100	72.91		0.51	1.4	1.3	2.0	2.0	2.5	2.5	3.9	3.8	72.4

第六节　GNSS - RTK 技术在渠道测绘中的应用

9 - 6　GNSS - RTK 技术在渠道测绘中的应用

近年来，随着社会和经济建设的迅速发展以及地理空间数据采集的需要，基于 3S 的数字测量技术也日益成熟，GNSS - RTK 技术逐步被广泛应用于社会各个领域。

渠道的测绘环境是野外空旷的农村土地，其特点为：视野开阔，高大建筑物较少，无大的干扰信息源，能够接收较强的信号等。根据这些特点，我们利用 GNSS - RTK 技术进行项目的测绘工作。GNSS - RTK 技术应用于水利工程渠道测绘中既满足精度要求和测量数据的现势性，又能全面提高渠道测绘工作的现代化水平，具有广阔的应用前景。

一、GNSS - RTK 技术作业原理

GNSS 实时动态（RTK）测量技术出现于 20 世纪 90 年代，是以载波相位观测量为根据的实时差分 GNSS 测量技术。实时动态测量的作业原理为：在项目区内已知坐标的控制点上安置基准站接收机，对所有可视 GNSS 卫星信号进行连续跟踪观测，经

数据调试，通过无线电传输设备将测站坐标、观测值、卫星跟踪状态等发送出去。流动站接收机在测点上跟踪 GNSS 卫星信号的同时，通过无线电传输设备，接收由基准站发射的信息。当流动站完成初始化工作后，控制器根据相对定位原理实时计算并显示出测点的三维坐标和数据精度，同时将成果数据以文件的形式存储起来以便进一步应用。GNSS－RTK 技术观测时间短，能够实时实地测量并显示点位三维坐标数据，为测绘工作的可靠性和高效率提供了保障，是一种行之有效的途径。

RTK 系统主要由 1 个基准站，若干个流动站和通信系统三部分组成，实际上 RTK 实时获得的是基准站到流动站的精密基线向量，即进行相对定位。这种基线向量属于 WGS－84 坐标系统下的坐标，将它转换成工程中通常使用的坐标系成果，才能最终为人们所使用。因此，除了 RTK 技术本身外，实现不同系统下的转换是 RTK 测量技术的一个关键问题。RTK 测量系统一般采用的方法是点校正，即根据一组控制点在两个坐标系下的两套坐标系统之间的转换关系，从而实现 RTK 测量点从 WGS－84 坐标系到任意坐标系（如 CGCS2000 坐标系）的转化。

二、渠道测绘的技术路线

由于 GNSS－RTK 的应用比较灵活，因此在进行河道带状图或是渠道纵横断面的测量时，还可以通过实时 GNSS－RTK 进行动态测量。此方法在测量时，不仅能够实时的得到测点精度，而且也不需要定位之间实现相互通视，在到达定位精度之后，便可以停止观测，从而沿着渠线进行布置，让 GNSS－RTK 技术能够方便、快捷地完成建站。GNSS－RTK 能够实时得到所在位置空间的三维坐标，能够直接进行地形、地物的采集，能够对纵横断面中的各个点位、坐标进行采集，并通过自动数据储存和处理系统，来将其进行编号编码，通过计算机后处理之后，实现输入和输出，还能够绘制出带状地图、河道纵断面图、各个桩号的横断面图等。这样一来，不仅能够减轻人员的劳动强度，同时也大大提升了工作效率。

基于 GNSS－RTK 技术的渠道测绘技术流程主要包括前期准备阶段、GNSS－RTK 外业数据采集阶段、GNSS 数据传输处理阶段、图形编辑处理阶段和图幅整饰阶段等。

（一）前期准备阶段

基础地理资料、基本农田资料、各种数据及其他相关资料等的收集，整理测绘作业指导书制定编写，外业调查人员与内业数字化人员组织培训，测量仪器、计算机及其他外部设备等的检测，GNSS－RTK 测量精度检验等。

（二）GNSS－RTK 外业数据采集阶段

采用连续测量和非连续测量两种方式对特征点、点状地物和地类边界等测量。在测量区域内，选择比较宽敞、地势较高的地方来架设基站，在已知点中架设流动站，尽量使用已知点来进行平面坐标和高度的观测精度检验。在进行测量过程中，要先根据手簿中输入的改正坐标来放出中心线，并要对放样点的高程进行测量，然后根据实际情况，在中心线处继续加密高程点，在需要横断面测量的位置中进行横断面高程点的测量，为后续纵断面垂直方向的测量提供方便。

（三）GNSS 数据传输处理阶段

将 GNSS 测量数据采集器与计算机连接，通过 GNSS 数据传输软件将每天采集的数据文件导入计算机并存储为一定的格式，以日期＋组名作为文件名。

（四）图形编辑处理阶段

利用南方 CASS 数字化地形地籍成图软件导入一定格式的数据文件，在计算机屏幕上显示为大量的数据点，根据外业草图进行地物编辑、地形绘制；构建三角网，生成等高线；地类符号填充，制作断面图及带状图。

（五）图幅整饰阶段

协调图名、图号、图廓线、坐标系、成图比例尺、制图单位及其他辅助说明。

三、GNSS-RTK 技术在水利渠道测绘中的应用

（一）工程概况

某市干河综合治理工程需对干河渠线进行测绘，测区位于某市某区，为平均海拔高度为 360m 左右。测量主要内容为：带状地形图测绘、渠道纵横断面测绘及渠道建筑物调查。

测区沿干河渠线 1∶1000 带状地形图测绘，渠长约 31km，带宽约 70m，以渠开口沿两侧各 35m 测绘。测区主干渠纵横断面图，每 30m 测制一个横断面，并绘出主干渠纵断面图。

（二）基于 GNSS-RTK 技术的水利渠道测绘

1. GNSS 控制网测量

（1）坐标系统采用 CGCS2000 坐标系，中央子午线 111 度。

（2）以四等三角点 DQ、TC 作为起算点，四等三角点 MJW 作检查点。在控制测量范围内布设 E 级 GNSS 控制网，作为测区等级控制点，网形采用环形布设。采用四台南方银河 1 接收机同步观测，数据处理基线解算：用南方 GNSS 处理软件解算，卫星广播星历坐标值，作为基线解的起算数据，基线解采用双差相位观测值。

GNSS 控制网平差计算：平差计算用南方 GNSS 处理软件进行，以三维基线向量及相应方差协方差阵为观测信息，以一个点的 WGS-84 系三维坐标为起算数据，进行 GNSS 网的无约束平差。在无约束平差确定的有效的观测量基础上，在国家坐标系下进行二维约束平差，以国家等级控制点作为平差的已知点，平差结果输出国家 CGCS2000 坐标系三维坐标。

2. 带状地形图测绘

（1）基准站设立。

1）基准站选择。RTK 技术的作业范围受一定因素的制约，一方面远距离作业时采用相对定位的模型消除误差提高精度的效果将不再明显，另一方面通信系统传递信息的范围也是有限的。考虑到这些因素，基准站的架设应尽量位于测区中部，要求地域开阔，无树木等物体遮挡，周围无高大建筑、高压线、无线电发射塔的区域，避开大面积水域等以保证无线电信号覆盖整个测区。

2）转换参数。由于 GNSS-RTK 获得的是 WGS-84 坐标，实际工作一般需要

国家平面坐标或地方坐标，因此需要进行坐标转换。一般采用三参数或七参数方法转换。求转换参数所利用的控制点数量应该足够，一般来讲，平面控制点至少3个，高程控制点一般4个以上。控制点应以能覆盖整个测区为原则，最好均匀分布。另外，转换参数的精度不仅与所选点的位置与数量有关，还与所选点的坐标精度密切相关，因此在选择控制点时应该对测区内的已知点进行筛选。

（2）测绘成图方法。采用GNSS-RTK，外业采集测绘区域的特征点、点状地物和地类边界等测量。将GNSS测量数据采集器与计算机连接，通过GNSS数据传输软件将每天采集的数据文件导入计算机并存储为一定的格式，以日期＋组名作为文件名。利用南方CASS数字化地形地籍成图软件导入一定格式的数据文件，在计算机屏幕上显示为大量的数据点，根据外业草图进行地物编辑、地形绘制；构建三角网，生成等高线；地类符号填充，统计各土地利用类型总面积和分区面积。协调图名、图号、图廓线、坐标系、成图比例尺、制图单位及其他辅助说明。按1∶1000地形图测绘编辑一次成图。渠道渠道定线及断面图测绘与带状地形图测绘可以同时进行。

（3）带状地形图测绘。1∶1000带状地形图范围为沿主干渠现状渠道两侧开口线以外各35m。带状图按要求标明农田、林带、居民点起止位置及其属性（农田类型、果树树种、房屋结构等）。根据水利设计要求，特殊地物地形测绘表示如下：①独立地物经准确测绘及用规定符号正确表示；②通信线、电力线应准确测绘，电力线注明高低压，走向完整清楚；③所有道路如公路、大车路、小路等均应准确测绘并注明等级及路面材料，桥涵，路堤里程碑均要表示，并在交叉道路口注明高程；④水系如沟渠、集水地及各种水工设施均应绘出；⑤应正确表示出图中植被分布，以图示要求为准；⑥应准确测出各类界限，明确表示各类控制点、名称、注记等。

渠道带状局部地形图如图9-11所示。

3. 渠道定线及纵横断面图测绘

（1）设计中对测量技术提出如下要求：①需要测量出渠道的纵横断面图；②横断面为30m/个，如果地貌变化区域内，需要加密；③横断面的测量宽度左右两侧各35m。

（2）渠道定线。采用GNSS-RTK法，沿原渠道左侧内堤线定桩，每30m设一桩点，并在桩上标注相应的里程桩号，地形变化处加密，桩点的高程同时用GNSS-RTK测定。

（3）纵横断面图测绘。渠道纵横断面图的测量采用GNSS-RTK外业数据采集，测定各点的高程。

1）纵断面施测桩距30m，遇地形变化处加桩。纵断面横向比例1∶5000，纵向比例1∶1000；纵断面标注农田、林带、村庄、砌护段的起始桩号，以渠口进水闸为0＋000，以后桩号连续；纵断面同时反映现状渠底、水位、左右渠顶高程线、渠堤外地面高程。

2）横断面沿渠下游方向按桩点垂直方向左1，左2，左3，…和桩点及右1，右2，右3，…，明确记录观测值。横向比例1∶1000，纵向比例1∶1000。横断面施测

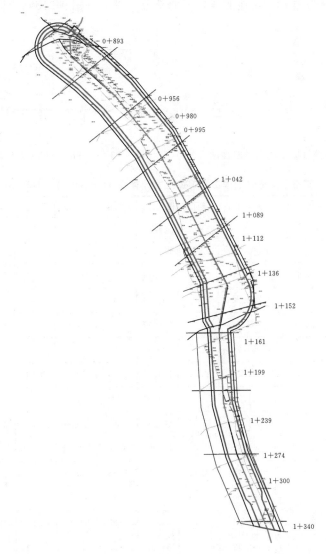

图 9-11　渠道带状局部地形图

范围按照设计要求测量。

3）渠线穿越建筑物时，标注底板、顶板标高，孔口尺寸；标主干渠直开口底板标高、孔口尺寸。

4）纵横断面图均依比例绘制 CAD 电子版 DWG 格式，断面图上高程点明确标注；绘横断面时，一张图上绘多条断面时按里程顺序由左至右、由上至下，绘制时须留套绘设计断面线的位置和注记中心线桩填挖数值的位置（0+980 桩号横断面图如图 9-12 所示）。

（三）渠道土方工程量计算

渠道纵横断面测绘完成后，即可进行土方计算。根据标准横断面图在测绘的横断面图上进行套绘。地面线与标准断面线所围成的面积即为挖方或填方面积，在地面线以上的部分为填方，在地面线以下的部分为挖方（图9-13）。具体计算结果见表9-7。

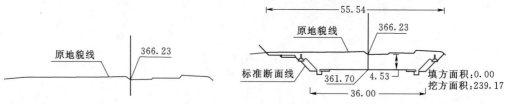

图9-12 0+980桩号原始地面横断面图　　图9-13 0+980桩号土方计算横断面图

表9-7　　　某市干河综合治理工程河道土方计算表（0+860—1+340）

渠道分段名称	桩号	断面间距/m	渠底设计高程/m	断面面积/m² 填	断面面积/m² 挖	平均断面面积/m² 填	平均断面面积/m² 挖	土方量/m³ 填	土方量/m³ 挖	备注
调节池	0+860	0	361.70		231.12	0	0	0	0	
	0+893	33.00	361.70		240.21	0	235.67	0	7776.95	
	0+956	63.00	361.70		262.91	0	251.56	0	15848.28	
	0+980	24.00	361.70		239.17	0	251.04	0	6024.96	
	0+995	15.00	361.70		199.28	0	219.23	0	3288.38	
	1+042	47.00	361.70	0.41	163.25	0.21	181.27	9.64	8519.46	
	1+089	47.00	361.70	0.41	158.84	0.21	161.05	9.64	7569.12	
	1+112	23.00	361.70		152.87	0	155.86	0	3584.67	
	1+136	24.00	361.70	6.80	131.37	3.40	142.12	81.60	3410.88	
	1+152	16.00	361.70	4.46	128.75	5.63	130.06	90.08	2080.96	
明渠段	1+161	9.00	362.00	2.29	52.87	1.15	90.81	10.31	817.29	
	1+199	38.00	361.96	7.46	56.54	4.88	54.71	185.25	2078.79	
	1+239	40.00	361.92	2.59	74.37	5.03	65.46	201.00	2618.20	
	1+274	35.00	361.89	2.67	69.04	2.63	71.71	92.05	2509.68	
	1+300	26.00	361.86	3.65	71.01	3.16	70.03	82.16	1820.65	
	1+340	40.00	361.82	2.13	48.60	2.89	59.81	115.60	2392.20	
合计		480.00						877.32	70340.44	

四、结束语

GNSS-RTK测量定位迅速且观测后的数据不用人工处理即可屏显并存储在手簿中。在测量过程中能监视观测数据质量，相比常规测量来说，其作业效率大大提高。如果选择高精度高抗干扰性的RTK仪器，通过全面的质量保证措施，随着GNSS-RTK技术的更加成熟，GNSS-RTK技术在水利工程测绘的应用实践前景会更加广阔。

技 能 训 练 题

1. 说明如何进行渠道的中线测量。
2. 如何进行渠道纵断面测量？如何绘制纵断面图？
3. 如何进行渠道横断面测量？如何绘制横断面图？
4. 在渠道施工测量中，如何进行边坡放样？
5. GNSS - RTK 在渠道测量中与传统测量有何不同？

第十章 土石坝施工测量

【学习目标】
1. 掌握土石坝控制测量与坝轴线的放样的方法。
2. 掌握土石坝清基开挖与坝体填筑的施工测量方法。
3. 掌握土石坝坡脚线、坝体边坡线、修坡桩、护坡桩的放样。

第一节 土石坝施工测量概述

10-1 土石坝施工测量概述

  土石坝是指由当地土料、石料或混合料，经过抛填、碾压等方法堆筑成的挡水坝。当坝体材料以土和砂砾石为主时，称为土坝；以矿渣、卵石、爆破石料为主时，称为堆石坝；当两类材料均占相当比例时，称为土石混合坝。

  大坝施工测量是修建大坝工程的基础性工作，是工程实施的指路标，更是检测工程质量的重要工具。土石坝的施工测量程序与其他测量工作一样，也是由整体到局部，即先布设施工控制网，进行主轴线放样，然后放样辅助轴线及建筑物的细部。其工作内容主要包括控制网的建立、坝轴线测设、坝身控制测量、清基开挖线放样、坡脚线放样、边坡线放样、修坡桩放样及护坡桩放样等。

  为保证施工测量的准确性和可靠性，应建立满足放样精度的施工控制网。其中，施工平面控制网坐标系统应与规划勘测设计阶段的平面坐标系统一致，也可根据需要建立与规划勘测设计阶段的平面坐标系统有换算关系的施工平面坐标系统，一般分两级布网，即基本网和定线网，基本网起着控制主轴线的作用，定线网直接控制辅助轴线及细部位置。施工高程控制网也应与规划勘测设计阶段的高程系统相一致，并可根据需要与邻近国家水准点进行联测，其联测精度不应低于四等水准测量的要求。对相对高程精度要求高的工程部位可单独建立专用的高精度高程控制网，一般分两级布网，即基本网和临时水准点，基本网宜在施工区范围外布设至少一组（每组不少于 3 个点），宜布设成闭合或附合水准路线。

  土石坝建筑物的细部放样，如填筑轮廓点可直接由等级控制点测设，也可由测设的建筑物纵横轴线点放样。放样点密度因建筑物的形状和建筑材料而不同。例如，当直线形混凝土建筑物相邻放样点的最长距离为 5～8m 时，土石料建筑物放样点间的距离则为 10～15m。放样填筑轮廓点的点位中误差及其平面位置中误差的分配见表 10-1。

  除以上规定之外，施工测量人员还应遵守以下准则：

  （1）在各项施工测量工作开始之前，应熟悉设计图纸，了解有关规范、标准及合同文件规定的测量技术要求，选择合理的作业方法，制定测量实施方案。

  （2）对所有观测数据，应使用规定的手簿随测随记。文字与数字应力求清晰、整

表 10-1 填筑轮廓点点位中误差及其分配

建筑物类别	建筑材料	建筑物名称	点位中误差/mm		平面位置中误差/mm	
			平面	高程	测站点	放样
Ⅲ		副坝、护坦、护坡等其他水工建筑物	±30	±30	±25	±17
Ⅳ	土石料	碾压式坝、堤上下游边线、心墙等	±40	±30	±30	±25
Ⅴ		各种坝、堤内设施定位、填料分界线	±50	±30	±30	±40

齐、美观，不得任意撕页，记录中间也不得无故留下空页。对取用的数据均应由两人独立进行检查，确认无误后方可取用。对采用电子记录的作业应遵守相关规定。

（3）施工测量成果资料应进行检查、校核、整理、编号，分类归档，妥善保管。

（4）现场作业，必须遵守有关安全操作规程，注意人身和仪器安全，禁止违章作业。

（5）用于施工测量的仪器和工具应定期送交具有计量检测资质的专业机构进行全面的检定，并在其检定有效期内使用。对于要求在测前或测后也应进行检校的仪器、工具，可参照相应的规定进行自检。

第二节 土石坝施工控制测量

10-2 土石坝施工控制测量

土石坝施工控制网应根据土石坝的总体布局、施工计划和工区的地形条件进行布设。为了在施工过程中保存点位和给放样工作创造良好的通视条件，施工控制网的布设应作为整个工程技术设计的一部分，故控制点的点位应标注在施工场地的总平面图上。土坝施工控制测量工作主要内容包括大坝基本控制网（高程、平面）的建立、坝轴线测设、坝身控制线测量、坝体高程控制测量。

一、大坝基本控制网（高程、平面）的建立

大坝基本控制网起着控制全局的作用，是施工测量的基准，布设必须从网点的稳定、可靠、精确及经济等方面综合考虑决定。大坝大部分建筑物位于坝的下游。控制点若像勘测阶段那样均匀布设，则随着坝体的升高，上下游间的通视将受阻挡；另一方面，大坝蓄水后，布设于上游的地势较低的点将被淹没或稳定性受到影响。因此，控制网的布设应以下游为重点，同时兼顾上游，这样有利于放样。

从放样使用方便来看，控制点应尽量靠近建筑物，但这样往往容易被施工所破坏，即使点位保存下来，由于在施工时受到了附近的震动、爆破等因素的影响，也很难保证它的稳定性，因此，控制点的布设又最好是远离建筑区。为了解决这种矛盾，通常将施工控制网进行两级布设：一级网，它提供整个工程的整体控制，其点位应尽量选在地质条件好、离爆破震动远、施工干扰小的地方，以便长期保存和稳定不动，将该级网称为基本网。二级网，它是以基本网为基础，用插入点、插入网和交会点的方法加密而成的，其点位靠近各建筑物，直接为放样建筑物的辅助轴线和细部服务。这种网点在施工期间要用基本网点来检测并求算其变动后的坐标。当其点位遭到破坏时，也可用基本网点恢复其点位，称这种二级网为定线网。

（一）平面控制网的建立

大坝基本平面控制网的起始点应选在坝轴线或主要建筑物附近，可利用勘测规划

设计阶段布设的测图控制点，点位应选择在通视良好、方便加密、地基稳定且能长期保存的地方，分布应做到坝轴线下游的点数多于坝轴线上游的点数，尽量埋设成具有强制归心装置的混凝土观测墩，周围还应设置醒目的保护装置。可采用 GNSS 网、三角形网、导线及导线网形式布设，施测前应根据初步确定的网点位置，对多种网形结构进行精度优化设计、可靠性分析，确定最佳布网方案。平差计算一般按独立网进行，对于起算数据，在条件方便的时候，可与邻近的国家三角点进行联测，其联测精度不低于国家四等网的要求。由于施工区范围一般不大，观测数据可不做高斯投影改正，可不进行方向改化，仅将边长投影到测区选定的高程面上，采用平面直角坐标系统，在平面上直接进行计算。

施工控制网的精度应以满足施工放样的要求为原则。当用控制点直接放样某些辅助轴线或大坝细部时，对控制网提出的要求较高，但水利水电施工测量规范中规定主要水利工程建筑物轮廓点放样中误差 $m_{测}$ 为 ±20mm。因此，目前大都以能保证放样的点位中误差不超过±（10～20）mm 为确定施工控制网必要精度的起算数据的依据。考虑到控制点误差对大坝施工控制网放样点位应不发生显著影响的原则，控制点的精度 $m_1 \approx 0.4 m_{测} = ±8mm$，这是定线网控制点的精度要求。

（二）高程控制网的建立

高程控制网一般也分为两级布设：一级水准网与施工工区附近的国家水准点联测，布设成闭合（或附合）形式，称为基本网，基本网的水准点应布设在施工区以外，作为整个施工区高程测量的依据；另一级是由基本水准点引测的临时性作业水准点，它应靠近建筑物，便于高程放样。基本高程测量通常用二等水准或三等水准测量完成，加密高程控制网由四等水准测量完成。

大坝高程基本控制网宜均匀布设在大坝轴线上下游的左右岸，不受洪水、施工的影响，便于长期保存和使用方便的地方，可现浇混凝土或埋设预制标石，也可埋设水准基岩标识或埋设在平面控制点标志上。在施工区外布设较长距离的水准路线时，应按照规范规定的相应等级精度指标进行施测，一般布设成闭合环线、附合路线或节点网，不允许布设支水准路线，宜与国家水准点联测，其联测精度不低于四等水准测量的技术要求。

【例 10-1】　现有×××抽水蓄能电站，电站枢纽主要由上水库、下水库、输水系统、地下厂房及开关站等建筑物组成。上水库主要建筑物有上水库大坝、环库公路、库岸防护等。大坝采用混凝土面板堆石坝，最大坝高 117.70m，坝顶长 336.00m。下水库属山涧盆地。下水库主要建筑物有下水库大坝、岸边竖井溢洪道、导流泄放洞、库岸公路、库岸防护等。装机容量 1800MW，安装 6 台单机容量为 300MW 可逆式抽水蓄能机组。电站建成后主要服务于华东电网，在电网中承担调峰、填谷、调频、调相和事故备用等任务。年发电量 30.15 亿 kW·h，抽水电量 40.2 亿 kW·h。枢纽平面布置图如图 10-1 所示。

1. 电站枢纽首级控制网的建立

根据实际地形和工程布置情况，建立首级控制网点 23 个，分别是II$_1$、II$_2$、II$_3$、II$_4$、II$_5$、II$_6$、II$_7$、II$_8$、II$_9$、II$_{10}$、II$_{11}$、II$_{12}$、II$_{13}$、II$_{14}$、II$_{15}$、II$_{16}$、II$_{17}$、II$_{18}$、II$_{19}$、II$_{20}$、II$_{21}$、

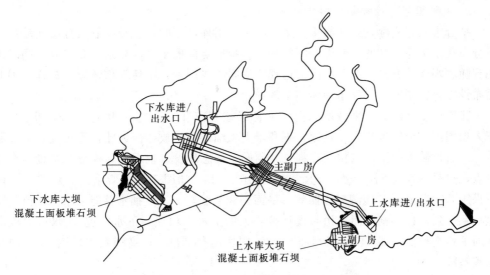

图 10-1　×××抽水蓄能电站枢纽平面图

$Ⅱ_{22}$、$Ⅱ_{23}$，分布在上、下水库不同的山头上，控制点间的最大高差达 900 多 m，山高路远，施测难度大。控制网点分布图如图 10-2 所示。其施测方法如下：

（1）对平面控制网采用测角测边比较进行，水平角观测采用全圆方向观测法，按照三等技术要求进行观测，每个方向观测 9 测回，按照规范要求配置度盘。

（2）高程测量采用光电测距三角高程，每个观测方向天顶距用中丝法观测 4 测回，斜距观测时照准前视（或后视），测斜距 4 次，并读取气象数据，记录斜距、温度和气压值，温度气压直接在测站上输入全站仪里改正。具体 23 个控制点分 4 站进行施测（设站点分别是 $Ⅱ_2$、$Ⅱ_8$、$Ⅱ_{13}$、$Ⅱ_{21}$）。

（3）也可以采用 GNSS 静态测量方法施测。

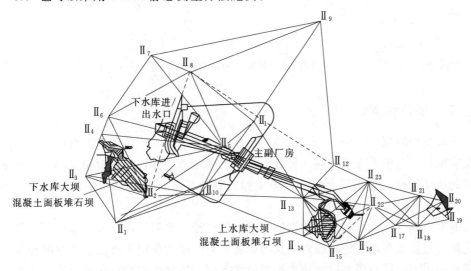

图 10-2　×××抽水蓄能电站枢纽首级控制网平面图

2. 电站枢纽二级控制网的建立

结合本工程实际，建筑物主要集中在上、下库区之间，首级控制点分布比较均匀且分布在上下库不同的山头上，间距较远，控制点间的最大高差达 900 多 m，同时考虑到随着坝体的升高，上下游间的通视将受阻挡等因素，不便于坝体施工放样，因此需布设二级控制网，以便于坝体施工放样。

我们以上水库为例来说明。上水库首级控制点 II_{13}、II_{14}、II_{15}、II_{16}、II_{22} 分布于大坝周围，个别点离大坝较远，不利于大坝细部点的放样。为此，需布设二级控制网，二级控制网的平面点位和高程点共用同一标志埋设。根据实际地形，布设 6 个控制点，点号分别为 SJ_1、SJ_2、SJ_3、SJ_4、SJ_5、SJ_6，如图 10-3 所示。二级控制网测量采用 GNSS 测量，施测等级四等。平面坐标系统与×××抽水蓄能电站枢纽控制网坐标系一致；投影基准面采用与设计院一致的上水库坝顶与下水库进/出水口底板高程的平均高程面，即 640m 高程面（1985 国家高程基准）；高程系统采用 1985 国家高程基准。

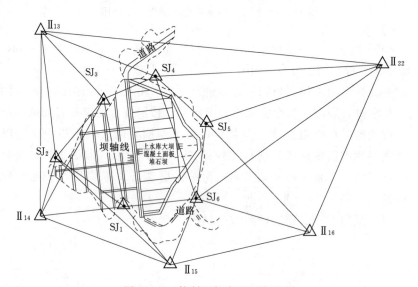

图 10-3 控制网加密平面布置图

二、坝轴线测设

坝轴线即坝顶中心线，是大坝施工放样的主要依据。为将图纸上设计的坝轴线放样至实地，在图纸上先用图解法量算出坝轴线两端点坐标，计算两端点与基本控制点之间的放样数据，再采用交会法、极坐标法等放样方法将坝轴线放样到实地，如图 10-4 所示坝轴线 M_1、M_2。

通常情况下，中小型大坝的坝轴线由工程设计人员根据地形和地质情况，经过多方比较，直接在现场选定轴线两端点的位置。而大型大坝则需要经过严格的现场勘测与规划、多方比较与研究后才能进行坝轴线定位。坝轴线两端点在地面定位后必须用永久性标志标明，为防止施工时遭到破坏，还需沿轴线延伸方向，在两岸山坡上各埋设 1～2 个永久性标志（轴线控制桩），如图 10-4 所示的 M_1'、M_2'，以便检查两端点的位置变化。

【例 10-2】 以上水库大坝为例来说明坝轴线的测设。如图 10-5 所示，坝轴线端点左岸为 M_2，右岸端点为 M_1，测设右岸端点 M_1 方法如下：

（1）利用首级控制网点 Ⅱ₁₃、Ⅱ₁₄、Ⅱ₁₅ 作为放样站点。

（2）根据图形几何关系计算出或图解出 M_1、M_2 两点的坐标（本工程设计单位已给出）。

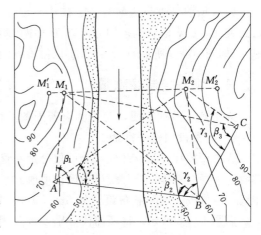

图 10-4 坝轴线的确定

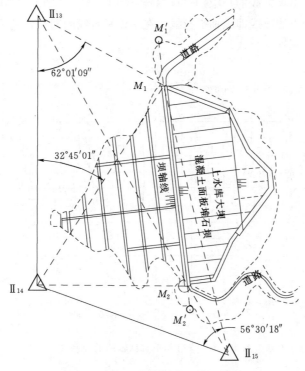

图 10-5 上水库面板堆石坝坝轴线放样图

（3）采用坐标法放样 M_1 点，在 Ⅱ₁₃ 站点上架设全站仪，用 Ⅱ₁₄ 后视，分别输入 Ⅱ₁₃ 坐标值和后视点 Ⅱ₁₄ 的坐标值，旋转仪器瞄准 Ⅱ₁₄ 后视定向保存，然后找到放点功能键，把 M_1 点的坐标值输入到仪器中，这时全站仪会自动计算出夹角 61°01′09″ 和距离 242.699m，旋转仪器使得夹角显示为 0° 即为放样方向 Ⅱ₁₃→M_1，固定仪器，然后在此方向上放出距离 242.699m，即使得计算出的距离显示也为 0m，这时即为 M_1 点；M_2 点的测设方法同 M_1 点。也可以采用采用前方交会法和极坐标法放样。

（4）坝轴线两端点 M_1、M_2 在地面定位后必须用永久性标志标明，为防止施工时遭到破坏，还需沿轴线延伸方向，在两岸山坡上各埋设 1～2 个永久性标志（轴线控制桩），如图 10-5 所示的 M_1'、M_2' 以便检查两端点的位置变化，同时做好点之记。

三、坝身控制线测量

为了施工放样方便，应当测设若干条垂直或平行于坝轴线的坝身控制线。

（一）测设坝轴平行线

为方便放样，将经纬仪或全站仪分别安置在坝轴线的端点上，测设若干条平行于坝轴线的坝身控制线，控制线应布设在坝顶上、下游线，上、下游坡面变化处，下游马道中线，也可按一定间隔布设（如 5m、10m、20m 等），以便控制坝体的填筑和进行收方。如图 10-6 所示，将经纬仪分别安置在坝轴线的端点上，用测设 90°的方法各作一条垂直于坝轴线的横向基准线，分别从坝轴线的端点起，沿垂线向上、下游丈量定出各点，并按坝轴距（至坝轴线的平距）进行编号，如上 10、上 20、下 10、下 20 等。两条垂线上编号相同的点的连线即坝轴平行线。在测设平行线的同时，还可放出坝顶肩线和变坡线，它们也是坝轴平行线。

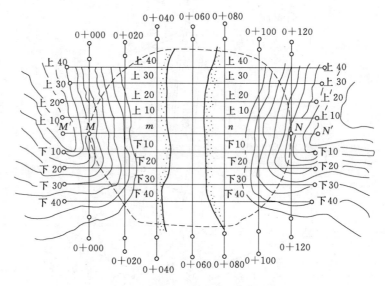

图 10-6　平行和垂直坝轴线的控制线

【**例 10-3**】　根据上水库坝体平面布置图（图 10-7）和横断面图（图 10-8），坝体背水面为干砌石护坡，由坝底到坝顶共有 6 个马道，宽度为 3m，坝体迎水面在高程为 908m 处有变坡，坡度由 1：1.404 变为 1：1.8，按照控制线应布设在坝顶上下游线、上下游坡面变化处、下游马道中线的原则，因此背水面由坝底到坝顶共需布置 7 条平行线，间隔为 31m。在坝体迎水面上游由于是混凝土面板，坝体材料分区较多，因此考虑每隔 20m 布置一条平行线，同时在高程为 908m 处应设置 1 条平行线，上游布置 8 条平行线，并对布设的 15 条平行线进行编号，按坝上+距离和坝下+距离进行编号，如图 10-9 所示。

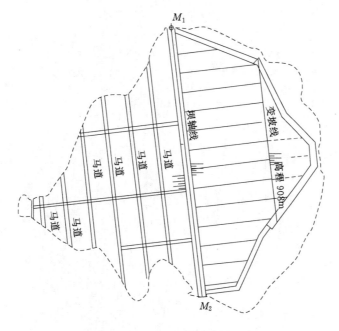

图 10-7　上水库坝体平面布置图

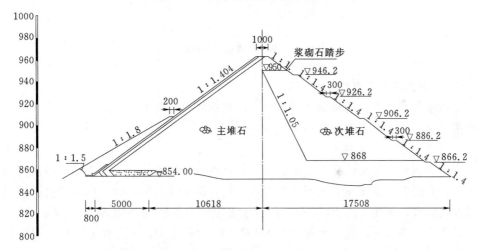

图 10-8　上水库坝体 0+140.00 横断面图（高程单位：m，尺寸单位：cm）

测设方法：把全站仪架设在 M_2' 上，瞄准 M_1' 点（或 M_1），置水平角为 0°，然后逆时针旋转仪器 90°，得到坝下垂直于坝轴线的方向，然后在此方向上放样坝下平行线距离 34.75m，65.75m，…直到 201.33m 结束，然后在每个点位上面打下木桩做标记，为了保证木桩后期不小心被破坏，恢复比较麻烦，可打下两个木桩。同理将仪器顺时针旋转到水平角为 90°，得到坝上垂直于坝轴线的方向，依次放样坝下平行线距离 24.75m，44.75m，…直到 155.93m；然后把仪器搬站到 M_1' 点，瞄准 M_2'（或 M_2）点。同样方法放样右岸各平行线端点，然后把左右岸对应编号相连，即为坝轴线平行线。

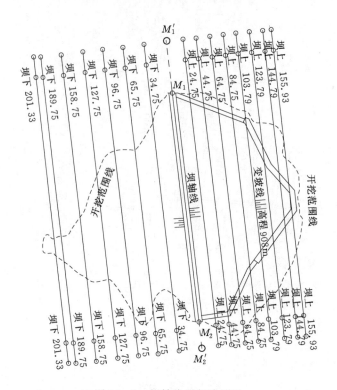

图 10-9 坝轴线平行线测设

（二）测设坝轴垂直线

一般情况下，垂直于坝轴线的坝身控制线的布设需要按照 20m、30m、50m 的间距以里程来布设，分为两个步骤来完成。

1. 沿坝轴线测设里程桩

将一端坝顶与地面的交会点定位零号桩，然后从零号桩起沿着坝轴线按照间距丈量距离，直到另一端坝顶与地面的交会点。当距离丈量有困难时，可采用交会法定出里程桩的位置。如图 10-10 所示，在便于量距的地方作坝轴线 MN 的垂线 EF，用钢尺量出 EF 的长度，测出水平角∠MFE，算出平距 ME（设欲放样的里程桩号为 0＋020）。

（1）经纬仪测设里程桩。先按式 $\beta = \arctan \dfrac{ME - 20}{EF}$ 计算出 β 角，再用两台经纬仪分别在 M 点和 F 点设站，M 点的经纬仪以坝轴线 MN 来定向，用架设在 F 点的经纬仪测设出 β 角，两台仪器视线的交点即0＋020桩的位置。

（2）全站仪极坐标法测设里程桩。一种做法是利用基本测量功能来完成，

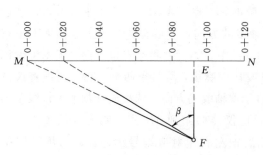

图 10-10 坝轴线里程桩的测设

首先利用平距计算公式计算出 F 点到 $0+020$ 桩号的距离和夹角 β，再在 F 点上安置全站仪，开机对中整平后，旋转望远镜瞄准 E 点，固定水平制动螺旋，然后把 FE 方向置零，然后松开水平制动，逆时针方向旋转夹角 β，固定水平制动螺旋，指挥跑杆人员走到仪器视线中，直至使得所测距离等于计算出的平距，即为 $0+020$ 桩号。另一种做法是利用全站仪的放样功能来完成，首先根据图 $10-10$ 各点位相对位置关系，求出 F、E、$0+020$ 三点的坐标值，在 F 点架设全站仪，进入放样程序，进行测站设置（输入 F 点坐标，点号，仪器高）、定向设置（输入 E 点坐标，点号），输入放样点 $0+020$ 的坐标值操作，全站仪会根据三点坐标值自动计算出一个夹角值和平距，先旋转仪器使得计算出的夹角为零，固定水平制动，再指挥跑杆者走到仪器视线中，进行测距，直至使得测得距离也为零，此点即为 $0+020$ 桩号点。其余各桩按同法标定。

2. 在各里程桩上测设垂直于坝轴线的坝身控制线

将经纬仪或全站仪正确安置在各里程桩上，瞄准坝轴端点进行定向，然后转 $90°$测设出若干条垂直于坝轴线的平行线，并在上下游施工范围外定位横断面方向桩，如图 $10-6$ 所示，用于作为测量横断面和施工放样的依据。

用全站仪时，一般需把大地坐标转换成施工坐标（施工坐标一般以坝轴线为 X 轴，向左岸增大；垂直坝轴线为 Y 轴，向下游增大）后施测控制线，使得施测能够便捷、精确地进行。

【例 $10-4$】　本工程坝体为面板堆石坝，考虑到后期面板浇筑施工放样的方便，因此在布设坝轴线垂直线时，需考虑混凝土面板的宽度来进行布置，这样布置有利于后期混凝土面板浇筑模板的放样。根据设计图面板宽度划分为 $24m$，同时考虑到施工实际和方便，为了更好地控制，因此布设宽度为 $12m$。当然对于特殊部位，如折点处等，还需另外加设垂直线。测设步骤如下。

1. 沿坝轴线测设里程桩

首先要找到坝轴线的零桩号点（坝顶一端端点 M_2 与地面的交会点），然后从零桩号点起沿着坝轴线按照 $12m$ 的间距依次放样，直到另一端坝顶端点 M_1 与地面的交会点。利用全站仪的放样功能来完成坝轴线里程桩测设：

（1）在电子图上沿坝轴线画出各里程桩的位置，确定出各里程桩的坐标值。

（2）在 M_2 点架设全站仪，进入放样程序，进行测站设置（输入 M_2 点坐标，点号，仪器高）、定向设置（输入 M_1 点坐标，点号），输入放样点 $0+012$ 的坐标值，全站仪会根据三点坐标值自动计算出一个夹角值和平距，先旋转仪器使得计算出的夹角为 $0°$，固定水平制动，再指挥跑杆者走到仪器视线中，进行测距，直至使得测得距离也为 $0m$，此点即为 $0+012$ 桩号点。其余各桩标定重复以上方法，如图 $10-11$ 所示。

2. 在各里程桩上测设垂直于坝轴线的坝身控制线

将全站仪正确安置在各里程桩上，瞄准坝轴端点进行定向，然后转 $90°$测设出若干条垂直于坝轴线的平行线，并在上下游施工范围外定位横断面方向桩，如图 $10-12$ 所示，用于作为测量横断面和施工放样的依据。由于随坝体升高，上下游通视将被阻

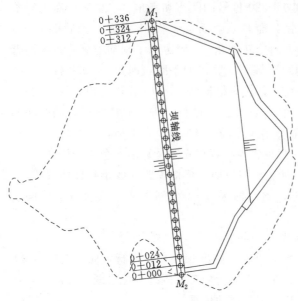

图 10-11 测设坝轴线里程桩

塞,因此垂直于坝轴线的坝身控制线,应在坝体上下游施工范围以外至少打 2 个木桩,便于后期坝体升高后恢复垂直线用于施工放样。

四、坝体高程控制测量

坝体高程控制测量是在高程基本网的基础上施测一系列临时作业水准点。基本网一般布设在施工区以外。临时水准点直接用于坝体高程放样,布设在施工范围内不同高度处,尽量做到安置 1~2 次仪器就可以放样高程,用闭合或附合水准路线从基本网联测高程,用三等或四等水准测量的方法施测。

如图 10-13 所示,由 III_A 经 $BM_1 \rightarrow BM_6$,再至 III_A 测定各点的高程。临时水准点应根据施工进程及时设置,附合到永久水准点上(如图 10-13 中的 $BM_1 \rightarrow 1 \rightarrow 2 \rightarrow 3 \rightarrow BM_3$),并应从水准基点引测它们的高程,经常检查,以防由于施工影响而发生变动。具体布置与 [例 10-1] 方法一致。

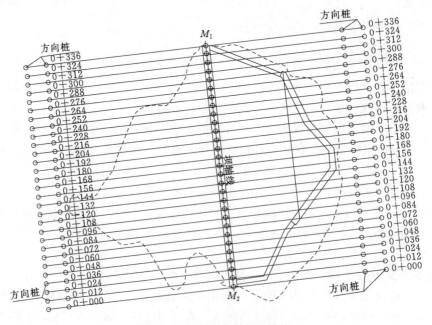

图 10-12 测设坝轴线垂直线

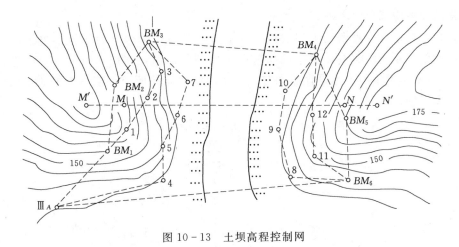

图 10-13　土坝高程控制网

第三节　土石坝施工放样

一、清基开挖线放样

清基开挖线即坝体与自然地面的交线。清基放样的主要工作是确定清基范围和各位置的高程。一般根据设计数据计算而得。由于清基开挖线的放样精度要求并不高，所以可以采用套绘断面然后利用图解法求得放样的数据。

首先在坝轴线每一里程桩处进行横断面测量，并绘制出横断面图，横断面图应标出中心桩，然后根据里程桩号套绘大坝的设计断面。然后从图上量出坝体设计断面与地面上、下游的交点（坝脚点）至里程桩的距离（如图 10-14 中的 D_1 和 D_2），然后据此在实地上

10-3　土石坝施工放样

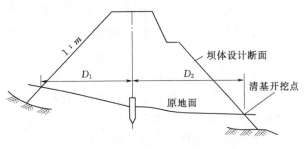

图 10-14　图解法求解放样数据

放样出坝脚点，将各坝脚点连起来就是清基开挖线。由于清基具有一定深度，为了防止塌方，开挖时需要一定的边坡，所以实际清基开挖线应向外适当放宽 1~2m，并撒上白灰标明。

【例 10-5】　仍以上水库为例来说明。由于清基开挖线的放样精度要求并不高，且为了防止塌方，开挖时需要一定的边坡，所以实际清基开挖线应向外适当放宽 1~2m，并撒上白灰标明，如不便于撒白灰，也可用彩旗或铲出小沟来标明。根据本工程实际，在清基开挖时平均放宽为 2.5~3m，采用套绘断面法测设。具体测设步骤如下。

1. 利用图解法求得放样的数据

（1）根据前期原始地形图的测量，在坝轴线每一里程桩处绘制出原始地面横断面

图，横断面图应标出中心桩。

（2）根据里程桩号套绘大坝的设计断面（由于设计单位一般不提供电子版本图纸，因此设计断面图需要根据平面布置图和典型断面图，利用几何关系自己进行绘制）。然后从图上量出坝体设计断面与上、下游的原始地面交点至里程桩的距离（如图 10-15 中的 D_1 和 D_2）。

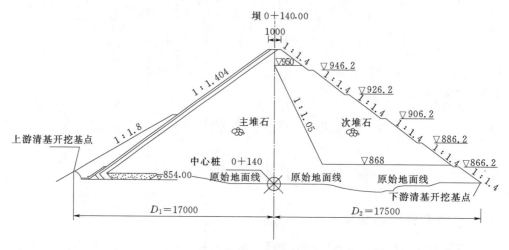

图 10-15　套绘断面法图解放样数据

2. 用全站仪在实地上放样出各点

（1）把全站仪放置在中心桩 0+140 上，然后用坝轴线端点 M_1 或 M_2 定向，置水平角为 0°，旋转仪器 90°，得到坝轴线垂直方向，分别放样出上游坝轴距 $D_1=170\mathrm{m}$，下游坝轴距 $D_2=175\mathrm{m}$，这两点即为中心桩 0+140 断面的清基开挖设计线。

（2）依此类推分别放样出 0+000，0+012，…，0+336 各个中心桩的断面清基开挖上下游点，然后把所有点根据实际情况，向外延伸 2.5～3m 距离，撒白灰或插上彩旗标明，连成线即为实际清基开挖线，如图 10-16 所示。

套绘断面法在放样时，由于断面数据比较多，因此需要编制放样数据计算表格，以便于现场放样，见表 10-2。另外清基过程中位于坝轴线上的里程桩将被毁掉。为了接下来施工放样工作的需要，应在清基开挖线外设置各里程桩的横断面桩，避免其被毁掉。

表 10-2　　　　　　　　　　　套绘断面法放样数据计算表

中心桩	坝轴距/m		备注
	坝上游 D_1	坝下游 D_2	
0+000	83.927	22.266	
⋮	⋮	⋮	
0+140	170.000	175.000	加测断面
⋮	⋮	⋮	
0+336	42.207	8.541	

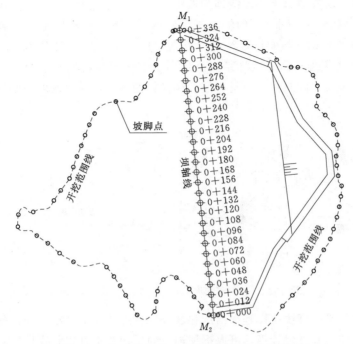

图 10-16　各中心桩上下游清基开挖点及范围

另外，清基过程中位于坝轴线上的里程桩将被毁掉。为了接下来施工放样工作的需要，应在清基开挖线外设置各里程桩的横断面桩，避免其被毁掉。科学技术水平的提高大大增强了测量手段的技术性，当前清基放样工作主要采用全站仪坐标法和 GNSS-RTK 法等方式进行，精确性得到了显著提高。

二、坡脚线放样

清基放样工作完成后，应标出填土范围，即找出坝体和清基后地面的交线，即坡脚线。常用的坡脚线放样方法有套绘断面法和平行线法。

（一）套绘断面法

（1）恢复被破坏的里程桩，并量测其新的横断面，这样可以计算清基工程量。

（2）根据坝上下游边坡线与新横断面上的交点量得坡脚线距离放出坡脚线。

（3）测定其高程进行校核调整。方法同清基开挖放样一样。

【例 10-6】　仍以上水库为例来说明，方法同清基开挖放样。例如 0+144 断面坡脚点的测设如图 10-17 所示，0+144 设计断面与清基后地面的交点（坡脚点）上游为 1 点，下游为 6 点，坡脚点 1 和 6 分别距坝轴线的距离为 156.18m 和 174.22m，放样步骤如下：

（1）利用坝轴线方向桩恢复 0+144 桩点。

（2）把全站仪架设到 0+144 桩点上，瞄准上游方向桩定向，然后固定此方向，放出 156.18m 的距离即为坡脚点 1，翻转镜头再放出 174.22m 的距离即为坡脚点 6。

（3）同法分别放样出 0+000，0+012，…，0+336 各个中心桩的断面的上下游坡脚点，然后把所有坡脚点连成线即为坡脚线。

由于坝体填筑材料不同，如图 10-17 所示，因此清基后的地面上会有 6 条材料分区线，1→2 为特殊垫层料区，2→3 为垫层料区，3→4 为过渡料区，4→5 为特殊主堆石区，5→6 为主堆石区，放样结束后用白灰把相同材料坡脚点拉绳，并沿绳撒出相同材料的坡脚线，同时在相应材料区标注材料的名称，这样便可控制坝体填筑材料的分区。

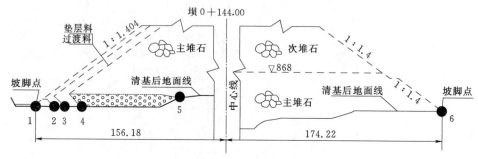

图 10-17　套绘断面法测设坡脚点（单位：m）

需要指出的是坡脚线放样是在河床和部分岸坡趾板施工完成后进行的，为了便于后期坝体填筑控制和方量计算，可以把坝轴线的平行及垂直控制线放样到趾板上，用红色喷漆进行标记。

（二）平行线法

以不同高程坡面与地面的交点获得坡脚线，然后用高程放样的方法定出坡脚点。在地形图上确定土坝的坡脚线，是用已知高程的坝坡面（为一条平行于坝轴线的直线），求得它与坝轴线间的距离，获得坡脚点。平行线法测设坡脚线的原理与此相同，不同的是由距离（平行控制线与坝轴线的间距为已知）求高程（坝坡面的高程），而后在平行控制线方向上用高程放样的方法定出坡脚点。

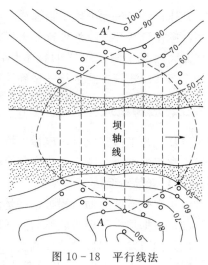

图 10-18　平行线法

如图 10-18 所示，AA' 为坝身平行控制线，距坝顶边线 25m，若坝顶高程为 80m，边坡为 1:2.5，则 AA' 控制线与坝坡面相交的高程为 $80-25\times(1/2.5)=70$（m）。放样时在 A 点安置全站仪，瞄准 A' 定出控制线方向，在 AA' 视线内探测高程为 70m 的地面点，就是所求的坡脚点。连接各坡脚点即得坡脚线。

三、边坡桩放样

坝体坡脚线放出后，则可以进行填土筑坝工作。为了标明上料填土的界线，每当坝体上升 1m 就需要用上料桩将边坡位置明确标定出来，这项工作称为边坡放样工作。上料桩的标定通常采用坡度尺法和轴距杆法。

（一）坡度尺法

按坝体设计的边坡坡度（1：m）特制一个大直角三角板，使两条直角边的长度分别为 1 个单位米和 m 个单位，在较长的一条直角边上安一个水准管。放样时，将小绳一头系在坡脚桩上，另一头系在位于坝体横断面方向的竹竿上，将三角板的斜边靠紧绳子，当绳子拉到使水准管气泡居中时，绳子的坡度即应放样的坡度，如图 10 - 19 所示。

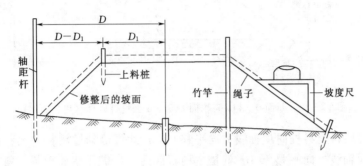

图 10 - 19　坡度尺法和轴距杆法放样边坡

（二）轴距杆法

根据土石坝的设计坡度，如图 10 - 20 所示，按 $D_P = \dfrac{b}{2} + (H_{顶} - H_P)m$ 算出不同层高坡面点的轴距 D_P，编制成表，按高程每隔 1m 计算一值。由于坝轴里程桩会被淹埋，因此必须以填土范围之外的坝轴平行线为依据进行量距。为此，在这条平行线上设置一排竹竿（轴距杆），如图 10 - 19 所示。设平行线的轴距为 D，则上料桩（坡面点）离轴距杆为 $D - D_1$，据此即可定出上料桩的位置。随着坝体的增高，轴距杆可逐渐向坝轴线移近。上料桩的轴距是按设计坝面坡度计算的，实际填土时应超出上料位置，即应留够夯实和修整的余地，如图 10 - 19 中的虚线所示。超填厚度由设计人员提出，一般使上料桩的坝轴距比设计计算值大出 1～2m，能够有效确保压实修理后的坝坡面与设计坡面相符。

【例 10 - 7】　仍以上水库为例，以坝体填筑到 885.7m 高程面为例来说明轴距杆法全站仪放样方法。采用坝轴线垂直控制线进行测设，具体步骤如下：

（1）为了便于放样，首先把各垂直控制线上下游方向桩引测到施工区内，上游可以引到趾板上，用红漆做标记，下游引到施工区内便于保护和不易被破坏处，应打下木桩做标记。

（2）如图 10 - 20 所示，放样 0＋144 断面位置在 885.7m 高程面上的边坡桩时，在 0＋144 断面上游（或下游）桩上架设全站仪，以上游（或下游）方向桩定向，置水平角为 0°，定出 0＋144 垂直控制线的方向。

（3）翻转镜头，在此方向上放样出平距 45.678m（158.978m－113.300m）即为垫层料的上料桩，用竹竿（轴距杆）或测钎进行标记。

（4）重复此方法依次放出 0＋000 至 0＋336 各个断面在高程 885.7m 面上的上料

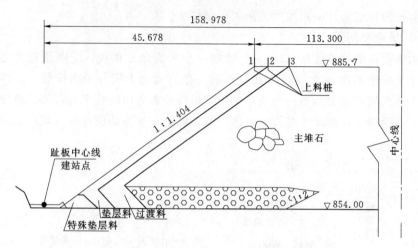

图 10-20 断面 0+144 高程面 885.7m 上料桩放样（单位：m）

桩，然后把垫层料上料桩向坝轴线方向平移 0.6m 就可得到过渡料的上料桩，把垫层料上料桩向坝轴线方向平移 1.6m 就是主堆石区的上料桩。然后把各上料桩依次连成线，撒上白灰做标记，在高程 885.7m 面上就形成了材料分区线，并在各材料分区内标注材料名称。如图 10-21 所示。

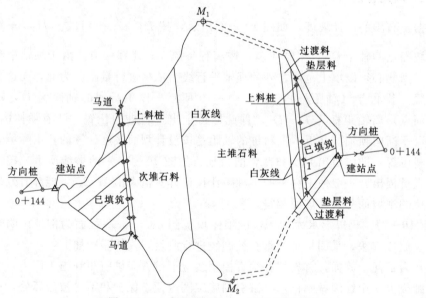

图 10-21 高程面 885.7m 材料分区划线

（三）全站仪坐标法放样

此法需根据图纸几何关系计算各上料桩的坐标值，在加密控制点上建站和定向，然后放样各边坡桩位置。此法优点是点位放样元素（坐标）不受建站位置影响，固定不变，且可以一次建站完成可视范围内的所有点的放样；缺点是计算比较复杂，需编制坐标计算转换程序。当然现在工程中由于测量仪器的发展，也可采用 GNSS 进行测设，速度会更快，但是同样要计算坐标值。

四、修坡桩放样

为了满足设计要求，当大坝填筑到一定高度且压实后，可用水准仪法或经纬仪法测设修坡桩。先把坝轴线平行线测设到需要修坡的坡面上，插上测钎或木桩，用水准仪测定在坝坡面上所钉测钎或木桩的坡面实际高程，再量出或测出距离（如用全站仪可直接测出平距），然后计算出测钎或木桩的设计高程，各实测点的高程与设计高程的差值即坡面修坡量。

图 10-22 轴距计算断面图

（一）水准仪法

先用水准仪测定在坝坡面上所钉的平行于坝轴线的木桩的坡面高程，再量出距离（轴距），如图 10-22 所示，按 $H_P = H_{顶} - \left(D_P - \dfrac{b}{2}\right)/m$ 计算出木桩的设计高程。用水准仪测出的各点高程与设计高程的差值，即坡面修坡量。

【**例 10-8**】 仍以上水库为例来说明。本工程大坝填筑高度为 3m，以坝体填筑到 885.7m 高程面为例来说明下修坡量 δ 的计算，如图 10-23 所示。用水准仪法在坝体坡面上测设的坝轴线平行线桩 1，1 桩点的修坡量计算如下：

（1）利用水准仪测出 1 桩点的实际高程值为 883.11m。

（2）计算 1 桩点的设计高程位置，代入计算式 $H_P = H_{顶} - \left(D_P - \dfrac{b}{2}\right)/m$，即 $H_P = 962.7 - (117.32 - 5)/1.404 = 882.7(\text{m})$。

（3）修坡厚度 $\delta = H_{实} - H_P = 883.11 - 882.7 = 0.41(\text{m})$。

利用此法依次把所有其他坝轴线的平行线桩点的修坡厚度计算出来，这样整个坡面的修坡厚度也就测设完成。

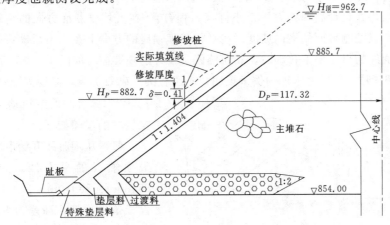

图 10-23 水准仪法修坡桩放样图（单位：m）

（二）经纬仪法

首先将经纬仪安置在坡顶，量取仪器高，通过设计坡度计算出边坡倾角，然后将望远镜向下倾斜（倾斜角度为边坡倾角），固定望远镜，此时的视线平行于设计坡面，最后沿视线方向竖立标尺，读取中丝读数。仪器高与中丝读数的差值即修坡量。具体做法如下：

（1）先根据坡面的设计坡度计算坡面的倾角。例如，当坝坡面的设计坡度为 $1:2.5$ 时，则坡面的倾角为 $\alpha=\arctan(1/2.5)=21°48'05''$。

（2）在填筑的坝顶边缘安置经纬仪，量取仪器高度 i 后，将望远镜视线向下倾斜 α 角，固定望远镜，此时视线平行于设计的坡面。

（3）然后，沿着视线方向每隔几米竖立标尺，设中丝读数为 L，则该立尺点的修坡厚度为 $\delta=i-L$。

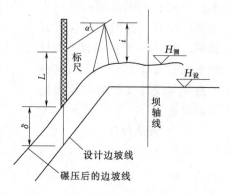

图 10-24　经纬仪法测设修坡桩

若安置经纬仪地点的高程与坝顶设计高程不符，则计算削坡量时应加改正数，如图 10-24 所示。实际的修坡厚度应按下式计算：

$$\delta=(i-L)+(H_{测}-H_{设})$$

式中　i——经纬仪的仪器高度；

　　　L——经纬仪的中丝读数；

　　　$H_{测}$——安置仪器处坝顶实测高程；

　　　$H_{设}$——坝顶的设计高程。

五、护坡桩放样

坡面修整后，需用草皮或石块进行护坡。为使护坡后的坡面符合设计要求，还需测设护坡桩。从坝脚线开始沿坝坡面高差每隔 5m 布设一排护坡桩，每排护坡桩应与坝轴线平行。在一排中每隔 10m 定一根木桩，使木桩构成方格网，将设计高程测设在木桩上，再在设计高程处钉一个小钉（高程钉）。在大坝横断面方向的高程钉上系一根绳子，以控制坡面的横向坡度；在平行于坝轴线的方向上系一条活动线，当活动线沿横断面线的绳子上下移动时，其轨迹就是设计的坝坡面，如图 10-25 所示。

【**例 10-9**】仍以上水库为例来说明。本工程为干砌石护坡，厚度为 50cm，如图

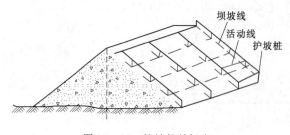

图 10-25　护坡桩的标定

10-26 所示，采用活动绳法测设护坡桩的步骤如下：

（1）从坝趾线开始沿坝坡面布设坝轴线的平行线，如在高程 854.0m、859.0m、864.0m 处布设三条平行线，高差为 5m，同时每隔 12m 定出坝轴线垂直线（横

断面）。

（2）在平行线和垂直线的交点处钉一根木桩，使木桩构成方格网，将设计高程854.5m、859.5m、864.5m测设在木桩上。

（3）在设计高程处钉一个小钉（高程钉），在大坝横断面方向的高程钉上系一根绳子（固定绳），在平行于坝轴线的方向上系一条活动线，当活动线沿横断面线的绳子上下移动时，其轨迹就是设计的坝坡面，以控制坡面的横向坡度。

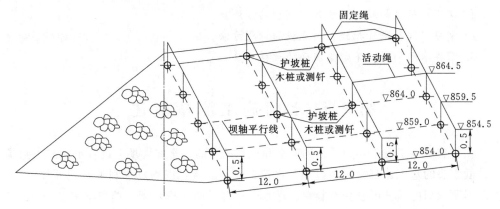

图 10-26 护坡桩测定（单位：m）

技 能 训 练 题

1. 填空题

（1）土石坝施工放样中，首先进行的放样工作是_____。

（2）坝体高程控制测量布设的水准点用闭合或附合水准路线从基本网联测高程，用_____水准测量的方法施测。

（3）土石坝实际清基开挖线应从设计线向外适当放宽_____，并撒上白灰标明。

（4）坡脚线是指坝体和_____的交线。

（5）土石坝施工控制网一般分_____两级布设。

（6）土石坝坡脚线放样一般采用_____和_____。

（7）土石坝边坡放样上料桩的标定通常采用_____和_____。

（8）为了满足设计要求，当土石坝填筑到一定高度且压实后，坡面修整可用_____或_____测设修坡。

（9）为了标明上料填土的界线，每当坝体上升_____m就需要用上料桩将边坡位置明确标定出来，这项工作称之为_____工作。

（10）用水准仪法放样修坡桩时，坡面修坡量为_____与_____的差值。

2. 简答题

（1）土石坝施工测量人员还应遵守哪些准则？

（2）土石坝施工控制测量包括哪些方法？

（3）土石坝施工放样包括哪些方面？

第十一章 水闸施工测量

【学习目标】

    1. 掌握水闸主轴线、高程控制测量的方法。

    2. 掌握水闸基础开挖线、闸底板的放样方法。

    3. 掌握水闸闸墩、下游溢流面的放样方法。

第一节 水闸施工测量概述

    在水利水电工程中，为了达到泄水和挡水的目的，常在大坝上设置水闸。水闸是一种低水头的水工建筑物，用以调节水位、控制流量，以满足水利事业的各种要求。按水闸所承担的任务可分为节制闸、进水闸、分洪闸、排水闸、挡潮闸等。图 11-1 是水闸的基本构成，图 11-2 是三孔水闸的平面位置示意图。水闸通常是由闸室段和上、下游连接段三部分组成。闸室段是水闸的主体，包括闸墩、底板、闸门、工作桥、交通桥等。底板是闸室的基础，承受闸室全部荷载，并较均匀地传给地基。闸墩的作用是分隔闸孔并支承闸门、工作桥等上部结构。闸门的作用是挡水和控制下泄水流。工作桥供安置启闭机和工作人员操作之用。交通桥的作用是连接两岸交通。

11-1 水闸
施工测量概述

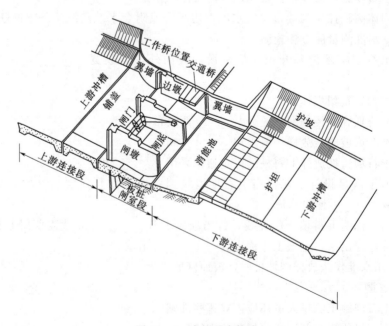

图 11-1 水闸基本构成

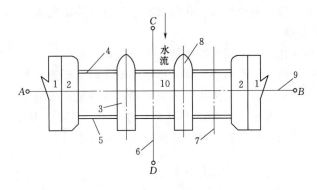

图 11-2 三孔水闸平面位置示意图
1—坝体；2—侧墙；3—闸墩；4—检修闸门；5—工作闸门；
6—水闸中线；7—闸孔中线；8—闸墩中线；9—水闸
中心轴线；10—闸室

11-2 水闸的基本构成

上游连接段的主要作用是引导水流平稳地进入闸室，同时起防冲、防渗、挡土等作用。一般包括上游翼墙、铺盖、护底、两岸护坡及上游防冲槽等。

下游连接段具有消能和扩散水流的作用。一般包括护坦、海漫、下游防冲槽、下游翼墙及护坡等。

由于水闸一般建在土质地基上，因此通常以较厚的钢筋混凝土底板作为整体基础，闸墩和两边侧墙就浇筑在底板上，与底板接成一个整体。

水闸施工测量与大坝施工测量工作一样，也是遵循从整体到局部，即先布设施工控制网，进行高程控制和主轴线的放样，然后进行水闸其他细部位置的放样。在放样细部位置时，应先放出整体基础开挖线；在基础浇筑时，为了在底板上预留闸墩和翼墙的连接钢筋，应放出墩和翼墙的位置。

水闸的施工放样，包括测设水闸的主要轴线 AB 和 CD，闸墩中线、闸孔中线、闸底板的范围以及各细部的平面位置和高程等。

第二节　水闸施工控制测量

11-3 水闸施工控制测量

水闸施工控制测量包括平面控制网和高程控制网的建立。为符合设计文件的要求，避免施工中出现差错，保证施工的精度和方便施工，在测区内建立施工测量控制网。以正式交桩的平面和高程控制点为一级导线控制网，然后根据施工的需要，进行加密控制点布设，形成二级加密控制导线。

一、水闸基本控制网（高程、平面）的建立

（一）平面控制网

按照一级导线测量规范要求复测控制点，按测量规范及相关规定完成外业、平差计算等复测工作，并上报复测成果，审查控制点的准确度和精度。如果满足相关规范精度要求，则根据此导线的控制点采用二级导线或图根控制测量方法进行加密点的布

设与测量。加密导线完成后经监理工作师批准后可进行施工测量。

（二）高程控制网

由于水闸的特殊作用，其高程的控制在工程中非常重要。一般以不低于已知控制点的高程等级进行复测，同平面控制网一样，若精度满足规范要求，进行高程的引测和加密。高程的引测和加密一般采用三等或四等水准测量方法测定。水准基点布设在河流两岸不受施工影响的地方，如图 11-3 中的 BM_1、BM_2、BM_3、BM_4 点。临时水准点一定要尽量靠近水闸位置，减小放样误差，可以布设在河滩上。

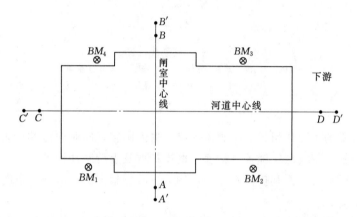

图 11-3 高程控制网的建立

施工过程中，对所有测量控制点应采取措施加以保护，并且每周对各控制点进行巡视和定期复测。

【例 11-1】 在××河道上设置有一拦河挡水泄洪闸，闸门净宽 10m，共 7 孔。采用平板钢闸门挡水，挡水高度 5.7m，闸底槛高程为 621.30m。泄洪闸室底板与闸墩分离式布置，顺水流向在上游总长 13.5m，厚 0.8m；底板上游设齿槽，槽深 0.8m。泄洪闸的闸门轴线在进水口边墩上，右边门槽在新建右边墩上，闸门底坎在新建的闸底板上，闸墩墩顶高程采用阶梯状设计。闸下游设消力池及海漫，消力池顶面高程为 619.10m，池深 2.2m，池长 27m，底板厚 0.8m，如图 11-4 所示。

本拦河挡水泄洪闸布置在×××河道上，首级控制点分布在河道两侧的高地上，其中有两个点 PY_4、PY_5 距离泄洪闸较近，但放样仍不方便，因此需要在水闸周围布设二级控制网。二级控制网的平面点位和高程点共用同一标志埋设，根据实际地形，在不受施工影响的水闸两侧布设 5 个控制点，点号分别为 SZ_1、SZ_2、SZ_3、SZ_4、SZ_5，如图 11-4 所示。平面坐标系与首级控制网坐标系一致，高程系统采用 1985 国家高程基准。高程控制网测量具体步骤如下：

（1）在首级控制点中选取 PY_4 点作为已知水准点，与新布置的二级控制点 SZ_1、SZ_2、SZ_3、SZ_4、SZ_5 5 个点组成闭合水准路线。

（2）采用三等水准测量方法，分别测量这 5 个点的高程。具体高程如图 11-4 所示。

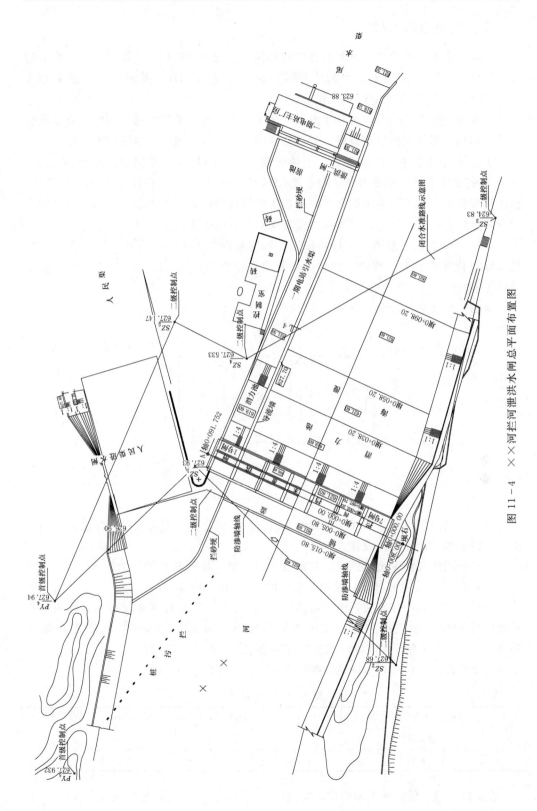

图 11-4 ××河拦河泄洪水闸总平面布置图

二、主轴线的放样

水闸主要轴线的放样，就是在施工现场标定轴线端点的位置。如图 11-3 所示的 A、B 和 C、D 点的位置。水闸主轴线由闸室中心线 AB（横轴）和河道中心线 CD（纵轴）两条互相垂直的直线组成。

主要轴线端点的位置，可从水闸设计图上量出坐标，然后将施工坐标换算成测图坐标，利用测图控制点进行放样。对于独立的小型水闸，也可在现场直接选定。

主要轴线端点 A、B 确定后，应精密测设 AB 的长度，并标定终点 O 的位置。在 O 点安置经纬仪，测设出 AB 的垂线 CD，其测设误差应小于 $10''$。主轴线测定后，应向两端延长至施工影响范围之外，每端各埋设两个固定标志以表示方向。其目的是检查端点位置是否发生移动，并作为恢复端点位置的依据。

引桩应位于施工范围外、地势较高、稳固易保存的位置。设立引桩的目的，是检查端点位置是否发生移动，并作为恢复端点位置的依据。图 11-5 是水闸主轴线放样示意图。

水闸主轴线放样步骤如下：

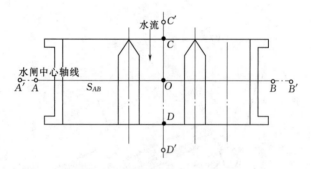

图 11-5　水闸主轴线放样示意图

（1）从水闸设计图量出 AB 轴线的端点 A、B 的坐标，并将施工坐标换算成测图坐标，再根据控制点进行放样。

（2）采用距离精密测量的方法测定 AB 的长度，并标定中点 O 的位置。

（3）在 O 点安置经纬仪，采取正倒镜的方法测设 AB 的垂线 CD。

（4）将 AB 向两端延长至施工范围外（A'，B'），并埋设两固定标志，作为检查端点位置和恢复端点的依据。在可能的情况下，轴线 CD 也延长至施工范围以外（C'，D'），并埋设两固定标志。也可用全站仪坐标法直接放样。

主要轴线点点位中误差限值应按照表 11-1 的规定。

表 11-1　　　　　　　　　　　轴线的精度规定

轴线类型	相对于邻近控制点点位中误差/mm
土建轴线	±17
安装轴线	±10

【例 11-2】　仍以此水闸为例，如图 11-6 所示。水闸两条轴线 AB、CD，需在

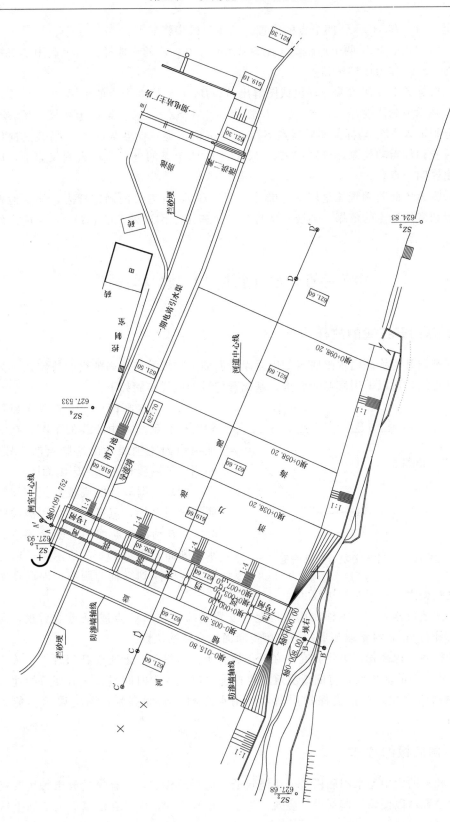

图 11 – 6 ××河拦河泄洪水闸主轴线放样图

现场标定出 A、B、C、D 四个点的位置。具体放样步骤如下：

（1）因 PY_4、PY_5 两个点距离水闸有 250m 左右，不便于放样。这里利用二级控制点 SZ_4、SZ_2 作为放样测站点。

（2）根据图形几何关系计算出或图解出 A、B、C、D 四个点的坐标。

（3）采用坐标法放样 A、B、C、D 四个点。在 SZ_4 站点上架设全站仪，用 SZ_2 后视，分别输入 SZ_4 坐标值和后视点 SZ_2 的坐标值，旋转仪器瞄准 SZ_2 后视定向保存，然后找到放点功能键，分别把 A、B、C、D 四个点的坐标值输入到仪器中，即可放样出这四个点。

（4）将 AB 向两端延长至施工范围外（A'，B'），并埋设两固定标志，作为检查端点位置和恢复端点的依据。轴线 CD 也延长至施工范围以外（C'，D'），并埋设两固定标志。

第三节 水 闸 施 工 放 样

一、基础开挖线的放样

水闸基础开挖线是由水闸底板的周界以及翼墙、护坡等与地面的交线决定的。为了定出开挖线，可以采用套绘断面法。基础开挖线的放样步骤如下：

11-4 水闸
施工放样

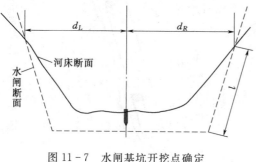

图 11-7 水闸基坑开挖点确定

（1）从水闸设计图上查取底板形状变换点到闸室中心线的平距，在实地沿纵向主轴线标出这些点的位置，并测定其高程和测绘河床断面图。

（2）根据设计的底板数据（即相应的底板高层、宽度、翼墙和护坡的坡度）在河床横断面图上套绘相应的水闸断面，如图 11-7 所示，量取两断面线交点到纵轴的距离，即可在实地放出这些交点，连成开挖边线。

（3）实地放样时，在纵轴线相应位置上安置经纬仪，以 C 点或 D 点位后视，向左或向右旋转 $90°$，再量取相应的距离可得断面线交点的位置。

为了控制开挖高程，可将斜高注在开挖边桩上。当挖到接近底板高程时，一般应预留 0.3m 左右的保护层，待底板浇筑时再挖去，以免间隙时间过长，清理后的地基受雨水冲刷而变化。在挖去保护层时，要用水准测定底面高程，测定误差不能大于 10mm。

二、闸底板的放样

闸孔较多的大中型水闸底板是分块浇筑的，底板放样的目的首先是放出每块底板立模线的位置，以便装置模板进行浇筑。为了定出立模线，应先在清基后的地面上恢复主轴线及其交点的位置。闸底板的放样如图 11-8 所示，根据底板的设计尺寸，由主要轴线的交点 O 起，在 CD 轴线上，分别向上、下游各测设底板长度的一半，得 G、H 两点，然后分别在 G、H 点上分别安置经纬仪，测设与 CD 轴线相垂直的两条方向线。两方向线分别与边墩中线的交点 E、F、I、K，即为闸底板的四个角点。

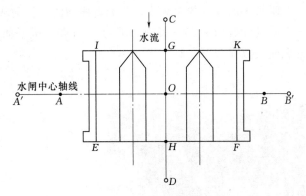

图 11-8 水闸主要轴线的放样

如果施工现场测设较困难，也可用水闸轴线的端点 A、B 作为控制点，同时假设 A 点的坐标为一整数，根据闸底板四个角点到 AB 轴线的距离及 AB 的长度，可推算出 B 点及四个角点的坐标，通过坐标反算求得放样角度，即可在 A、B 两点架设经纬仪，用前方交会法放样四个角点，如图 11-9 所示。

闸底板的高程放样则是根据底板的设计高程及临时水准点的高程，采用水准测量的方法，根据水闸的不同结构和施工方法，在闸墩上标出底板的高程位置。

底板浇筑结束后，要在底板上定出主轴线、各闸墩中线、各闸孔中心线和门槽控制线，然后以这些轴线为基础标出闸墩和翼墙的立模线。

三、闸墩的放样

闸墩的放样，是先放出闸墩中线，再以中线为依据放样闸墩的轮廓线。

放样时，首先根据计算出的有关放样数据，以水闸主要轴线 AB 和 CD 为依据，在现场定出闸孔中线、闸墩中线、闸墩基础开挖线以及闸底板边线等。待水闸基础打好混凝土垫层后，在垫层上再精确地放样出主要轴线和闸墩平面位置的轮廓线。图 11-10 是闸墩放样的结构示意图，图 11-11 是实际放样中的图片。

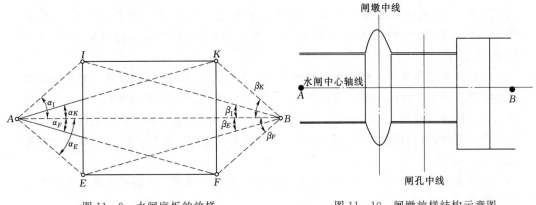

图 11-9 水闸底板的放样   图 11-10 闸墩放样结构示意图

闸墩平面位置的轮廓线，分为直线和曲线。椭圆曲线是为了使水流畅通，一般闸墩上游设计成如图 11-12 所示曲线。所以闸墩平面位置轮廓线的放样就分为直线放样和曲线放样。

图 11-11　闸墩实际放样照片　　　图 11-12　用极坐标法放样闸墩的曲线部分

1. 直线部分的放样

直线部分可根据平面图上设计的有关尺寸，以闸墩角点为坐标原点用直角坐标法放样。

2. 曲线部分的放样

放样时，应根据计算出的曲线上相隔一定距离的点的坐标，求出椭圆的对称中心点 P 至各点的放样数据 β_i 和 l_i。根据已标定的水闸轴线 AB 和闸墩中线 MN 定出两轴线的交点 T，沿闸墩中线从 T 点测设距离 L 定出 P 点，在 P 点安置经纬仪，以 PM 方向为后视用极坐标法放样 1、2、3 等点。由于 PM 两侧曲线对称，左侧的曲线点也可按上述方法放样出。施工人员根据测设的曲线立模。闸墩椭圆部分的模板，可根据需要放样出曲线上的点，即可满足立模的要求。

闸墩各部位的高程，根据施工场地布设的临时水准点，按高程放样在模板内侧标出高程点。随着墩体的增高，可在墩体上测定一条高程为整米数的水平线，并用红漆标出来，作为继续往上浇筑时量算高程的依据，也可用钢卷尺从已浇筑的混凝土高程点上直接丈量放出设计高程。图 11-13 是闸墩高程放样，需要进行水准测量和钢卷尺丈量。

当闸墩浇筑完工后，应在闸墩上标出闸的主轴线，再根据主轴线定出工作桥和交通桥的中心线。

图 11 - 13　闸墩高程放样

四、下游溢流面的放样

为了减少水流面通过闸室下游时的能量，保证水流畅通且能保护闸底板，常把闸室下游溢流面设计成抛物面。溢流面的纵剖面是一条抛物线，因此，纵剖面上各点的设计高程是不同的。抛物线的方程式注写在设计图上，根据放样的要求和精度，可选择不同的水平距离。通过计算求出纵剖面上相应点的高程，才能放出抛物面，其放样步骤如下：

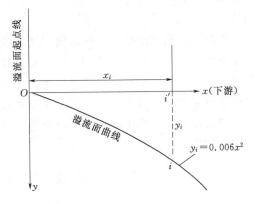

图 11 - 14　溢流面局部坐标系

（1）如图 11 - 14 所示采用局部坐标系，以闸室下游水平方向线为 x 轴，闸室底板下游高程为溢流面的起点，该点称为变坡点，也就是局部坐标系的原点 O。通过原点的铅垂方向为 y 轴，即溢流面的起始线。

（2）沿 x 轴方向每隔 1～2m 选择一点，则抛物线上各相应点的高程可按下式计算：

$$H_i = H_0 - y \text{ 或 } y_i = 0.007x$$

式中　H_i——i 点的设计高程，m；

　　　H_0——下游溢流面的起始高程，m，可从设计的纵断面图上查得；

　　　y_i——与 O 点相距水平距离为 x_i 的 y 值，即高差，m。

（3）在闸室下游两侧设置垂直的样板架，根据选定的水平距离，在两侧样板架上作一垂线。再用水准仪按放样已知高程点的方法，在各垂线上标出相应点的位置。

（4）将各高程标志点连接起来即为设计的抛物面与样板架的交线，该交线就是抛物线。施工人员根据抛物线安装模板，浇筑混凝土后即为下游溢流面。

第四节 闸门安装测量

11-5 闸门
安装测量

在水闸的土建施工完成后,还应进行闸门的安装测量。常见的闸门有平面闸门、弧形闸门、人字闸门。

平面闸门安装测量包括底槛、门枕、门楣、门轨等的安装和验收测量。平面闸门底槛、主轨、侧轨、反轨等,纵向测量中误差为±2mm;门楣的纵向测量中误差为±1mm,竖向为±2mm。底槛和门枕的放样是先定出闸孔中线与门槽中线的交点,再定出门枕中心,然后,将门枕中线投测到门槽上、下游混凝土墙上,以便安装。门轨的安装测量在安装前应先做好安装门轨的局部控制测量,然后再进行门轨安装测量,要求安装后轨面平整竖直。

弧形闸门由门体、门铰、门楣、底槛和左右侧轨组成。弧形闸门安装测量,应先进行控制点的埋设和测设控制线,再进行各部分的安装测量。根据图上的设计距离,分别放出门铰中线、门楣、底槛,求出侧轨中线上各设计点到辅助线及门铰中线的水平距离。为提高放样精度,放样时,可用辅助线到侧轨中线的水平距离校核侧轨中线。

人字闸门由上游导墙、进水段、桥墩段、上闸首、闸室、下闸首、泄水段和下游导墙等组成。人字闸门安装测量,首先是底枢中心点定位,可根据施工场地和仪器设备而定,一般多采用精密经纬仪投影,配合钢卷尺进行测设;然后是两顶枢中心点的投测,可采用天顶投影仪,也可以采用经纬仪投测;最后是高程测量,一般四等水准点或经过检查的工程水准点都可以作为底枢高程的控制点。在安装过程中,只能使用同一个高程基点。

技 能 训 练 题

1. 高程控制网的建立需要注意哪些问题?
2. 如何进行水闸放样?
3. 水闸的中心轴线如何标定?
4. 如何进行闸墩放样?

参 考 文 献

［1］ 石雪冬. 水利工程测量 ［M］. 北京：中国电力出版社，2011.

［2］ 何习平. 测量技术基础 ［M］. 2版. 重庆：重庆大学出版社，2004.

［3］ 戚浩平. 地形测绘 ［M］. 北京：中国建筑工业出版社，2003.

［4］ 李天和. 地形测量 ［M］. 郑州：黄河水利出版社，2012.

［5］ 王笑峰. 水利工程测量 ［M］. 北京：高等教育出版社，2007.

［6］ 武汉大学测绘学院测量平差学科组. 误差理论与测量平差基础 ［M］. 2版. 武汉：武汉大学出版社，2010.

［7］ 靳祥生. 水利工程测量 ［M］. 郑州：黄河水利出版社，2008.

［8］ 赵桂生. 水利工程测量 ［M］. 北京：中国水利水电出版社，2014.

［9］ 潘松庆. 工程测量技术 ［M］. 郑州：黄河水利出版社，2008.

［10］ 杨旭江. 道路工程测量 ［M］. 郑州：黄河水利出版社，2015.

［11］ 牛志宏，吴瑞新. 水利工程测量 ［M］. 2版. 北京：中国水利水电出版社，2013.

［12］ 王金玲. 土木工程测量 ［M］. 武汉：武汉大学出版社，2010.

［13］ 杨邦柱，焦爱萍. 水工建筑物 ［M］. 北京：中国水利水电出版社，2008.

［14］ 孙茂存，张桂蓉. 水利工程测量 ［M］. 武汉：武汉理工大学出版社，2013.

［15］ 高小六，江新清. 工程测量（测绘类）［M］. 武汉：武汉理工大学出版社，2013.

［16］ 王正荣，邹时林. 数字测图 ［M］. 郑州：黄河水利出版社，2012.

［17］ 杜玉柱. GNSS测量技术 ［M］. 武汉：武汉大学出版社，2013.

［18］ 李征航，等. GNSS测量与数据处理 ［M］. 武汉：武汉大学出版社，2010.